高等院校电子信息与电气学科特色教材

电路基础

李京清 主编

王雪明 刘海成 王明坤 叶金来 张 勇 龚 珊 编著

清华大学出版社

北京

内容提要

本书内容简洁、强调基础、突出重点，着重能力培养，精选例题和习题。

全书共分六章，包括：电路的基本概念和理论，电路的一般分析方法，网络定理，动态电路，正弦交流电，耦合电感和理想变压器。

适合学时数为40～60学时，可作为电子、通信、自动控制、计算机等相关专业本科教材或参考书。

图书在版编目(CIP)数据

电路基础/李京清主编；王雪明等编著. —北京：清华大学出版社，2009.9（2022.1重印）
（高等院校电子信息与电气学科特色教材）
ISBN 978-7-302-20815-0

Ⅰ. 电…　Ⅱ. ①李…②王…　Ⅲ. 电路理论—高等学校—教材　Ⅳ. TM13

中国版本图书馆CIP数据核字(2009)第143095号

责任编辑：陈志辉
责任校对：李建庄
责任印制：杨　艳

出版发行：清华大学出版社
　　网　　址：http://www.tup.com.cn，http://www.wqbook.com
　　地　　址：北京清华大学学研大厦A座　　**邮　　编**：100084
　　社 总 机：010-62770175　　**邮　　购**：010-83470235
　　投稿与读者服务：010-62776969，c-service@tup.tsinghua.edu.cn
　　质 量 反 馈：010-62772015，zhiliang@tup.tsinghua.edu.cn
印 装 者：三河市君旺印务有限公司
经　　销：全国新华书店
开　　本：185mm×260mm　　**印　张**：12　　**字　　数**：289千字
版　　次：2009年9月第1版　　**印　　次**：2022年1月第9次印刷
定　　价：39.00元

产品编号：034215-03

出版说明

随着我国高等教育逐步实现大众化以及产业结构的进一步调整，社会对人才的需求出现了层次化和多样化的变化，这反映到高等学校的定位与教学要求中，必然带来教学内容的差异化和教学方式的多样性。而电子信息与电气学科作为当今发展最快的学科之一，突出办学特色，培养有竞争力、有适应性的人才是很多高等院校的迫切任务。高等教育如何不断适应现代电子信息与电气技术的发展，培养合格的电子信息与电气学科人才，已成为教育改革中的热点问题之一。

目前我国电类学科高等教育的教学中仍然存在很多问题，例如在课程设置和教学实践中，学科分立，缺乏和谐与连通；局部知识过深、过细、过难，缺乏整体性、前沿性和发展性；教学内容与学生的背景知识相比显得过于陈旧；教学与实践环节脱节，知识型教学多于研究型教学，所培养的电子信息与电气学科人才还不能很好地满足社会的需求等。为了适应21世纪人才培养的需要，很多高校在电子信息与电气学科特色专业和课程建设方面都做了大量工作，包括国家级、省级、校级精品课的建设等，充分体现了各个高校重点专业的特色，也同时体现了地域差异对人才培养所产生的影响，从而形成各校自身的特色。许多一线教师在多年教学与科研方面已经积累了大量的经验，将他们的成果转化为教材的形式，向全国其他院校推广，对于深化我国高等学校的教学改革是一件非常有意义的事。

为了配合全国高校培育有特色的精品课程和教材，清华大学出版社在大量调查研究的基础之上，在教育部相关教学指导委员会的指导下，决定规划、出版一套"高等院校电子信息与电气学科特色教材"，系列教材将涵盖通信工程、电子信息工程、电子科学与技术、自动化、电气工程、光电信息工程、微电子学、信息安全等电子信息与电气学科，包括基础课程、专业主干课程、专业课程、实验实践类课程等多个方面。本套教材注重立体化配套，除主教材之外，还将配套教师用CAI课件、习题及习题解答、实验指导等辅助教学资源。

由于各地区、各学校的办学特色、培养目标和教学要求均有不同，所以对特色教材的理解也不尽一致，我们恳切希望大家在使用本套教材的过程中，及时给我们提出批评和改进意见，以便我们做好教材的修订改版工作，使其日趋完善。相信经过大家的共同努力，这套教材一定能成为特色鲜明、质量上乘的优秀教材，同时，我们也欢迎有丰富教学和创新实践经验的优秀教师能够加入到本丛书的编写工作中来！

清华大学出版社
高等院校电子信息与电气学科特色教材编委会
联系人：陈志辉 chenzhihui@tup.tsinghua.edu.cn

前言

电路理论是电工和电子科学技术的重要理论基础之一。由于整体课程和知识的增加，不少高校都有压缩电路课程学时的趋势，还有些专业对电路理论的要求稍低，学时数也很少。为了应对这种形势和需要，在电路课的教学中应体现这样的指导思想：强调基础、突出重点、精炼内容、着重能力培养。本书正是依据这种指导思想编写的。

本书中将二端网络的伏安关系及等效的概念部分提前，放入电路的基本概念和定律这一章，便于在电路的一般分析方法一章中利用等效概念化简电路，减少列写方程的数量。同时为了合并内容，本书将内容相关的部分合成一章。例如将动态元件、一阶电路、二阶电路合并成动态电路一章；将相量、正弦电路分析、正弦稳态功率、三相电以及电路频率特性合成为正弦交流电一章。

例题和习题的选择也是本书的一大特色，本书中的例题和习题力求体现出对学生能力的培养，题目中多体现出对知识的灵活应用。

本书由李京清主编统稿，第1章由叶金来编写，第2章由王明坤编写，第3章由王雪明编写，第4章由李京清编写，第5章由刘海成编写，第6章由张勇编写，全书由龚珊画图、编排、校对。

由于编者水平和知识的局限性，谬误之处在所难免，欢迎读者批评指正。

作　者

2009年7月

目录

第1章 电路的基本概念和定律

电路理论是研究电路的基本规律及其计算方法的学科，是电工和电子科学技术的重要理论基础之一，是现代电气和电子工程师知识结构中不可缺少的重要组成部分。在经历了一个世纪的漫长道路以后，电路理论已经发展成为一门具有完整体系的学科，并且在生产实践中获得了极其广泛的应用。电路理论作为一门独立的学科是在20世纪30年代建立起来的，在此之前，它是物理学中电磁学的一个分支。

近80年以来，电气化、自动化和智能化技术水平的迅猛发展是现代科学技术进步的重要标志，而电路理论则是电气化、自动化和智能化技术共同的理论基础。现代控制和通信技术、计算机科学和技术、大规模集成电路和超大规模集成电路技术等的进展都对电路理论提出了一系列新的课题，同时也促进了电路理论的发展。

1.1 电路及电路模型

电路是电能传输和转换的电流通路，它是由电源(信号源)、负载和连接导线等部件组成的，这些部件各自具有不同的物理性能和作用，因而将它们加以适当的组合就可以构成不同功能的电路。由于电路的设计目的、任务多种多样，电路所使用的实际器件也多种多样，如发电机、电池、变压器、电热器等，另外实际电路的几何尺寸也相差甚大，如电力系统或通信系统可能跨越省界、国界甚至是覆盖全球，而集成电路芯片则非常小，因此实际电路的设计与构成一般来说都是较为复杂的。

尽管实际器件种类繁多，但其在电磁现象方面却有共同之处。任何一种实际器件，根据其不同的工作条件总可以用一个或几个理想元件的组合来近似表征。由理想元件组成的电路称为电路模型。本书中所提到的电路，除特别指明外均为电路模型，所提到的元件均为理想元件。理想元件是实际器件理想化、抽象化的模型，没有体积和大小，其特性集中表现在空间的一个点上，称为集总参数元件。

由集总参数元件构成的电路称为集总参数电路，简称集总电路。在集总电路中，任何时刻电路中任何支路的电流、电压都是与其空间位置无关的确定值。

应该指出，实际电路用电路模型来近似表示只有在特定条件下才能适用，条件变了，电路模型也要做相应的改变。

本书只对集总参数电路进行分析，集总参数的条件(即集总假设)是电路分析的重要假设。当满足集总参数条件时，就可以用分立元件模型构成集总参数电路模型。集总参数条件是指：电路器件及其整个实际电路的尺寸 J 远小于电路最高工作频率 f 所对应的波长 λ，即

$$J \ll \lambda$$

其中

$$\lambda = \frac{c}{f}, \quad c = 3 \times 10^8 \mathrm{m/s} \quad (光速)$$

例如,我国电力系统照明用电的频率为 50Hz,其波长为 6000km,对于大多数用电设备来说,其尺寸与之相比可忽略不计,因此可以采用集总参数概念。而对远距离的通信线路和电力输电线路则不满足上述条件,就不能采用集总参数来分析。又如在微波电路中,信号的波长 $\lambda=0.1\sim10\mathrm{cm}$,其波长与器件尺寸相比处于同一数量级,信号在电路中的传输时间不能忽略,此时电路中的电流、电压不仅是时间的函数,也是空间位置的函数,这导致某一时刻从电路或器件一端流入的电流不一定等于另一端流出的电流,因此不能采用集总参数模型,应当采用分布参数或电磁场理论来分析。

理想元件包括纯电阻、纯电感、纯电容、电压源、电流源等。电路的工作是以其中的电压、电流、电荷、磁通等物理量来描述的。引入抽象化的理想元件能够反映实际电路中的电磁现象,表征其电磁性质,如电阻元件表示器件消耗电能的作用,电感元件表示各种电感线圈产生磁场、储存磁能的作用,电容元件表示各种电容器产生电场、储存电能的作用,电源元件表示各种诸如发电机、电池等器件将其他形式的能量转换成电能的作用。例如一个灯泡,当我们研究它从电源吸取多少电能时,在 50Hz 的交流电作用下,完全可以用一个消耗电能的纯电阻来表示它,因为它几乎不存在电感,不储存磁场能量,也几乎不存在电容,不储存电能。又如一个导线绕成的线圈,导线的长度不长,在交变电流的电路中,其主要表现是电感,其电阻可忽略不计,因此可以看成一个纯电感。诸如此类的近似表示方法,在不影响分析问题精确度的情况下,大大地简化了问题的分析过程。

通常把向电路输入的信号称为激励信号,简称激励;而将经过电路传输或处理后得到的输出信号称为响应信号,简称响应。另外,以电源形式输入电路的独立源也称激励,而电路中我们所关心或所要求的任意部分电路变量也可称为响应。

电路分析就是在已知激励、电路结构和参数的条件下,寻求电路的响应。但是,有时研究电路传输特性等一般性的抽象规律时,仅对电路的几个端口间的激励和响应感兴趣,并不关心电路内部各支路的电流和电压,为此常把电路用一个方框图来表示,习惯上把这种电路也称为网络或系统,实际电路、网络或系统没有本质上的差别,只是研究问题的出发点或处理问题的角度不同,名称不同而已,常常是同一个具体电路在不同场合可以有不同的称呼,因此,本书对电路、网络或系统未做严格的区分。

图 1-1(a)为手电筒实际电路,图 1-1(b)为手电筒电路的集总参数电路模型。图中电源组件 U_S 与电阻组件 R_S 的组合表示干电池,是提供电能的电源;电阻元件 R_1 表示手电筒金属壳体的电阻;电阻元件 R_L 表示灯泡,是用电设备,称为负载;图中连接线为理想导线。

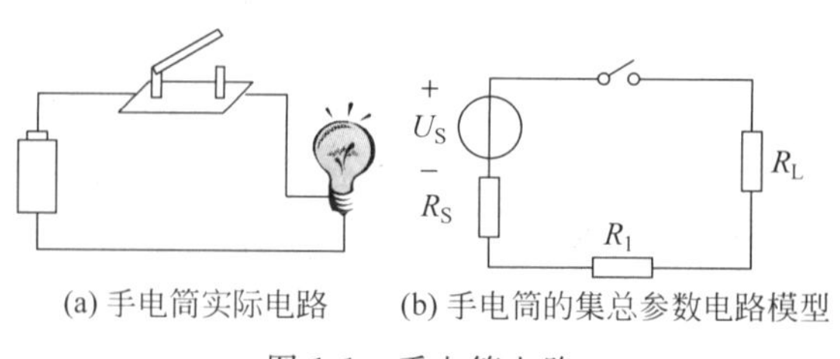

(a) 手电筒实际电路　(b) 手电筒的集总参数电路模型

图 1-1　手电筒电路

电路元件是组成电路模型的最小单元，电路元件本身就是一个最简单的电路模型。在电路中电路元件的特性是由它端子上的电压、电流关系来表征的，通常称为伏安关系，记为VCR(Voltage Current Relation)，它可以用数学关系式表示，也可描绘成电压、电流的关系曲线——伏安关系曲线。

用理想化元件建立实际电路模型，对电路模型进行分析，掌握电路的性能，是学习电路分析的主要内容。

1.2　电路变量、电功率

对电路(模型)进行分析，是根据电路的已知参数(如电源、电阻等值)分析、计算电路的电流、电压、电功率等物理量。这些物理量称为电路变量。其中电流、电压是电路中最基本的变量，是我们研究分析的主要对象。因为如果电路中各部分的电流、电压是已知的，则其电性能就是确定的。

由物理学的知识可知，电荷有序的运动形成电流，我们规定正电荷的运动方向就是电流的方向。但在电路的分析过程中，电流的真实方向往往难以在电路上表示出来，如交流电流，其电流方向是随时间变化的，不能在电路图上用一固定的箭头表示它的真实方向。在分析复杂电路时，也往往不知电流的真实方向。为了简洁而准确地描述电流的真实方向，我们采用参考方向与代数式相配合的描述方法。在电路图中任选一方向，称为参考正方向，简称参考方向，在图中以一箭头表示，如果电流的真实方向与参考方向是一致的，电流以正值表示；如果电流的真实方向与参考方向是相反的，则电流以负值表示。

例如某一段电路ab间，电流的大小是5A，电流的真实方向由a流向b，如图1-2(a)所示，选取的参考方向是由a指向b，则电流$I=5$A，如果选取的参考方向是由b指向a，如图1-2(b)所示，则电流应表示为$I=-5$A。

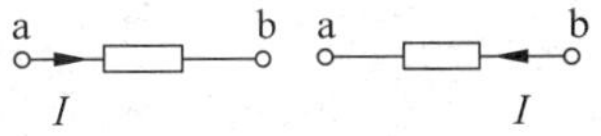

a　b　a　b

I　I

(a)　(b)

图1-2　电流的参考方向

交流电也采用此方法表示，当交流电的值为正时，实际方向与参考方向一致；当交流电的值为负时，实际方向与参考方向相反。

电压是电路中的基本变量，从物理学知识可知，若某正电荷从电路中的a点移至b点，需外力做功，则a点的电位低于b点，反之若正电荷从a点移至b点，其电能减少，电场力做功，则a点的电位高于b点。二点之间的电位差即为ab间的电压。

电位是指某点相对地(零电位点)的电压。

电路中电压方向的描述方法同样采用参考方向与代数值来表示。某部分电路电压可在该部分两端标“+”、“-”来表示其电压的方向。设某段电路ab，a点的电位高于b点5V，当用图1-3(a)的参考方向时，$U=5$V，因为实际电压方向与参考方向相同；若用图1-3(b)的参考方向，则$U=-5$V。

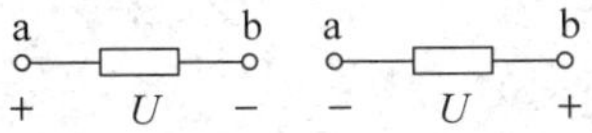

a　b　a　b

+　U　-　-　U　+

(a)　(b)

图1-3　电压的参考方向

对于电压，还可以以双下标来表示其方向，第一个下标表示电压正端，第二个下标表示电压负端。图1-3(a)的电压可表示成U_{ab}，而图1-3(b)的电压可表示成U_{ba}。

综上所述，有了电路变量的参考方向，就可以用代数式描述该变量,变量参考方向的选取是任意的,但它会影响该变量的代数表达式,参考方向改变时,该变量的代数表达式须改变符号。

对某一部分电路,其电压和电流都有参考方向,若二者参考方向的设定满足:电流从电压正极流向电压负极,则称二者为关联参考方向,如图 1-4(a)所示;否则为非关联参考方向,如图 1-4(b)所示。

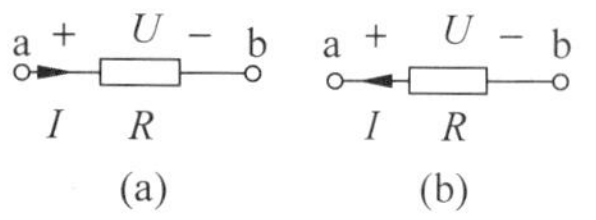

图 1-4 关联参考方向与非关联参考方向

如果一些公式中含有变量,则变量的参考方向将影响公式的正负符号。例如欧姆定律,某一电阻的端电压 U,电流 I,若采用图 1-4(a)的参考方向时(关联的参考方向),则

$$R=\frac{U}{I}$$

若采用图 1-4(b)所示的参考方向(非关联的参考方向),则该公式前需加负号。

电路中吸收或产生能量的速率就是功率。功率用 P(或 p)表示,可知

$$p(t)=\frac{\mathrm{d}w}{\mathrm{d}t} \tag{1-1}$$

而电路中能量的产生和吸收从本质上讲是由于电荷在电场中运动产生的。由物理知识我们可知,正电荷 q 在电场中运动,电压降低 u 时做功为

$$w=qu$$

因此

$$p(t)=\frac{\mathrm{d}w}{\mathrm{d}t}=u\frac{\mathrm{d}q}{\mathrm{d}t}$$

由于

$$i(t)=\frac{\mathrm{d}q}{\mathrm{d}t}$$

因此当 u 和 i 为关联的参考方向时

$$p(t)=u(t)i(t) \tag{1-2}$$

若当 u 和 i 为非关联的参考方向时

$$p(t)=-u(t)i(t) \tag{1-3}$$

其中,$p>0$ 表示消耗能量或吸收能量,$p<0$ 表示产生能量或提供能量。

1.3 电阻元件

电阻元件是电路的基本元件,其端电压可表示为其中电流的函数,或者其中的电流可表示为其端电压的函数。

常用电阻元件为线性电阻元件,其端电压与流过电阻的电流成正比,伏安关系(VCR)曲线为一条过原点的直线。线性电阻的元件符号和伏安关系曲线如图 1-5 所示。

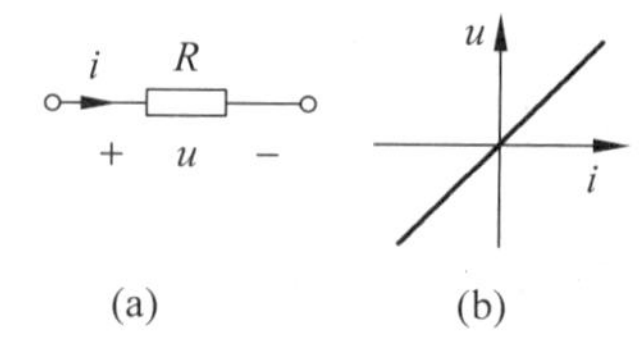

图 1-5 线性电阻的元件符号及伏安关系

电阻用符号 R 或 r 表示,在国际单位制(SI)中,电阻单位是欧姆(Ω)或简称欧,阻值较大时可以用千欧(kΩ)或兆欧(MΩ)为单位。线性电阻元件满足欧姆定理,当电压电流为关

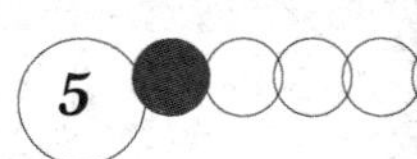

联参考方向时，满足

$$R = \frac{U}{I} \quad 或 \quad U = IR$$

若电压电流为非关联参考方向时，则有

$$U = -IR$$

电阻元件也可以用另一个参数电导 G 来表征，电导 G 的定义为

$$G = \frac{1}{R} = \frac{I}{U}$$

在国际单位制(SI)中，电导单位是西门子(S)，简称西。

若某一电阻的伏安关系(VCR)曲线不是一条过原点的直线，则该电阻为非线性电阻。半导体二极管是一种常用的非线性电阻元件，其符号如图 1-6(a)所示，伏安关系曲线如图 1-6(b)所示。半导体二极管的电阻值不是常数，随电压或电流的大小和方向的改变而改变。

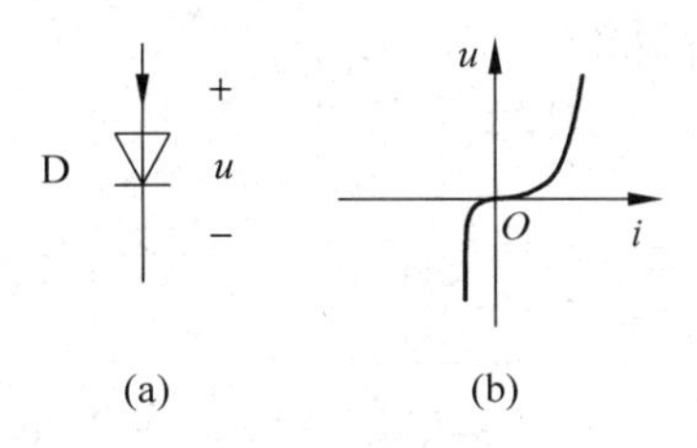

图 1-6　半导体二极管的元件符号及伏安关系

电阻是消耗电能的元件，这里称“消耗电能”是习惯上的说法，实际上是电阻将电能转换成热能或其他形式的能量。电阻 R(电导 G)所吸收的电功率是

$$P = UI = I^2R = \frac{U^2}{R} \quad 或 \quad P = UI = U^2G = \frac{I^2}{G} \tag{1-4}$$

由上式可见：在一定的电压下，R 越小(或 G 越大)，电阻所吸收的功率越大；在一定的电流下，R 越大(或 G 越小)，电阻消耗的功率越大。

例 1-1　在图 1-7 所示各电路中，电压电流如图所示，已知 $R=2\Omega$，电流 $I_1=2\text{A}$，$I_2=-3\text{A}$，$I_3=-4\text{A}$，$I_4=5\text{A}$；求各电阻上的电压及功率。

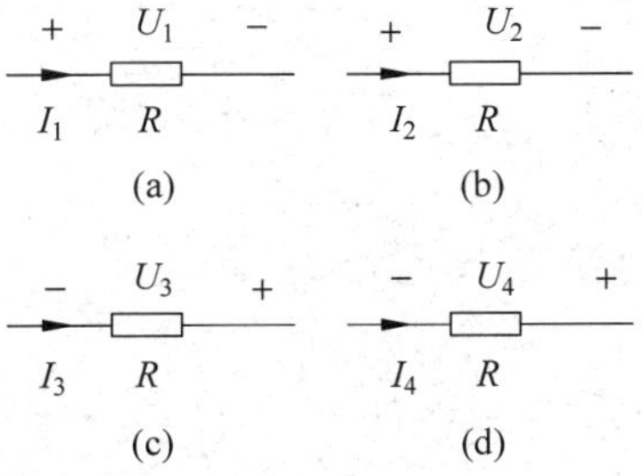

图 1-7　例 1-1 图

解　注意到图 1-7(a)、(b)中 U 和 I 为关联参考方向，$U=IR$，$P=UI$，而图 1-7(c)、(d)中 U 和 I 为非关联参考方向，此时 $U=-IR$，$P=-UI$，因此

图(a)：

$$U_1 = I_1R = 2 \times 2 = 4\text{V}$$
$$P_1 = U_1I_1 = 4 \times 2 = 8\text{W}$$

图(b)：

$$U_2 = I_2R = (-3) \times 2 = -6\text{V}$$
$$P_2 = U_2I_2 = (-6) \times (-3) = 18\text{W}$$

图(c)：

$$U_3 = -I_3R = -(-4) \times 2 = 8\text{V}$$
$$P_3 = -U_3I_3 = -8 \times (-4) = 32\text{W}$$

图(d)：

$$U_4 = -I_4R = -5 \times 2 = -10\text{V}$$
$$P_4 = -U_4I_4 = -(-10) \times 5 = 50\text{W}$$

在此题中我们也可以用式 $P=I^2R$ 求功率，因为 $P=I^2R>0$，所以用此式求功率时不用关心电压电流是否为关联参考方向。

1.4 电源元件

一般的电路中都有电源，电源可以在电路中引起电流，为电路提供电能。实际的电源有许多种，如干电池、发电机、光电池等。在电路理论中，根据电源器件的不同特性可以做出电源的两种电路模型：一种模型是理想电压源，另一种模型是理想电流源。

1.4.1 理想电压源

理想电压源是具有下述特性的二端器件：其两端之间有电压值 U_S 或 $u_S(t)$，此电压值与电源中流过的电流无关。

例如一蓄电池或直流发电机，如果其端电压不受其中电流变化的影响，就可以用一理想电压源作为它的电路模型。理想电压源的电路符号如图 1-8(a)所示。在图中由标有“+”号的端点至标有“−”号的端点的方向是电压源的参考方向，即沿此方向的电压降是 U_S，或者说由“−”端至“+”端的电位升(电动势)是 U_S。理想恒定电压源的特性可以用图 1-8(b)中的伏安关系来表示，它是一条与 i 轴平行的直线，不论 i 为何值，端电压都为一恒定值 U_S，这就表示端电压与 i 无关。一般的理想电压源电压是时间的函数 $u_S(t)$，在某一瞬间 t_0，电源的端电压即为 $u_S(t_0)$，也可以作出在该瞬间理想电压源的伏安关系，它与图 1-8(b)的特性一样。

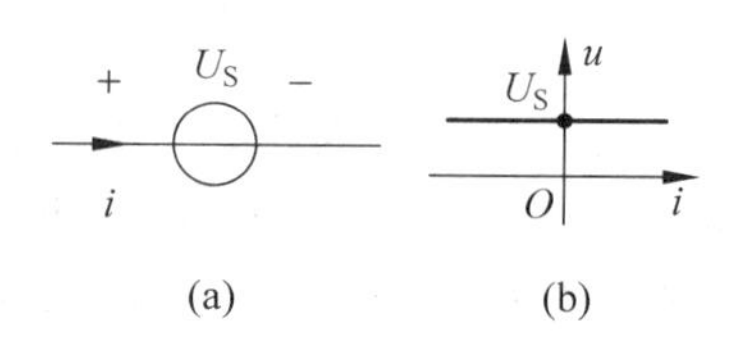

图 1-8 理想电压源的符号及伏安关系

1.4.2 理想电流源

理想的电流源是具有以下特性的二端器件：其输出的电流为 I_S 或 $i_S(t)$，此电流的值与电源的两端电压无关。

理想电流源的电路符号如图 1-9(a)所示，其中的箭头表示电流源的参考方向。理想恒定电流源的特性可以用图 1-9(b)所示的伏安关系表示，它是一条与 U 轴平行的直线，不论电流源两端的电压如何，电流源中总是保持有恒定的电流，即其中的电流与端电压无关。

在实际中，确实存在着这样的器件，它的特性很接近于理想电流源特性，例如光电池。另外，还有一种时变电流源，其中的电流是时间的函数。

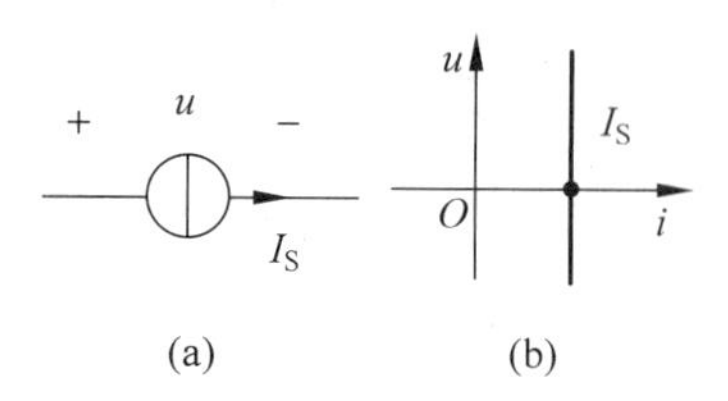

图 1-9 理想电压源的符号及伏安关系

在电路中不应当出现电压源被短路的情形，因为这种情形与理想电压源模型的特性相矛盾：电压源两端的电压为某一不为零的固定值，而短接其两端又要求其间的电压为零。实际的电源(例如蓄电池)可能被

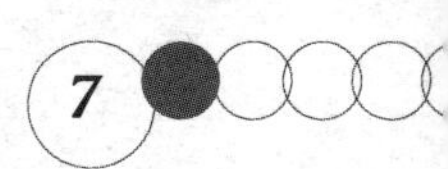

短接(例如在错误的连接情形下),这时便需要考虑实际电路中总存在很小的电阻,而电源中将出现较大的电流,这样也就不会有任何矛盾了。与上述情形类似,在电路中也不应当出现电流源被开路的情形,因为这一情形也与电流源的特性相矛盾。

一个理想电压源有一定的电压,其中的电流大小则有赖于该电压源两端所连接的电路;一个理想电流源中有一定的电流,其两端的电压则有赖于该电流源两端所连接的电路。

实际电源中都包含有内电阻,实际电压源可以等效为一个理想电压源和电阻串联,其输出电压随电流的增加而减少;实际电流源可以等效为一个理想电流源和电阻并联,其输出电流随电压的增加而减少。

1.4.3 电源的功率

在电路分析中常需计算电源发出的功率。电源电压 $u(t)$ 和流过电源的电流 $i(t)$ 为关联参考方向时,我们可以用一般电路元件功率的定义方法定义电源的吸收功率为

$$p(t)=u(t)i(t) \tag{1-5}$$

当 p 值为正时,表明电源在从外电路吸收能量(如蓄电池充电);当 p 值为负时,就表明电源实际上是在向外界提供能量(如蓄电池放电)。作为电源,不论是电压源还是电流源,更多的时候处于提供能量状态,讨论的是它所发出的功率,若 u 和 i 为非关联参考方向,则电源发出的功率为

$$p(t)=-u(t)i(t) \tag{1-6}$$

例 1-2 电路如图 1-10 所示,$U_S=20\text{V}$,$R_1=2\Omega$,$R_2=3\Omega$,试计算电路中各个元件的功率。

解 设电阻 R_1、R_2 上的电压分别为 U_1、U_2,如图 1-10 所示。

$$I=\frac{U_S}{R_1+R_2}=\frac{20}{2+3}=4\text{A}$$

$$U_1=IR_1=4\times 2=8\text{V}$$

$$U_2=IR_2=4\times 3=12\text{V}$$

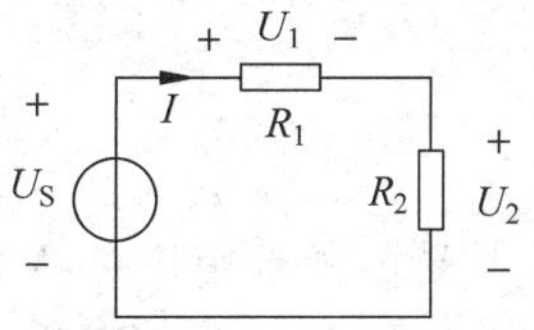

图 1-10 例 1-2 图

图中三个元件,电阻 R_1 的吸收功率设为 P_1、电阻 R_2 的吸收功率设为 P_2,电压源 U_S 吸收功率设为 P_S,三个元件的电流都是 I,电压分别为 U_1、U_2 和 U_S,注意到电阻 R_1、R_2 的电压电流为关联参考方向,而电压源的电压电流为非关联参考方向,因此有

$$P_1=U_1I=8\times 4=32\text{W}$$

$$P_2=U_2I=12\times 4=48\text{W}$$

$$P_S=-U_SI=-20\times 4=-80\text{W}$$

由结果 P_1、P_2 大于零,P_S 小于零,可知电阻 R_1 和电阻 R_2 消耗能量,电压源提供能量;另外,$P_1+P_2+P_S=0$,可知电路总功率守恒。

1.5 受 控 源

在电工中有一些这样的器件,它们有着电源的一些特性,但对外电路不能独立提供能量,是非独立源,它们的电压或电流是受电路中某个电压或电流的控制,因此称为受控源。

受控源分为受控电压源和受控电流源。受控电压源是电压受其他电路变量控制的电压源；受控电流源是电流受其他电路变量控制的电流源。

依据电源类型、控制量类型的不同，受控源可分为四种：电压控制的电压源（VCVS）、电流控制的电压源（CCVS）、电压控制的电流源（VCCS）和电流控制的电流源（CCCS），其符号如图 1-11 所示。其中，μ、γ、α、g 表示控制系数，1 端为控制端，2 端为被控制端。

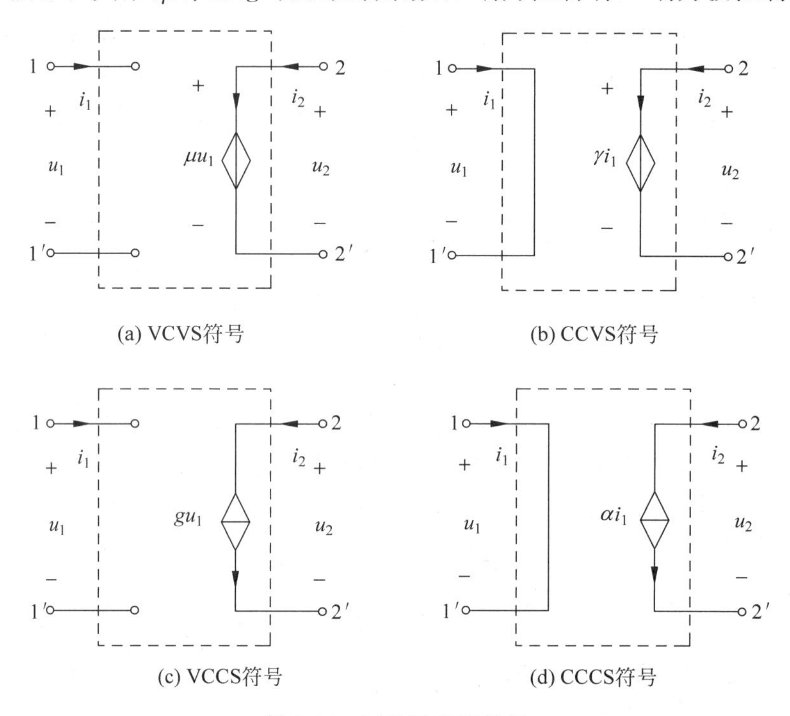

图 1-11　四种受控源符号

受控源常用作一些电子器件或电路的模型，例如电子管、半导体晶体三极管、场效应管等器件都有一个电压或电流控制它们的输出电压或电流，以实现它们的功能，例如从微小的控制量（如电压或电流），获得增大了的输出量以实现其放大功能。在这些器件的电路模型中都含有某种受控电源。

1.6　基尔霍夫定律

在前面几节里研究了几种基本的电路元件的电压与电流的关系，这都是元件约束。若干电路元件连接成一电路后，各元件的电压、电流还要受到由电路结构决定的约束关系的约束。这就是本节要说明的基尔霍夫定律。在叙述基尔霍夫定律之前，先介绍几个表述电路结构常用的名词。

支路：由一个或一个以上的元件串联组合成为一条支路。同一支路中流过的电流相等。例如图 1-12 所示的电路中含有三个支路：R_1 和电压源 U_{S1} 串接成一个支路；R_2 和电压源 U_{S2} 串接成另一支路，R_3 单独成为一个支路。

节点：三条或三条以上支路之间的连接点称为节点。图 1-12 中的电路含有两个节点，即图中的 A、B 两点。

回路：由电路中支路组成的闭合路径称为回路。例如图 1-12 中的电路有三个回路，其中三个支路中的任意两支都构成一个回路。

以上关于支路、节点的定义只是一种约定，还可以有其他的约定。例如可将每一个二端元件规定为一个支路；将两条和两条以上的支路的连接点规定为一个节点。对于同一电路，采用这样的规定，得出的支路数、节点数一般比按前述规定得出的要多。例如对图 1-12 所示的电路，用前一规定得出的支路数为 3，节点数为 2；而按后一规定得出的支路数为 5，节点数为 4。

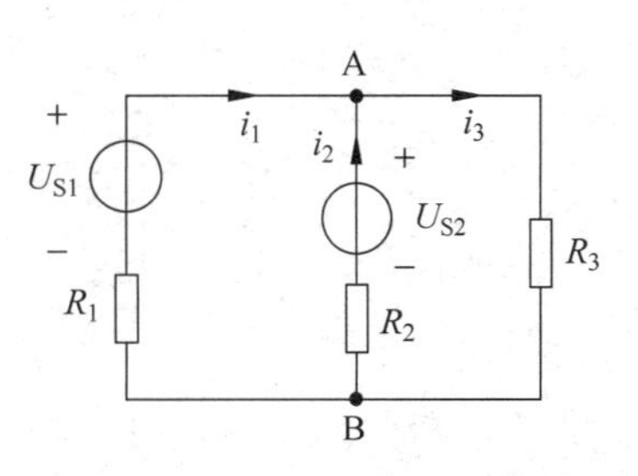

图 1-12　含三个支路的电路

基尔霍夫定律包括基尔霍夫电流定律和基尔霍夫电压定律，它们是集总参数电路的基本定律。

1.6.1 基尔霍夫电流定律

基尔霍夫电流定律(KCL)是指：在任何集总电路中，在任一时刻，流入(或流出)任一节点的所有支路电流的代数和为零。

对任一节点，KCL 可以表述为

$$\sum_{k=1}^{K} i_k = 0 \tag{1-7}$$

式中，i_k 为流入(或流出)该节点的第 k 条支路电流，K 为与节点相连的支路数。其中的求和是对所有与考虑的节点相连的所有支路进行的。在此式中，如果某支路电流的参考方向指向所考虑的节点，此电流之前应有“+”号；如果某支路电流的参考方向背离所考虑的节点，此支路电流前应有“−”号，因为此时经该支路流出这一节点的电流应与流入的电流反向。

对图 1-12 中的节点 A，可写出它的 KCL 方程为

$$i_1 + i_2 - i_3 = 0$$

在列写电路某个节点的 KCL 方程时，常采取这样的列写方式：将流入该节点的各支路电流之和放在方程的左端；将流出该节点的各支路电流之和放在方程的右端，即对任意节点，流入该节点电流之和等于流出该节点电流之和。这样列写的 KCL 方程有以下形式

$$\sum_{k} i_k = \sum_{j} i_j \tag{1-8}$$

式中，i_k 为流入该节点的第 k 条支路电流，i_j 为流出该节点的第 j 条支路电流，因此对图 1-12 中的节点 A，它的 KCL 方程也可以这样列写

$$i_1 + i_2 = i_3$$

基尔霍夫电流定律是电荷守恒原理的体现。电荷既不能创造也不能消灭，在集总参数电路中，节点是理想导体的连接点，不可能积累电荷。在任一时刻流入节点的电荷必然等于流出节点的电荷。根据这一原理得出电流连续性定理：穿出任一闭合面的电流的代数和为零。KCL 就是电流连续性定理在电路中的表述。

根据电流连续性定理，将前述 KCL 中的“节点”一词，换成“封闭面”所得结论也成立，即流出(或流入)任一封闭面的所有电流的代数和为零。

例如，对于图 1-13 的电路，就可立即得到

$$i_1 + i_2 + i_3 = 0$$

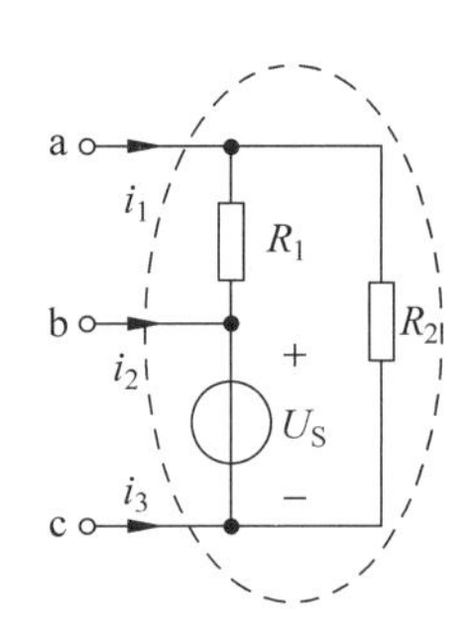

图 1-13 电流连续性定理示例

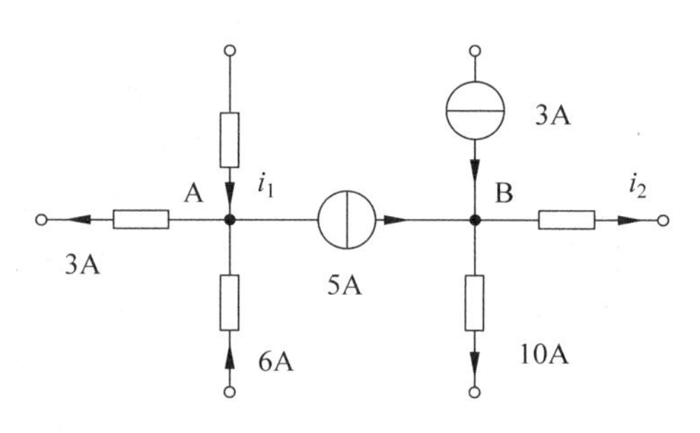

图 1-14 例 1-3 图

例 1-3 图 1-14 所示电路，电流数值已标出，求 i_1 和 i_2。

解 可以分别对节点 A 和节点 B 列 KCL 方程，假设流入节点电流为正，流出节点电流为负，方程如下：

对节点 A：

$$i_1 + 6 - 3 - 5 = 0$$

可得

$$i_1 = 2\text{A}$$

对节点 B：

$$3 + 5 - 10 - i_2 = 0$$

可得

$$i_2 = -2\text{A}$$

其中 i_2 为负表示实际电流方向与参考方向相反。

1.6.2 基尔霍夫电压定律

基尔霍夫电压定律(KVL)描述了电路中各支路电压间的约束关系。KVL 可表述为：在任何集总电路中，在任一时刻，沿任一闭合回路，各支路电压的代数和为零。用方程表示即

$$\sum_k U_k = 0 \tag{1-9}$$

式中的求和是对构成某一回路的所有各支路进行的。

在列写 KVL 方程时，须先对所考虑的回路选取绕行方向，各支路电压应取为沿此回路绕行方向的电压，即支路电压的参考方向应与回路绕行方向一致。

例如对图 1-15 所示电路中的一个回路，设支路电阻、电压电源、支路电流如图中所给出，各节点电位分别为 u_a, u_b, u_c, u_d。取顺时针方向为回路的参考方向，便可写出沿此回路方向各支路电压

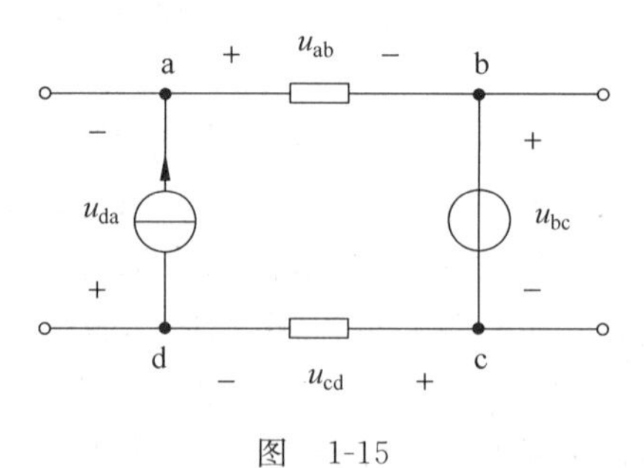

图 1-15

$$u_{ab} = u_a - u_b$$

$$u_{bc} = u_b - u_c$$

$$u_{cd} = u_c - u_d$$

$$u_{da} = u_d - u_a$$

沿着所选取的回路参考方向回路中各支路电压降之和为

$$u_{ab} + u_{bc} + u_{cd} + u_{da}$$

将上式代入即得

$$u_{ab} + u_{bc} + u_{cd} + u_{da} = (u_a - u_b) + (u_b - u_c) + (u_c - u_d) + (u_d - u_a) = 0$$

而该回路的 KVL 方程为

$$u_{ab} + u_{bc} + u_{cd} + u_{da} = 0$$

可见这二者一致。事实上，由于电路中的每一节点只有一个电位，沿一回路，各支路的电压降之和必然为零，因此，KVL 的成立是显而易见的。

在 KVL 方程中，凡是支路电压参考方向（由电压"＋"端指向"－"端，即电压降的方向）与回路绕行方向相同的，其符号为正；反之，凡是支路电压参考方向与回路绕的方向相反的，其符号为负。

对于 KVL 方程，也可以将与回路绕行方向相同的支路电压之和写在方程左端，表示总电压降；将与回路绕行方向相反的支路电压之和写在方程右端，表示总电压升。由此可以得到基尔霍夫电压定律的如下表述

$$\sum_k u_k = \sum_l u_l \tag{1-10}$$

即沿任一回路，各支路总电压升等于该回路中总电压降。这里电压降是指电压的参考方向与回路的参考方向一致，电压升是指参考方向与回路的参考方向相反。

基尔霍夫电压定律的实质是能量守恒定律在集总参数电路中的体现。单位正电荷沿回路绕行一周，所获得的能量必须等于所失去的能量。获得能量，电位升高；失去能量，电位降低。所以在回路中电位升之和必然等于电位降之和，即任意回路中各个支路电压的代数和为零。

例 1-4　图 1-16 所示电路，电压源电压和各电阻电压如图 1-16 所示，求 u_1、u_2 及 u_3 的值。

解　设各回路方向都为顺时针方向。

对回路 ABCD 列 KVL 方程为

$$-10 + u_1 + 2 = 0$$

得

$$u_1 = 8\text{V}$$

对回路 BEFC 列 KVL 方程为

$$5 + 3 - u_2 - u_1 = 0$$

得

$$u_2 = 0\text{V}$$

对回路 CFD 列 KVL 方程为

$$-2 + u_2 + u_3 = 0$$

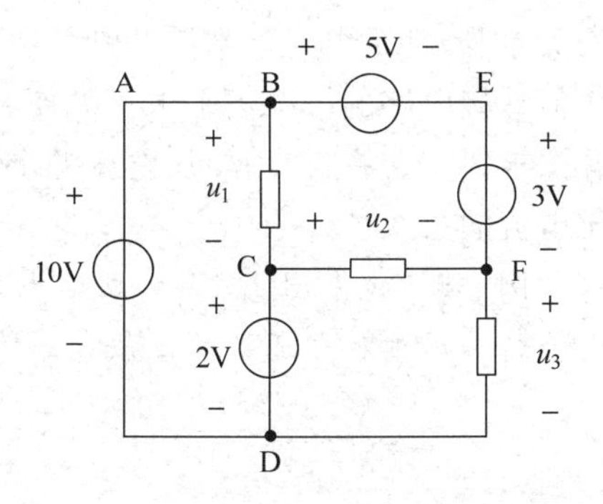

图 1-16　例 1-4 图

得

$$u_3 = 2\text{V}$$

基尔霍夫定律是关于电路中各个电流、电压间由电路结构所决定的约束关系的定律，适用于任何集总电路。这种约束关系只与电路的连接方式有关而与支路元件的性质无关，所以无论电路由什么元件组成，也无论元件是线性的还是非线性的，时变的还是非时变的，只要是集总参数电路，基尔霍夫的这两个定律总是成立的。对于任意一个电路，其每个节点满足 KCL，每个回路满足 KVL，各种分析电路的方法，都依据它建立所需的方程式，所以它们是电路的基本定律。

1.7 二端网络的等效

“等效”在电路理论中是很重要的概念，电路等效变换方法是电路分析中经常使用的方法，运用电路的等效变换，可使原电路得到简化，易于电路的分析计算。例如当一个网络 N 的内部结构未知而知道它的外部特性时，我们可以用它的等效电路 N′来代替它，把原电路 N 接到另一个网络 M 上和把它的等效电路 N′接到 M 上，对 M 来说效果一样。利用等效电路可以简化电路的分析，是一种常用的电路分析手段。本节我们要介绍等效的概念、等效电路的基本求法以及一些常用基本网络的等效。

对外只有两个端钮的网络整体称为二端网络或单口网络。我们用端口的伏安关系来描述元件，同样对于二端网络我们也可以用端口的伏安关系来描述。当两个二端网络端口的伏安关系完全相同时，它们对外电路所起的作用完全相同，此时我们称这两个二端网络是等效的。所以判断“等效”的依据是两个二端网络端口伏安关系是否相同。

1.7.1 二端网络端口的伏安关系及求法

描述二端网络一般用以下几种方法：(1)详尽的电路模型；(2)端口电压与电流的约束关系，即二端网络端口的伏安关系，表示为方程或曲线的形式；(3)等效电路。其中以(2)最具表征意义，就相当于元件的约束关系，当二端网络内部情况不明时，可以用实验手段测得。

二端网络的伏安关系只取决于网络内部的参数和结构，与外电路无关，是网络自身固有特性的反映。如我们在前面介绍过的电阻元件的伏安关系、独立电压源及独立电流源的伏安关系等，都是由元件本身的性质决定的。因此，我们在求二端网络的伏安关系时，可以在任何外接电路的情况下来求。方便起见，我们让外接电路是一个电压源或电流源，用外加电源法求伏安关系，即用外加电压源求端口电流或用外加电流源求端口电压，最后得到端口电压电流的关系。

例 1-5 试求图 1-17(a)所示电路的 VCR。

解 用外加电压源的方法

$$10 = 5i_1 + u$$

$$u = 20(i + i_1)$$

所以得 VCR

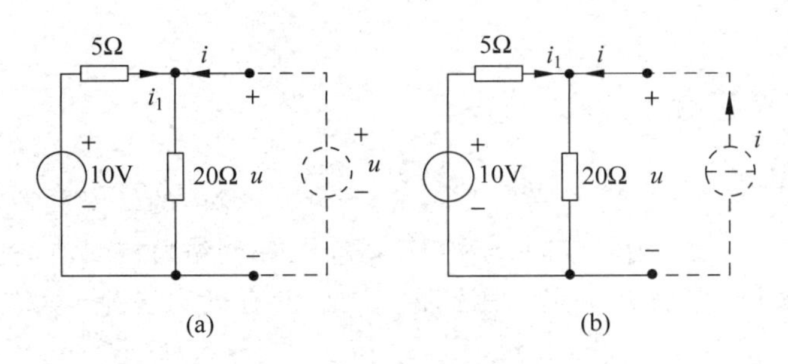

图 1-17　例 1-5 图

$$u = 4i + 8$$

用外加电流源的方法可得到同样的结果，如图 1-17(b)所示，列方程即

$$10 = 5i_1 + u$$

$$u = 20(i + i_1)$$

得到

$$u = 4i + 8$$

上例中，用外加电压源求端口电流的方法和用外加电流源求端口电压的方法最后得到端口的 VCR 相同。

例 1-6　求图 1-18 所示单口网络的 VCR。

解　在端口加电流源 i，端口电压设为 u，则

$$\begin{aligned} u &= R_2(i + I_S) + R_1(i + I_S) + U_S + R_3 i \\ &= [U_S + (R_1 + R_2)I_S] + (R_1 + R_2 + R_3)i \end{aligned}$$

在上例中，用外加电流源的方法列方程比较容易，而用外加电压源的方法列方程相对麻烦，因此，在求端口 VCR 时，选择合适的外加电源可以降低求解难度。

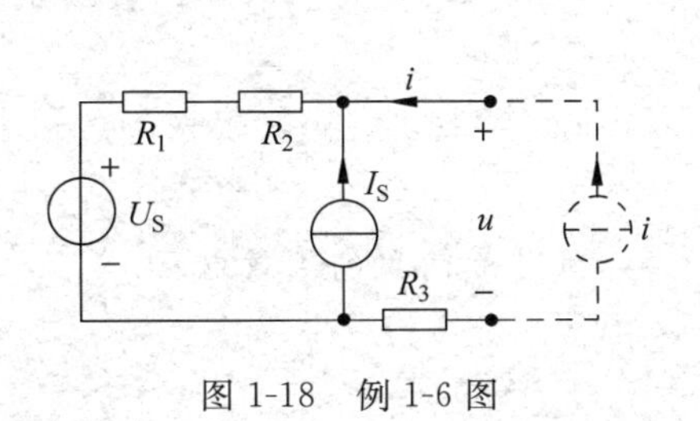

图 1-18　例 1-6 图

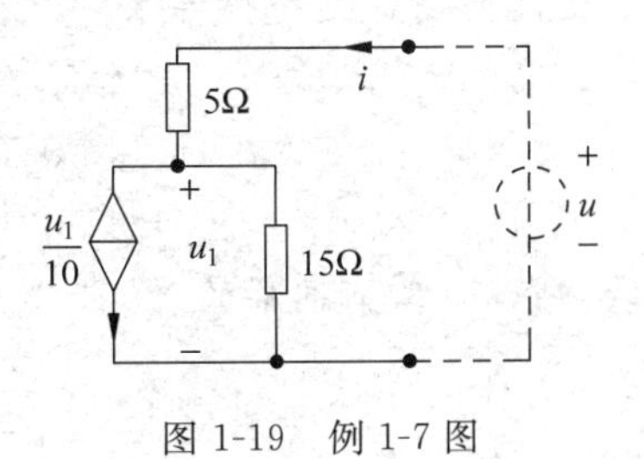

图 1-19　例 1-7 图

例 1-7　求图 1-19 所示单口网络的 VCR。

解　设想电路两端施加电压源 u，端口电流 i 的参考方向如图所示，由图可得

$$u = 5i + u_1$$

$$i = \frac{u_1}{10} + \frac{u_1}{15} = \frac{3u_1 + 2u_1}{30} = \frac{u_1}{6}$$

所以得到

$$u = 5i + 6i = 11i$$

由上面几个例子可知：含独立电源的单口网络，其 VCR 总可以表示为 $u = Ai + B$ 的形式，不含独立源的单口网络(内部可含电阻、受控源)，其 VCR 总可以表示为 $u = Ai$ 的形式。

1.7.2 二端网络的等效

如果一个二端网络 N 的伏安关系和另一个二端网络 N′ 的伏安关系完全相同，则这两个二端网络 N 和 N′ 便是互为等效的。尽管这两个二端网络可以具有完全不同的结构，但对任一外电路 M 来说，它们具有完全相同的影响，没有丝毫区别，即等效是对外电路而言的。

我们可以根据网络的 VCR 得到等效电路。如一个含有独立源的二端网络 N，其 VCR 为：$u=R_0i+U_{oc}$，则可得它的等效电路如图 1-20 所示；而对一个不含独立源的二端网络，其 VCR 为：$u=R_0i$，则可得它的等效电路如图 1-21 所示，即含源二端网络可用电压源和电阻串联来等效；电阻网络（可含受控源）可等效为一个纯电阻，该电阻称为二端网络的等效电阻或输入（输出）电阻，$R_0=\frac{u}{i}$，即无源二端网络的等效电阻为端口电压与端口电流的比值，当含受控源时，等效电阻可能为负值。

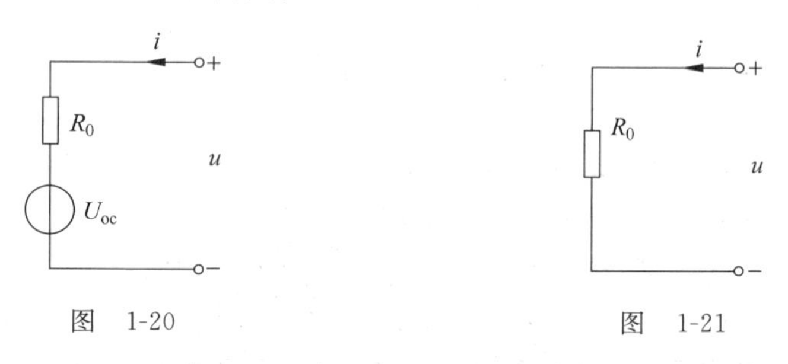

图 1-20　　　　图 1-21

例 1-8　试化简图 1-22 所示的二端网络。

解　化简问题也就是要寻求一个形式最简单的等效电路的问题，首先求网络的 VCR。设端口电压电流方向如图 1-22 所示，则

$$
\begin{aligned}
u &= 1\,000(i-0.5i)+1\,000i+10 \\
&= 1\,500i+10
\end{aligned}
$$

图 1-22(b)所示电路有同样的 VCR，故为其等效电路，且是最简单的等效电路。

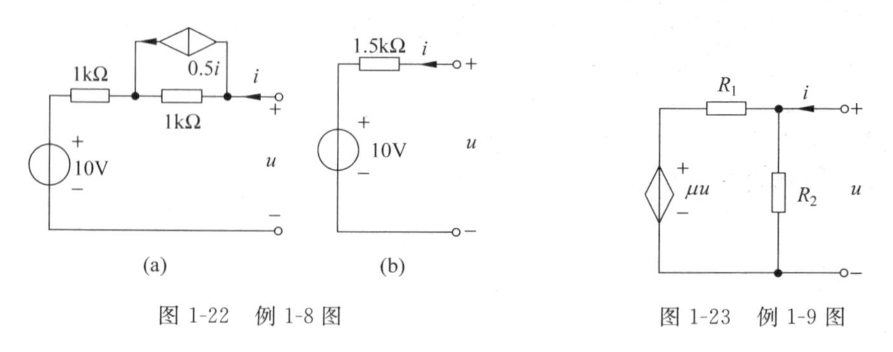

图 1-22　例 1-8 图　　　　图 1-23　例 1-9 图

例 1-9　二端网络如图 1-23 所示，求该网络的等效电阻 R_i。

解　根据前面提到的等效电阻的概念，我们可用外加电源法求等效电阻。设外施电压 u，u 及端口电流 i 方向如图 1-23 中所示，得

$$u = R_1\left(i - \frac{u}{R_2}\right) + \mu u$$

整理得

$$u = \frac{R_1 R_2}{R_1 + R_2 - R_2\mu} i$$

则等效电阻

$$R_i = \frac{u}{i} = \frac{R_1 R_2}{R_1 + R_2 - R_2\mu}$$

从上式看出，根据 μ 的取值，R_i 可能为负值，也就是说，我们可以使用受控源实现“负电阻”。

1.7.3 常用基本网络的等效

1. 电阻串、并联

串联是电路元件的一种常见的连接方式。N 个电阻串连接成的电路如图 1-24 所示。

根据基尔霍夫电流定律，串联电路各个电阻中流过的电流相同。假设流过的电流为 I，根据基尔霍夫电压定律，各电阻两端电压之和等于串联电路两端的总电压，即

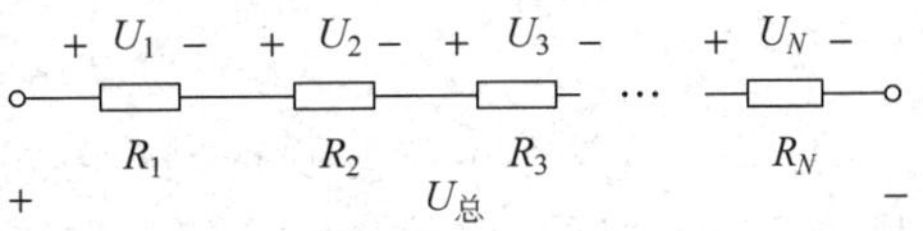

$$U_{总} = U_1 + U_2 + U_3 + \cdots + U_N \quad (1\text{-}11)$$

图 1-24 电阻串联

每一电阻两端的电压，等于 I 与该电阻的乘积，即

$$U_k = IR_k \quad k = 1,2,3,\cdots,N$$

因此

$$\begin{aligned} U_{总} &= U_1 + U_2 + U_3 + \cdots + U_N \\ &= IR_1 + IR_2 + IR_3 + \cdots + IR_N \\ &= I(R_1 + R_2 + R_3 + \cdots + R_N) \end{aligned} \quad (1\text{-}12)$$

由此可见：串联电阻电路等效于一电阻 $R_{总}$，此电阻等于串联电路中各电阻之和，即

$$R_{总} = R_1 + R_2 + R_3 + \cdots + R_N \quad (1\text{-}13)$$

式(1-12)表明了串联电路的电压 U 与其中电流 I 的关系。如果给定串联电路两端的电压 $U_{总}$，容易求出各个电阻上所分有的电压。电阻 R_k 上的电压为

$$U_k = \frac{R_k}{R_{总}} U_{总} \quad (1\text{-}14)$$

式(1-14)即为串联电阻电路的分压公式。以两个电阻(即 $N=2$)串联的电路为例，便有

$$U_1 = \frac{R_1}{R_1 + R_2} U_{总} \quad (1\text{-}15)$$

由式(1-15)可见：两个电阻串联时，电阻值大的电阻上的电压大于电阻值小的电阻上的电压，而且各电阻上的电压比等于电阻值之比，即

$$\frac{U_1}{U_2} = \frac{R_1}{R_2} \quad (1\text{-}16)$$

上述结论对多个电阻串联电路也适用。在串联电阻电路中，各电阻所吸收的功率之和

与其等效电阻所吸收的功率相等。

并联也是电路元件的一种常见的连接方式。在并联电阻的电路中，将每一电阻的一个端点相连，形成一个节点；将每一电阻的另一个端点也相连，形成另一节点。N 个电阻并联电路如图 1-25 所示。

在并联电路中，根据基尔霍夫电压定律，所有电阻两端有相同的电压 U；根据基尔霍夫电流定律，其中的总电流 $I_{总}$ 等于各并联支路电流 I_k 之和，其中 $k=1,2,\cdots,N$，即

$$I_{总}=I_1+I_2+I_3+\cdots+I_N \tag{1-17}$$

而每一电阻上流过的电流可以表示为电压与电阻的比值或电压与电导之积，用方程表示如下

$$I_k=\frac{U}{R_k}=UG_k \quad k=1,2,3,\cdots,N$$

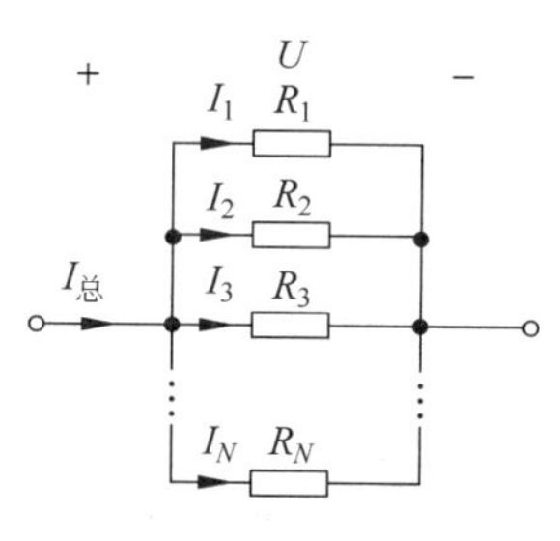

图 1-25 电阻并联

因此

$$\begin{aligned}I_{总}&=I_1+I_2+I_3+\cdots+I_N\\&=UG_1+UG_2+UG_3+\cdots+UG_N\\&=U(G_1+G_2+G_3+\cdots+G_N)\end{aligned} \tag{1-18}$$

上式表明，N 个电导并联构成的电路，可以用一个电导 G 等效，此电导等于各个并联的电导之和，而并联电路的总电流等于电压与总电导之积。这 N 个电导(阻)并联的等效电阻值即等于等效电导 G 的倒数，即

$$G_{总}=\sum_{i=1}^{n}G_i$$

$$R_{总}=\frac{1}{\dfrac{1}{R_1}+\dfrac{1}{R_2}+\dfrac{1}{R_3}+\cdots+\dfrac{1}{R_N}} \tag{1-19}$$

由式(1-17)、式(1-18)容易导出由总电流 $I_{总}$ 求各分支电流 I_k 的公式，由总电流 $I_{总}$ 与总电阻 $R_{总}$ 的乘积得电压 U，此电压除以 R_k 就得到并联电阻电路的分流公式，这公式与式(1-14)给出的串联电阻电路的分压公式形式上类似。R_k 上的电流为

$$I_k=\frac{R_{总}}{R_k}I_{总} \tag{1-20}$$

以两个电阻(导)并联的电路为例，便有总电导

$$G=G_1+G_2$$

等效电阻为

$$R=\frac{1}{\dfrac{1}{R_1}+\dfrac{1}{R_2}} \tag{1-21}$$

在这种情况下的分流公式，即

$$I_1=\frac{R_2}{R_1+R_2}I_{总} \tag{1-22}$$

直接应用上述分析串联和并联电阻电路的结果，便可以分析任何仅由电阻串联和并联组成的电路。

在串联和并联电阻的电路中，各个电阻所吸收的功率之和与其等效电阻所吸收的功率

相等。

2. 电阻的混联

既有电阻串联又有电阻并联的复杂电阻电路称电阻元件的混联电路。对于这种电路，可根据其串、并联关系依次对它进行等效变换或化简，最终得到等效电阻，或者用外加电源法求等效电阻，等效电阻为端口电压与端口电流的比值，这种方法特别适用于含有受控源的电路。

例 1-10 求图 1-26(a)所示电路的输入电阻 R_{ab}。

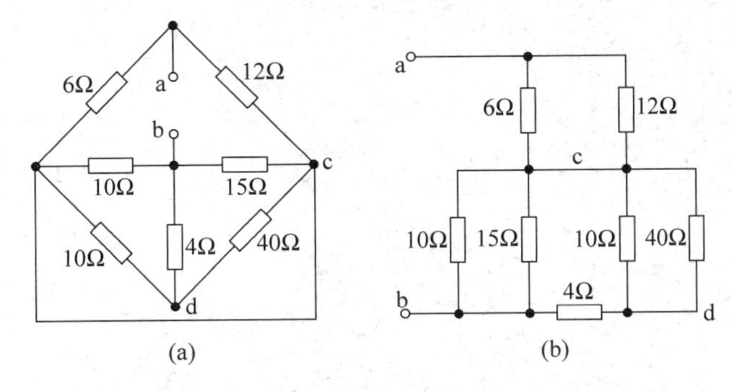

图 1-26 例 1-10 图

解 首先要认清端子，判断有无明显的串并联，有则合并，形成新的电路，再重复上面的步骤。在图 1-26 中，除 a、b 两个节点外，还有 c、d 两个节点，如图 1-26 所示，连接在相同两个节点之间的电阻是并联的，将图改画成 1-26(b)所示。由此得

$$R_{ab} = (6 \mathbin{/\!/} 12) + [(10 \mathbin{/\!/} 15) \mathbin{/\!/} (10 \mathbin{/\!/} 40 + 4)] = 8\Omega$$

上式中"//"表示并联，"+"表示串联。

例 1-11 桥式电路如图 1-27(a)、(b)所示，在图(a)中，如果满足 $R_2R_4 = R_1R_3$，则称此电路为平衡电桥，此时，容易证明，R_5 支路两端的节点 c、d 是等电位的，支路中电流为零，则 R_5 支路既可用开路置换也可用短路置换，置换后再求 ab 两端的等效电阻就简单得多。若不满足上式，则可用外加电源法求等效电阻，也可用下节介绍的 T-Π 转换的方法求等效电阻。

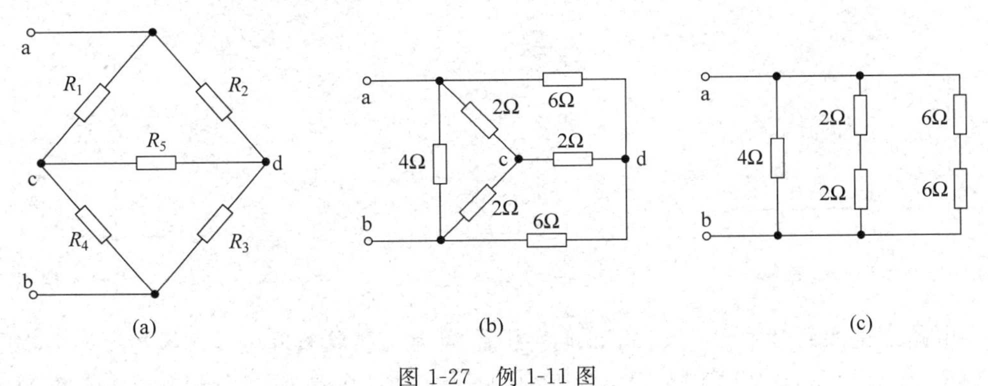

图 1-27 例 1-11 图

下面我们来求图 1-27(b)所示电路的等效电阻 R_{ab}。

解 图 1-27(b)所示电路是一个平衡电桥，cd 支路可开路也可短路，现在我们把 cd 支路断开，得如图 1-27(c)所示等效电路，则容易求得等效电阻为

$$R_{ab} = 4 // 4 // 12 = \frac{12}{7}\Omega$$

将 cd 支路短路，也可得同样的结果，读者可以自己验证一下。

例 1-12 求图 1-28 所示电路中的 U、I、I_1、I_2。

解 由图可看出

$$U = -60\text{V}$$

三个电阻是并联的，每个电阻上的电压都为 60V，但方向不同，所以等效电阻为$R=10\Omega$。

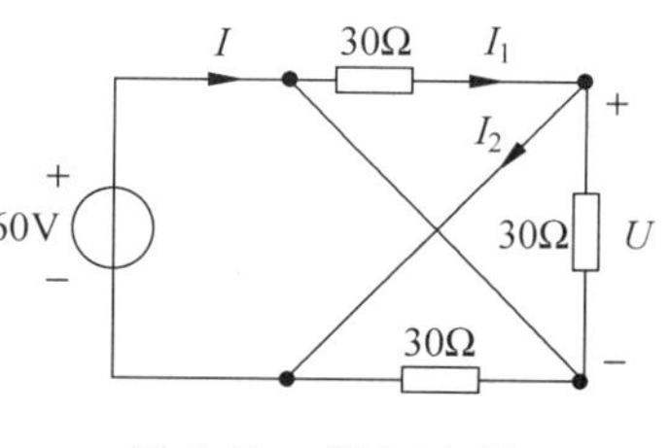

图 1-28 例 1-12 图

则

$$I = \frac{60}{10} = 6\text{A}$$

$$I_1 = \frac{60}{30} = 2\text{A}$$

由 KCL 得

$$I_2 = I_1 - \frac{U}{30} = 2 - \frac{-60}{30} = 4\text{A}$$

3. 两种实际电源模型的等效变换

实际电路中的电源，其伏安关系与理想电源并不相同，它们是有损耗的，损耗由电源内阻 R_S 来表示。实际电压源的外特性如图 1-29 所示，实际电流源的外特性如图 1-30 所示。

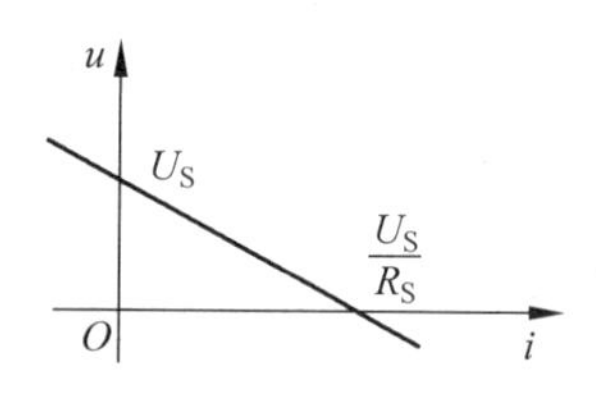

图 1-29 实际电压源外特性

用理想电源模型来描述实际电源显然不行，它们 VCR 不相同。但可以用一个理想独立电压源 U_S 和电阻 R_S 串联的电路模型描述实际电压源，用一个理想独立电流源 I_S 和电阻 R'_S并联的电路模型来描述实际电流源，如图 1-31 和图 1-32 所示，它们的 VCR 与实际电源外特性所对应的 VCR 相同。我们把图 1-31 所示的电路模型称为实际电压源模型，图 1-32 所示的电路模型称为实际电流源模型。

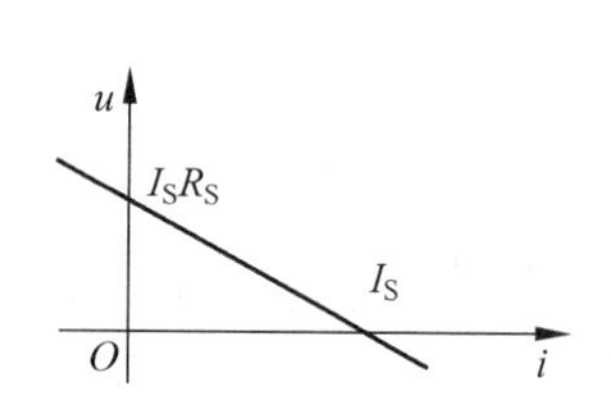

图 1-30 实际电流源外特性

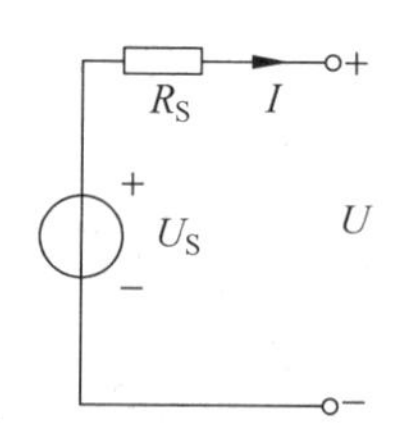

图 1-31 实际电压源模型

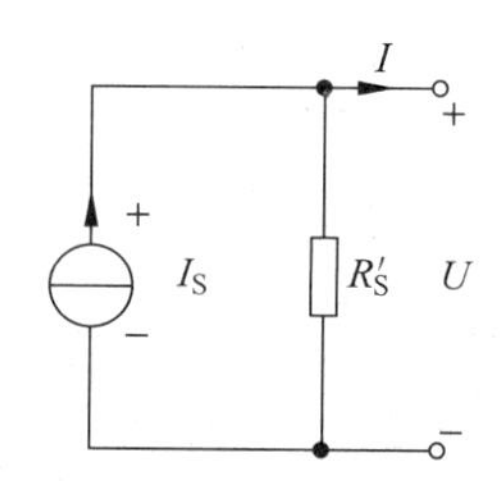

图 1-32 实际电流源模型

在电路理论的研究中，为了分析和计算方便，常常需要将实际电压源模型变换为实际电流源模型，或者相反，称为两种实际电源模型的等效变换(注意，两种理想独立电源模型之间不能等效变换，因为不可能得到相同的 VCR)，下面我们来分析两种实际电源模型等效变换

所要满足的条件。

前面介绍过，两个二端网络的 VCR 完全相同时，它们才是等效的。图 1-31 所示电路的 VCR 为

$$U = U_S - R_S I \tag{1-23}$$

图 1-32 所示电路的 VCR 为

$$U = R'_S I_S - R'_S I \tag{1-24}$$

要让上面两式所表示的 VCR 完全相同，则有

$$U_S = R'_S I_S \quad R'_S = R_S \tag{1-25}$$

上式为实际电压源模型与实际电流源模型等效变换的关系式，由此可知，相互等效的两种实际电源模型，它们的内阻相等，且 U_S 与 I_S 之比为 R_S。图 1-33(a)、(b)表述了它们之间的关系，在这里一定要注意两种电路模型中电压源和电流源的方向，即电流源的方向指向电压源的正极，若方向不是这样，则它们的 VCR 不同。

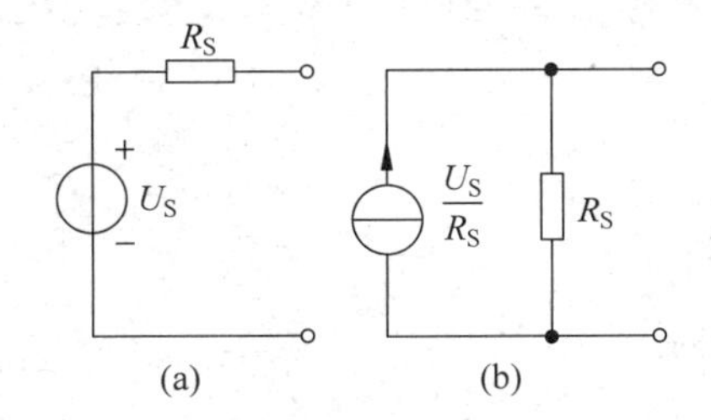

图 1-33　电压源模型与电流源模型之间的关系

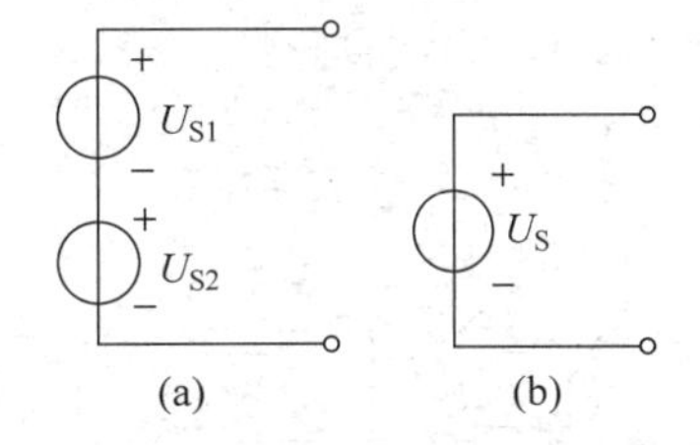

图 1-34　电压源串联的等效电路

4. 其他一些简单的等效规律及公式

(1) 两电压源串联如图 1-34(a)和(b)所示，总等效电压为

$$U_S = U_{S1} + U_{S2} \tag{1-26}$$

(2) 两电流源并联如图 1-35(a)和(b)所示，总等效电流为

$$I_S = I_{S1} + I_{S2} \tag{1-27}$$

(3) 任一元件(或二端网络)与理想独立电压源 U_S 并联，等效为该电压源 U_S；任一元件(或二端网络)与理想独立电流源 I_S 串联，等效为该电流源 I_S。

(4) 含受控源的等效变换如图 1-36(a)、(b)所示。

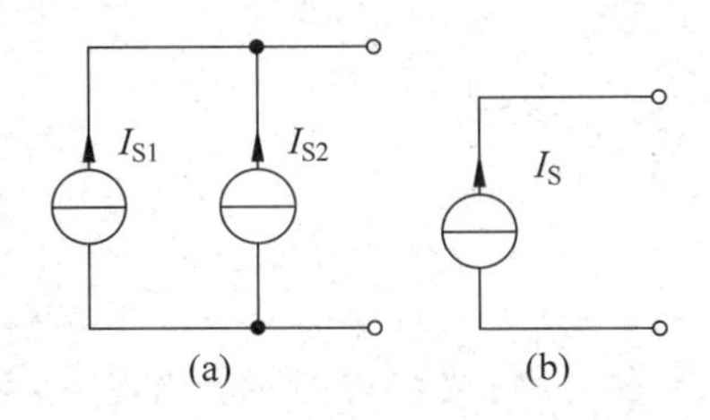

图 1-35　电流源并联的等效电路

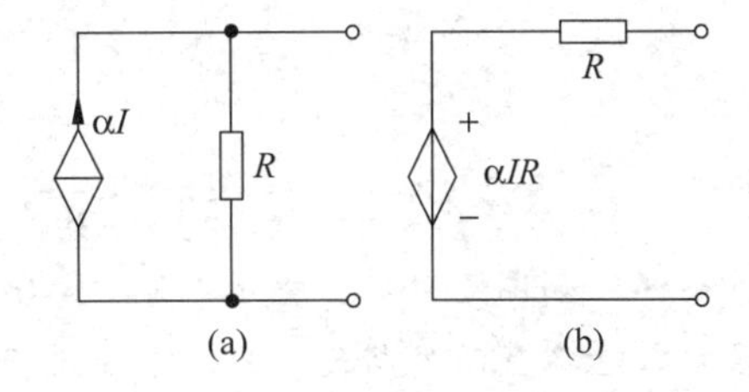

图 1-36　含受控源电路的等效变换

我们经常用电源的等效变换化简电路，在化简的过程中要注意，不要将受控源的控制量化简掉。

例 1-13　将图 1-37(a)所示电路化简成最简单形式。

解　化简过程如图 1-37(b)、(c)所示。

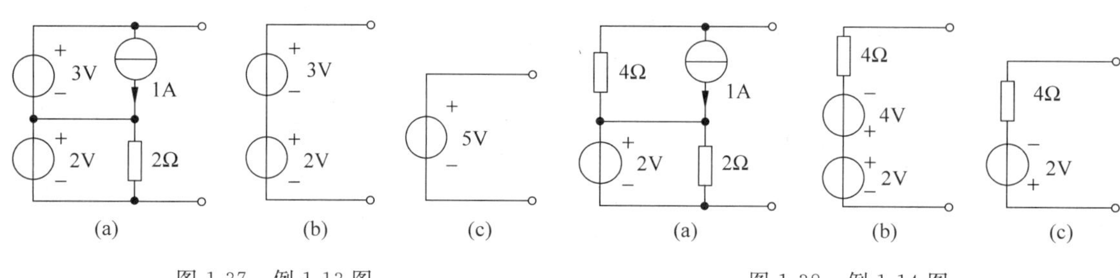

图 1-37　例 1-13 图　　　　图 1-38　例 1-14 图

例 1-14　将图 1-38(a)所示电路化简成实际电压源模型。

解　化简过程如图 1-38(b)、(c)所示。

例 1-15　在图 1-39(a)所示电路中，求 R_{AB}，I，U_0。

解　首先求 R_{AB}，求等效电阻时一定要认清端子，分清节点(用理想导线连接的节点看作一个节点)，然后判断哪些电阻并联、哪些电阻串联。将图改画为如图 1-39(b)所示，由图可得等效电阻 R_{AB}

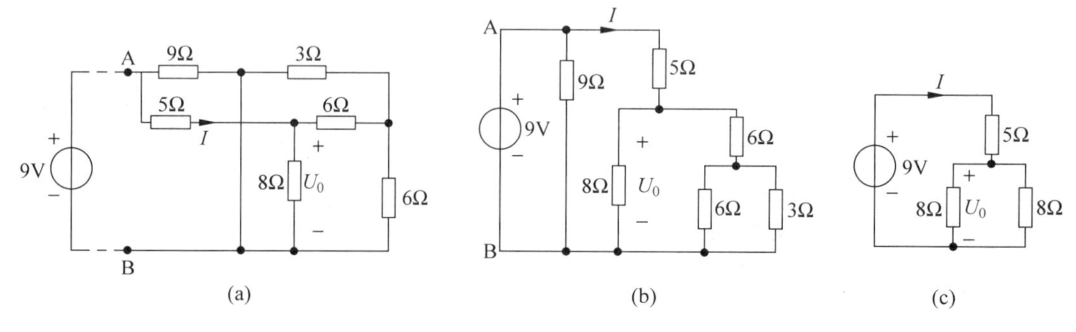

图 1-39　例 1-15 图

$$R_{AB} = \{[(3 // 6) + 6] // 8 + 5\} // 9 = 4.5\Omega$$

在图(b)中，9Ω 电阻和 9V 电压源并联，对外电路而言，就等效为 9V 电压源，如图 1-39(c)所示，可得

$$I = \frac{9}{5+4} = 1\text{A}$$

最后得

$$U_0 = \frac{8}{8+8} \times 1 \times 8 = 4\text{V}$$

例 1-16　如图 1-40(a)所示电路，求 b 点的电位 U_b。

解　本电路有两处接地，可以将这两点用短路线连在一起，连接以后的电路与原电路是等效的。应用电阻并联等效、电压源串联电阻等效为电流源并联电阻，将图(a)等效为图(b)，再进一步化简得到图(c)，由图(c)应用分流公式得

$$I_1 = \frac{5}{(5+4+1) \times 10^3} \times 15 = 7.5\text{mA}$$

所以得 b 点电位

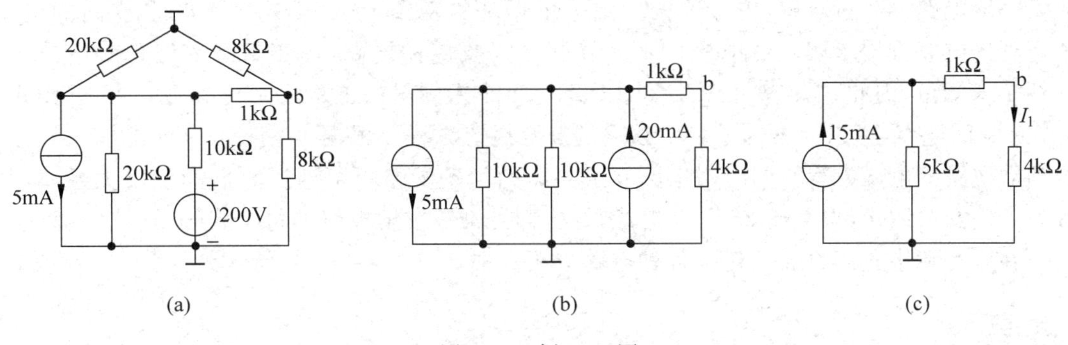

图 1-40　例 1-16 图

$$U_b = 4I_1 = 30\text{V}$$

例 1-17　在图 1-41(a)所示电路中，求控制量 U。

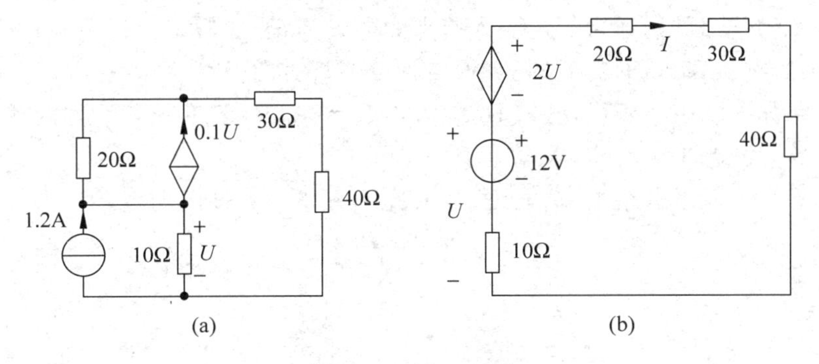

图 1-41　例 1-17 图

解　先将电路化简后再求 U 是最简单的一种方法，在图 1-41(a)中 20Ω 电阻和受控电流源并联可以等效为 20Ω 电阻和受控电压源串联；将 10Ω 电阻和独立电流源并联等效为 10Ω 电阻和独立电压源串联，在这里一定要注意，化简后电路中控制量 U 是如图(b)中标出的电压，由图(b)列方程

$$2U + U = 20I + 30I + 40I = 90I$$

$$U = 12 - 10I$$

得

$$U = 9\text{V}$$

由上面几个例题看出，用电路的等效变换对电路进行化简，给分析问题解决问题带来了很大的方便，这种方法称为等效变换法，是分析电路的一种常用手段。

在本节里，我们介绍了一些简单的电阻电路的分析方法。这里的电阻电路是指仅含线性电阻及电源的电路，线性电阻是指电阻(或电导)值与电流、电压无关的电阻(或电导)。

电路分析的典型问题是要求对给定电路的工作情况，主要是对电流、电压等做分析。分析电路的依据是基尔霍夫定律和各电路元件的伏安关系方程。虽然本节所分析的是一些简单的电路，但所得结果却是在分析电路时经常用到的，而且所用的方法与分析电路的一般方法有着密切的联系。

对于简单的电阻电路，我们可以利用等效，逐步化简合并电路，比较容易解出电路。而对于一般电路的分析求解，更一般的方法是依据基尔霍夫定律（KCL、KVL）和支路的伏安关系列出电路方程求解。对于具有 n 个节点、b 条支路的电路，由于每条支路都有电流、电压两个未知量，因此共有 $2b$ 个未知量，求解这 $2b$ 个未知量的支路法又叫 $2b$ 法。根据 KCL，n 个节点的电路，可以列出 $(n-1)$ 个独立的节点电流方程。根据 KVL、可以列出 $(b-n+1)$ 个独立回路的电压方程。同时对电路 b 条支路的每条支路均可列出它们的伏安关系式，共有 b 个伏安关系式，将上述 $2b$ 个方程式联立，即可唯一求解电路的每个未知量。

在第 2 章中我们将详细讨论各种电路分析方法。

习题 1

1-1　某电子器件上电压和电流为关联参考方向，已知 $U=3\text{V}$，$I=30\text{mA}$，求该器件的吸收功率；若电压和电流的值不变，但参考方向为非关联，其吸收功率为多少？

1-2　列 KCL 方程时，通常假定流入节点的电流为正，如假定流入节点的电流为负，对所列方程有何影响？列 KVL 方程时，如改变回路绕行方向，对所列方程有何影响？

1-3　电路如图题 1-3 所示，已知 $U_S=10\text{V}$，$I_S=2\text{A}$，$R=5\Omega$，求各元件的功率；

1-4　电路如图题 1-4 所示，求电流 I。

1-5　图题 1-5 所示电路中，求电压 U，电流 I，并求各元件的功率。

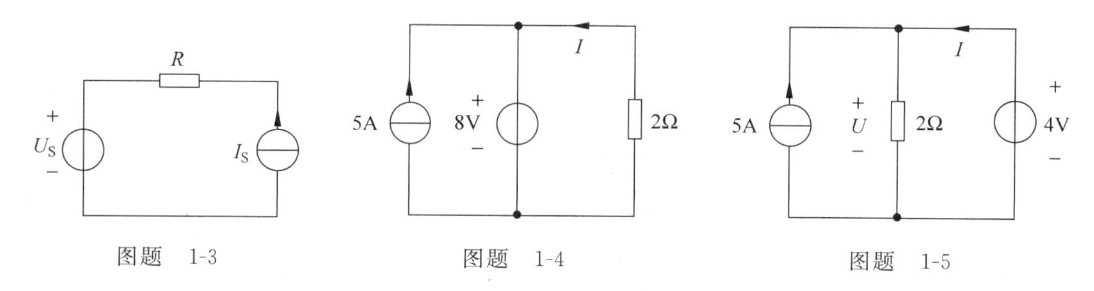

图题 1-3　　图题 1-4　　图题 1-5

1-6　求图题 1-6 所示两电路中的电压 U_{ab}

1-7　图题 1-7 所示电路中，已知 $I=5\text{A}$，求电流源电流 I_S。

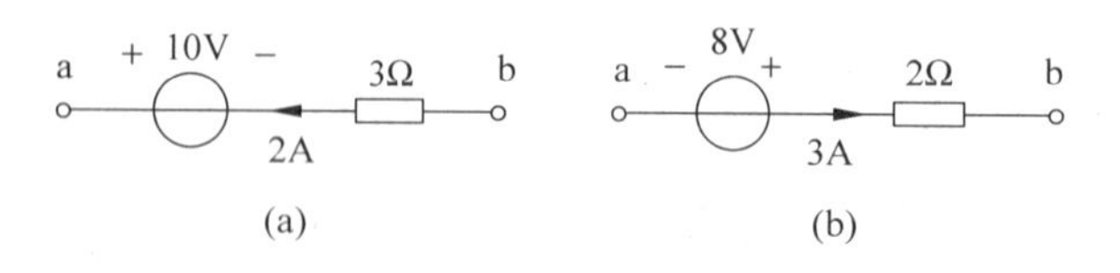

图题 1-6

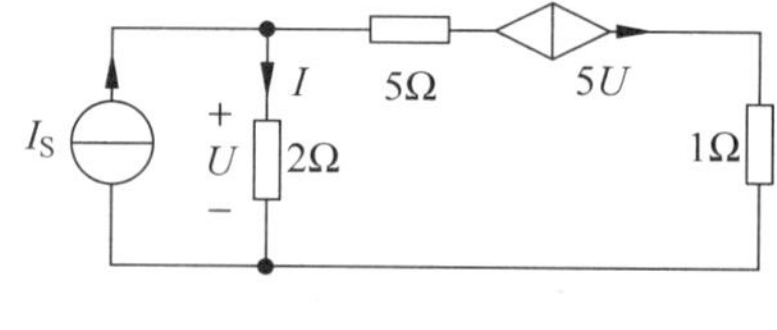

图题 1-7

1-8　电路如图题 1-8 所示，求电压 U。

1-9　求图题 1-9 所示电路中的 I_1，I_2，I_3。

1-10　求图题 1-10 所示电路中的电压 U_{ab}。

1-11　图题 1-11 所示电路中，各元件及变量值如图所示，求 U。

1-12　求图题 1-12 所示电路中电压 U。

1-13　求图题 1-13 所示电路中电流 I 和电压 U。

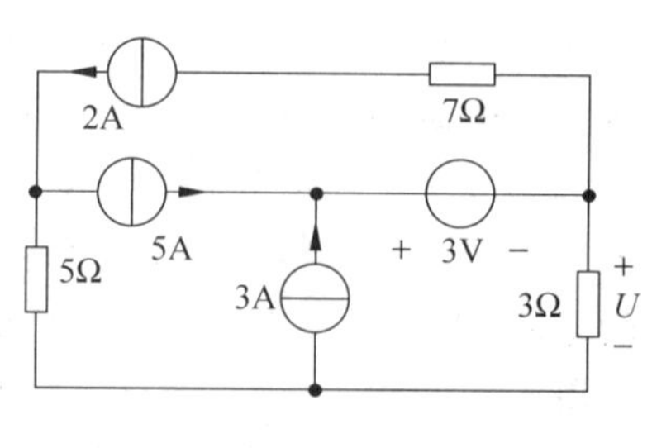

图题 1-8

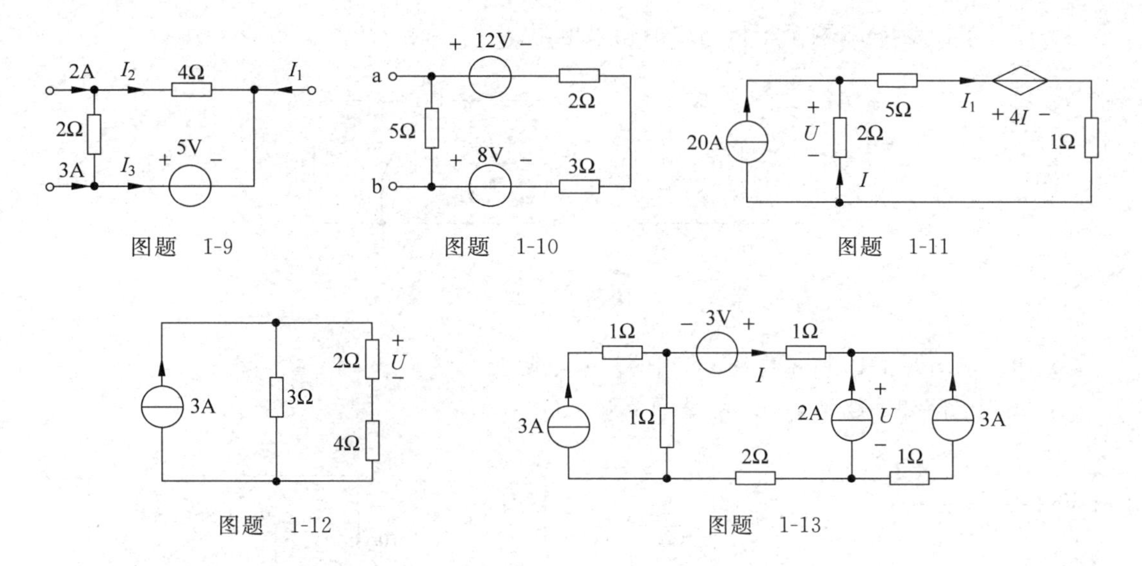

图题 1-9　　图题 1-10　　图题 1-11

图题 1-12　　图题 1-13

1-14　电路如图题 1-14 所示，若 $U_S=-19.5\text{V}$，$U_1=1\text{V}$，求 R 值。

1-15　求图题 1-15 所示电路的 VCR。

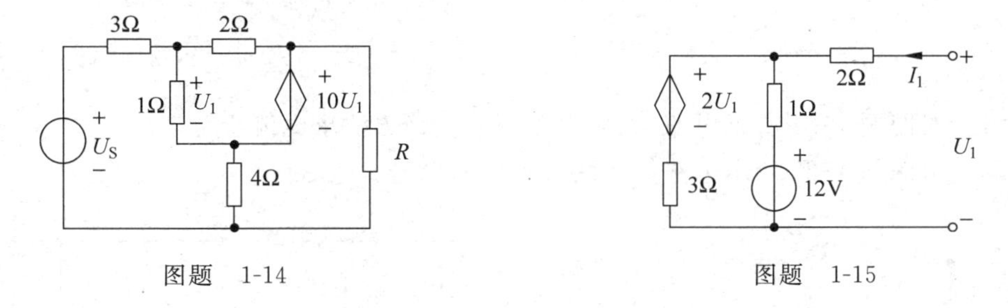

图题 1-14　　图题 1-15

1-16　求图题 1-16(a)、(b)所示电路的 VCR。

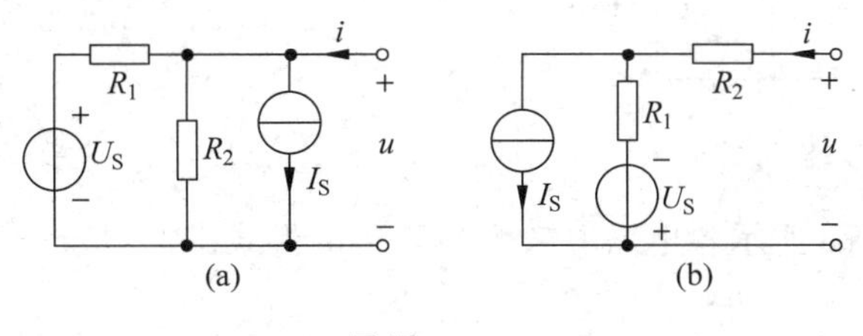

图题 1-16

1-17　求图题 1-17(a)、(b)所示电路的 VCR。

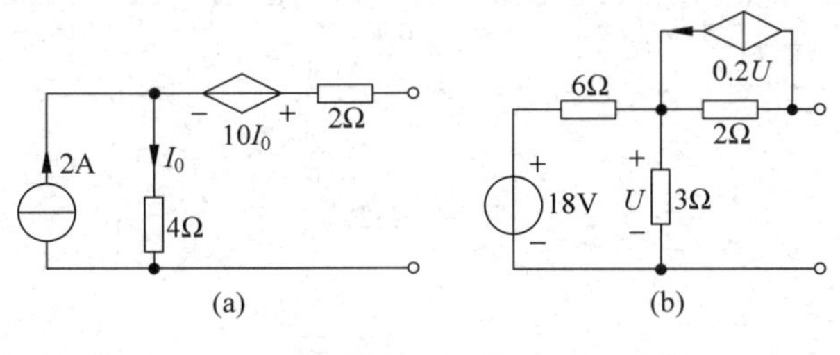

图题 1-17

1-18　求图题 1-18 两个单口网络的输入电阻。

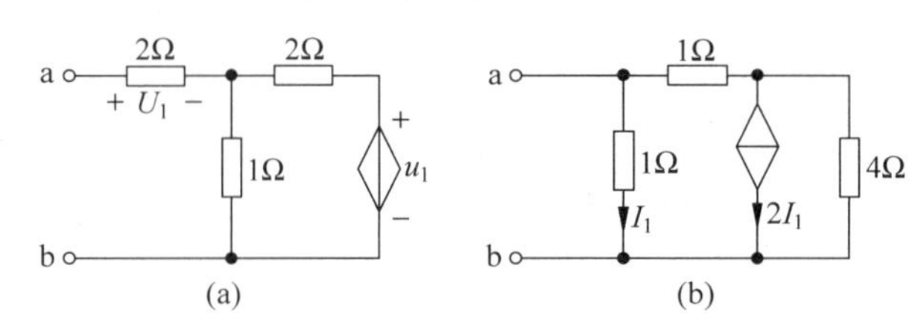

图题　1-18

1-19　求图题 1-19 所示电路 ab 端的等效电阻。

1-20　电路如图题 1-20 所示，求 R_{ab}、U_{ab}、U_{ad}、U_{ac}。

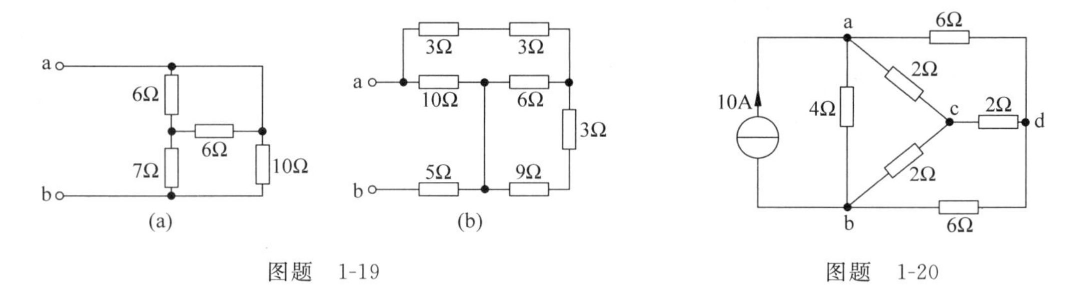

图题　1-19　　　　　　图题　1-20

1-21　对图题 1-21 所示电路，试用电路等效变换方法求电流 I。

1-22　求图题 1-22 所示电路 a、b 两端电压 U_{ab}。

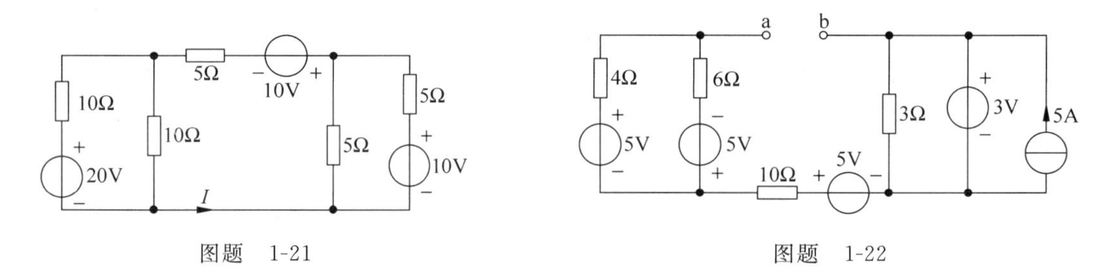

图题　1-21　　　　　　图题　1-22

1-23　将图题 1-23 所示各电路等效为最简单的形式。

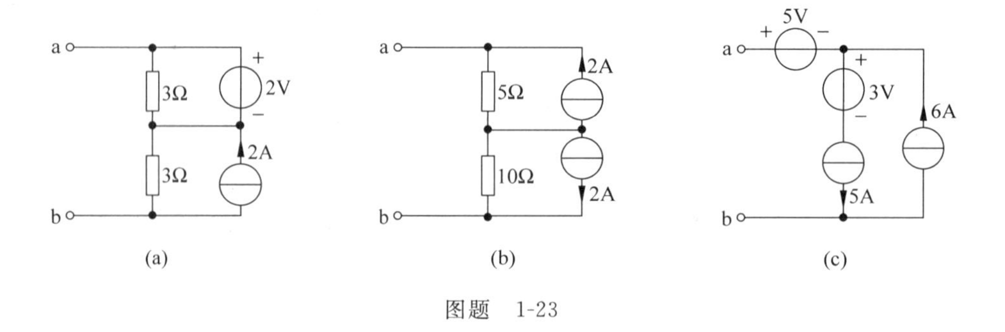

图题　1-23

第2章 电路的一般分析方法

电路分析的任务是求解电路中各支路的电压电流和功率的数值或表达式。电路分析的基本依据是两类约束，应用基尔霍夫定律和欧姆定理可以分析相对简单的电阻电路。但是当电路结构复杂，涉及更多的元件时，使用上述的方法将显得非常麻烦。本章介绍两种常用的电路分析方法，以便于分析复杂的电路。这两种方法是网孔分析法和节点分析法，利用这些方法，可以使用最少的联立方程描述电路，最后介绍运算放大器及含运算放大器电路的分析方法。

2.1 图与电路方程

本节介绍一些有关图论的初步知识，主要目的是研究电路的连接性质并讨论应用图的方法选择电路方程的独立变量。

2.1.1 电路的图

在图论中，图是节点和支路的集合，每条支路的两端都连到相应的节点上。电路的“图”是指把电路中每一条支路画成抽象的线段，所形成的节点和支路的集合，显然，线段就是图的支路。

为了便于讨论比较复杂的电路分析方法，先定义几个基本术语。迄今为止，所遇到的都是平面电路，即电路可以画在一个平面上，其中没有交叉支路。一个有交叉支路的电路，如果能重新画成没有交叉支路的电路，仍可以认为是平面电路。例如，图 2-1(a)所示电路可以重新画为图 2-1(b)的形式，两个电路是等效的，因为所有节点的连接都维持不变。因此，图 2-1(a)所示电路是平面电路。图 2-2 展示了一个非平面电路，如果要保持所有节点的连接维持不变，无法画出没有交叉支路的电路。本章介绍的节点分析法可以应用于平面和非平面电路，而网孔分析法只适用于平面电路。

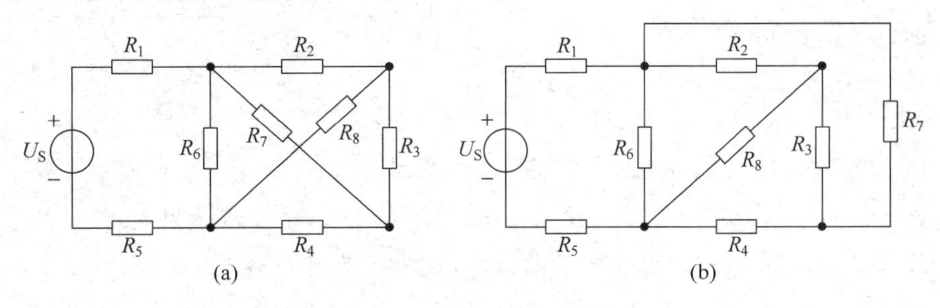

图 2-1　平面电路

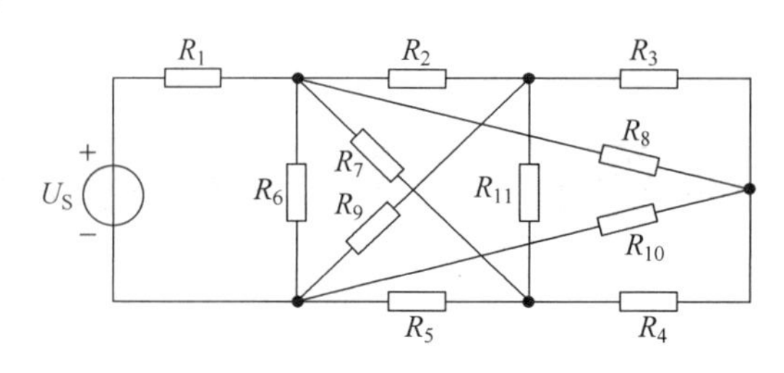

图 2-2 非平面电路

第 1 章已经定义了理想电路元件，当电路元件互连形成电路时，可以用节点、路径、支路、回路和网孔等概念描述电路。为方便起见，给出这些词汇的定义，并结合图 2-3 加以说明，见表 2-1。

表 2-1 电路分析中常用词汇定义

名　称	定　义	根据图 2-3 举例
节点	两个或更多电路元件的连接点	a
基本节点	三个或更多电路元件的连接节点	b
路径	基本元件相连的踪迹，元件不能出现两次	U_{S1}-R_1-R_5-R_6
支路	连接两个节点的路径	R_1
基本支路	连接两个基本节点的路径，不通过基本节点	U_{S1}-R_1
回路	终点和起点是同一节点的路径	U_{S1}-R_1-R_5-R_6-R_4-U_{S2}
网孔	没有包围其他回路的回路	U_{S1}-R_1-R_5-R_3-R_2
平面电路	可以画在平面上没有交叉支路的电路	图 2-1 是平面电路 图 2-2 是非平面电路

需要注意的是，一般情况下，基本节点常常简称为节点，基本支路常常简称为支路。

例 2-1 对于图 2-3 所示电路，试确定：

(1) 所有节点；

(2) 所有基本节点；

(3) 所有支路；

(4) 所有基本支路；

(5) 所有网孔；

(6) 一条路径，且不是回路或基本支路；

(7) 一个回路，且不是网孔。

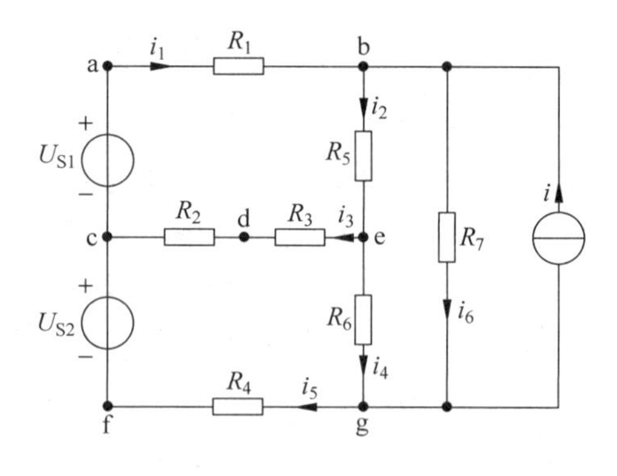

图 2-3 说明节点、路径、支路、回路和网孔的电路

解

(1) a,b,c,d,e,f,g 是节点；

(2) b,c,e,g 是基本节点；

(3) U_{S1},U_{S2},R_1,R_2,R_3,R_4,R_5,R_6,R_7,i 是支路；

(4) U_{S1}-R_1,R_2-R_3,U_{S2}-R_4,R_5,R_6,R_7,i 是基本支路；

(5) U_{S1}-R_1-R_5-R_3-R_2,U_{S2}-R_2-R_3-R_6-R_4,R_5-R_7-R_6,R_7-i 是网孔；

(6) R_1-R_5-R_6 是一条路径，且既不是回路，也不是基本支路；

(7) U_{S1}-R_1-R_5-R_6-R_4-U_{S2} 是回路，但不是网孔。

2.1.2 电路分析方法介绍

电路分析的基本依据是两类约束，即基尔霍夫定律和元件的伏安关系。对一个具有 b 条支路和 n 个节点的电路，当以支路电压和支路电流为电路变量列写方程时，总计有 $2b$ 个未知量。根据 KCL 可以对任意一组 $(n-1)$ 个节点列出 $(n-1)$ 个独立方程，根据 KVL 可以对 $b-(n-1)$ 个网孔或回路列出 $b-(n-1)$ 个独立方程，根据元件的 VCR 可以列出 b 个方程，总计方程数为 $2b$，与未知量相等。因此，可由 $2b$ 个方程解出 $2b$ 个支路电压和支路电流。这种方法称为 $2b$ 法。

为了减少求解的方程数，可以利用元件的 VCR 将各支路电压以支路电流表示，然后代入 KVL 方程，这样，就得到以 b 个支路电流为未知量的 b 个 KCL 和 KVL 方程。方程数由 $2b$ 减少到 b。同理，也可以利用元件的 VCR 将各支路电流以支路电压表示，然后代入 KCL 方程，这样，就得到以 b 个支路电压为未知量的 b 个 KCL 和 KVL 方程。方程数同样由 $2b$ 减少到 b。这两种方法就是支路电流法和支路电压法。

支路电流法和支路电压法统称为支路分析法，也称 b 法，是最基本的电路分析方法，是电路分析的基础。相对于 $2b$ 法，支路分析法方程数减少一半，下面以图 2-4 所示电路说明支路分析法。

该电路有 4 个节点，6 条支路，以 6 个支路电流为变量。4 个结点可以列出 4 个 KCL 方程，其中只有 3 个是独立的，这里以节点④为参考节点。由节点①、②、③可以列出 3 个 KCL 方程

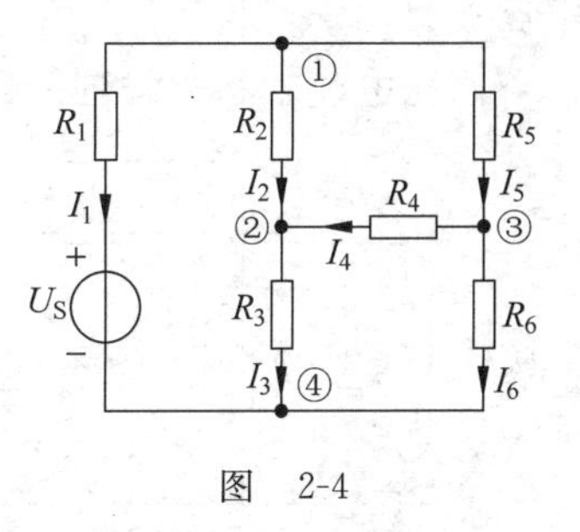

图 2-4

节点 ①： $I_1+I_2+I_5=0$

节点 ②： $-I_2+I_3-I_4=0$

节点 ③： $I_4-I_5+I_6=0$

由于需要 6 个方程才能解出 6 个支路电流，所以还需要建立 3 个独立的 KVL 方程，也就是需要选择 3 个独立的回路。独立回路的选取有多种方式。对平面电路一般选取网孔作为独立回路，这里选取 3 个网孔为独立回路，并按顺时针方向列写相应的 KVL 方程，有

$$-I_1R_1+I_2R_2+I_3R_3=U_S$$
$$-I_2R_2+I_5R_5+I_4R_4=0$$
$$-I_3R_3-I_4R_4+I_6R_6=0$$

这 3 个独立的 KVL 方程和前面的 3 个独立 KCL 方程就是求解 6 个支路电流变量所需的方程。

对一个含有 b 条支路 n 个节点的电路，其支路电流法求解步骤如下：

(1) 选定各支路电流的参考方向，并在电路图中标出；

(2) 列写出 $(n-1)$ 个节点的 KCL 方程；

(3) 选取 $b-(n-1)$ 个独立回路，列写出独立回路的 KVL 方程（平面电路一般选取网孔作为独立回路）；

(4) 联立方程求解出各支路电流。

总之,电路分析的最基本依据是元件约束和拓扑约束,即基尔霍夫电流定律、基尔霍夫电压定律和元件的伏安关系。$2b$ 法以支路电流和支路电压为变量,列写出 b 个 VCR 方程、$(n-1)$ 个 KCL 方程、$b-(n-1)$ 个 KVL 方程,共计 $2b$ 个方程。而支路分析法以支路电流或支路电压为变量,列写出 $(n-1)$ 个 KCL 方程、$b-(n-1)$ 个 KVL 方程,共计 b 个方程。可见,引入合适的变量可以减少所需的方程数,简化问题。那么,通过引入新的变量,可以用更少的方程数得到电路的解答,而为了求解的方便,也希望方程的数量最少。

节点电压和网孔电流就是两组合适的变量,利用节点电压和网孔电流作为变量的分析方法称为节点分析法和网孔分析法。利用节点分析法,可以用 $(n-1)$ 个 KCL 方程描述电路;利用网孔分析法,可以用 $b-(n-1)$ 个 KVL 方程描述电路。

2.2 网孔分析法

怎样的一组电流变量可以作为网络分析的对象呢?它应该是一组完备的独立电流变量。首先,这组电流变量应该是独立的,就 KCL 来讲必须是线性无关的,即其中的任何一个电流不能用这组电流变量之中的任何其他电流来表示。另外这组电流变量还应该是一组完备的集合,能提供我们解决问题的充分信息,即利用它可以得到我们需要的所有电路变量。

网孔电流就是这样的一组完备的独立电流变量。

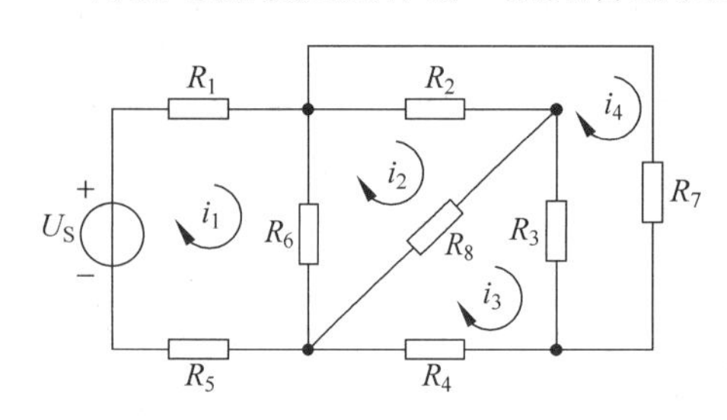

图 2-5 有四个网孔的电路

网孔是一个没有其他支路在里面的回路,网孔电流是假想的仅存在于网孔周边内的电流。在电路图中,用沿着网孔周界的实心线表示,线上的箭头表示网孔电流的参考方向。图 2-5 给出了一个有四个网孔的电路,并标出了网孔电流。如图 2-5 所示,支路电流不一定能表示所有的网孔电流,例如,网孔电流 i_1、i_3 和 i_4 可以由支路电流表示,而网孔电流 i_2 不等于任何支路电流,因此,不一定能测量网孔电流。根据定义,网孔电流将自动满足基尔霍夫电流定律,这是因为在电路的任何一个节点,网孔电流既流入又流出该节点,即网孔电流不受 KCL 约束,彼此之间独立,所以网孔电流是一组独立电流变量;那么,网孔电流是否完备呢?从图中容易看出,电路中的所有支路电流都可以用网孔电流线性表示。例如,R_1 支路的电流等于网孔电流 i_1,而 R_6 支路的电流等于网孔电流 i_1 与 i_2 之代数和。可见,一旦确定了网孔电流,所有的支路电流就随之而定,再根据 VCR,可以确定电路元件的电压。因此,网孔电流是完备的。

为了建立网孔方程,应先在每一个网孔中选定网孔电流的参考方向,并沿着网孔电流的方向建立回路的 KVL 方程,我们可以为每一个网孔列写一个 KVL 方程,方程中的支路电压可以通过 VCR 用网孔电流来表示,这样就可以得到以网孔电流为变量的方程组,它们必然与待解变量数目相同且相互独立,由此可以解得各网孔电流。按照上述方法,图 2-6 中各网孔 KVL 方程为

$$R_1 i_1 + R_4(i_1 - i_3) + R_6(i_1 - i_2) = U_{S1} - U_{S4}$$

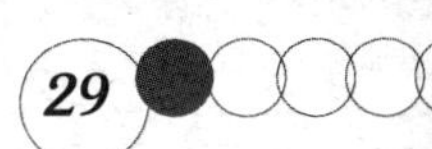

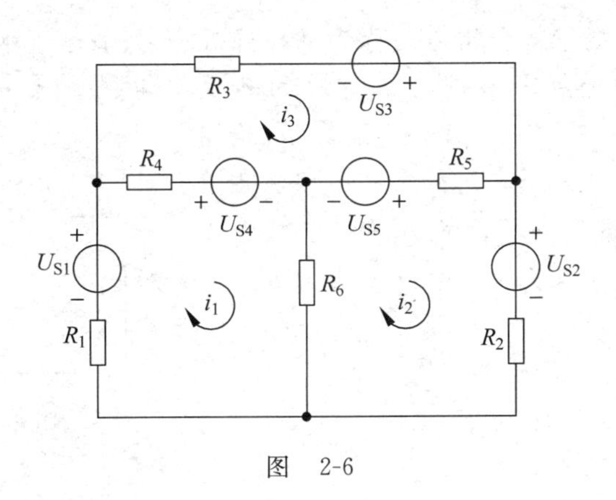

图　2-6

$$R_2 i_2 + R_6 (i_2 - i_1) + R_5 (i_2 - i_3) = U_{S5} - U_{S2}$$
$$R_3 i_3 + R_5 (i_3 - i_2) + R_4 (i_3 - i_1) = U_{S3} - U_{S5} + U_{S4}$$

可以整理为

$$\begin{cases}(R_1 + R_4 + R_6) i_1 - R_6 i_2 - R_4 i_3 = U_{S1} - U_{S4} \\ -R_6 i_1 + (R_2 + R_6 + R_5) i_2 - R_5 i_3 = U_{S5} - U_{S2} \\ -R_4 i_1 - R_5 i_2 + (R_3 + R_5 + R_4) i_3 = U_{S3} - U_{S5} + U_{S4}\end{cases}$$

矩阵形式为

$$\begin{bmatrix} R_1 + R_4 + R6 & -R_6 & -R_4 \\ -R_6 & R_2 + R_6 + R_5 & -R_5 \\ -R_4 & -R_5 & R_3 + R_5 + R_4 \end{bmatrix} \begin{bmatrix} i_1 \\ i_2 \\ i_3 \end{bmatrix} = \begin{bmatrix} U_{S1} - U_{S4} \\ U_{S5} - U_{S2} \\ U_{S3} - U_{S5} + U_{S4} \end{bmatrix}$$

进一步写成便于推广的规范化形式

$$\begin{bmatrix} R_{11} & R_{12} & R_{13} \\ R_{21} & R_{22} & R_{23} \\ R_{31} & R_{32} & R_{33} \end{bmatrix} \begin{bmatrix} i_1 \\ i_2 \\ i_3 \end{bmatrix} = \begin{bmatrix} U_{S11} \\ U_{S22} \\ U_{S33} \end{bmatrix}$$

由电阻组成的矩阵称为系数矩阵，其中

$R_{11}=(R_1+R_4+R_6)$，$R_{22}=(R_2+R_6+R_5)$，$R_{33}=(R_3+R_5+R_4)$，分别为网孔 1，2，3 中各支路电阻的总合，分别被称为网孔 1，2，3 的自阻。

$R_{12}=R_{21}=-R_6$，$R_{23}=R_{32}=-R_5$，$R_{13}=R_{31}=-R_4$，分别为相邻两网孔公共支路电阻的负值，被称为相邻两网孔的互阻。

等式右端，$U_{S11}=U_{S1}-U_{S4}$，$U_{S22}=U_{S5}-U_{S2}$，$U_{S33}=U_{S3}-U_{S5}+U_{S4}$，分别为网孔 1，2，3 中沿网孔电流参考方向各电压源电位升的代数和。

可见，方程中具有相同下标的电阻 R_{11}，R_{22}，R_{33} 等是各网孔的自阻；有不同下标的电阻，如 R_{12}，R_{13}，R_{32} 等是各网孔的互阻。自阻总是正的，互阻的正负则由两网孔电流在公共支路上参考方向是否相同而定。方向相同时，互阻为正；方向相反时，互阻为负。显然，如果两个网孔之间没有公共支路或公共支路电阻为零时（例如公共支路只含电压源），互阻为零。如果将所有网孔电流参考方向都按顺时针（或逆时针）选取，则所有互阻总是负的。另外，在不含受控源的电阻电路中，$R_{ik}=R_{ki}$。方程右端为网孔所含电压源的电压升的代数和，沿网孔电流方向电压升时，取"＋"号，反之取"－"号。

以网孔电流为独立变量的分析方法称为网孔分析法，只适用于平面电路。

例 2-2 用网孔分析法求解图 2-7 电路的各支路电流。已知，$R_1=5\Omega$，$R_2=10\Omega$，$R_3=20\Omega$。

解 该电路有两个网孔，首先在每一个网孔内假设一个网孔电流，如图 2-7 所示的 i_1 和 i_2。它们的参考方向是可以任意假定的，这里假定它们都是顺时针方向，则

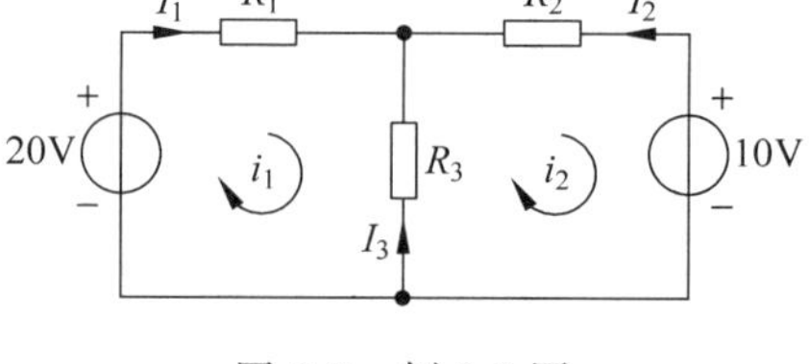

图 2-7 例 2-2 图

第一网孔的自电阻

$$R_{11}=R_1+R_3=25\Omega$$

第一和第二网孔的互电阻

$$R_{12}=R_{21}=-20\Omega$$

第二网孔的自电阻

$$R_{22}=R_3+R_2=30\Omega$$

这里，互电阻 $R_{12}=R_{21}$ 且为负值，这是因为两网孔电流以不同的方向流过公共电阻 R_3。沿网孔电流方向的电压升

$$U_{S1}=20V$$

$$U_{S2}=-10V$$

注意：U_{S1}、U_{S2} 分别表示在第一网孔和第二网孔内沿绕行方向（即网孔电流方向）电压源电压升的代数和。沿 i_1 的方向，电压源电压 20V 由负极到正极，故为电压升，所以 $U_{S1}=20V$；沿 i_2 的方向，电压源电压 10V 由到正极负极，故为电压降，所以 $U_{S2}=-10V$。

得到网孔方程

$$\begin{cases}25i_1-20i_2=20\\-20i_1+30i_2=-10\end{cases}$$

解方程，得

$$i_1=\frac{\begin{vmatrix}20 & -20\\-10 & 30\end{vmatrix}}{\begin{vmatrix}25 & -20\\-20 & 30\end{vmatrix}}=\frac{20\times30-(-10)\times(-20)}{25\times30-(-20)\times(-20)}=\frac{400}{350}=1.143A$$

$$i_2=\frac{\begin{vmatrix}25 & 20\\-20 & -10\end{vmatrix}}{\begin{vmatrix}25 & -20\\-20 & 30\end{vmatrix}}=\frac{-25\times10+20\times20}{25\times30-20\times20}=\frac{150}{350}=0.429A$$

设各支路电流 I_1、I_2、I_3 如图 2-7 所示，可得

$$I_1=i_1=1.143A$$

$$I_2=-i_2=-0.429A$$

$$I_3=i_2-i_1=-0.714A$$

可见，各支路电流均可以用网孔电流表示。

用网孔分析法时，不能用 KCL 来校核，因为网孔电流自动满足 KCL，应该用 KVL 来校核结果。

运用网孔分析法，当电路中含有电流源时，总的原则有以下三点：

(1) 电流源位于边缘支路时，选取电流源的电流为网孔电流。若电流源在电路内部，在可能的情况下，先将其移到边缘支路。

(2) 进行电源等效变换，将电流源并联电阻转换为电压源串联电阻。

(3) 电流源两端设一个未知电压。

这三种方法中，前两种方法方程个数较少，但可能需要改变电路结构；第三种方法不改变电路的结构，但由于多出一个未知量，需要增加辅助方程。

例 2-3 电路如图 2-8(a)所示，试求流经 30Ω 电阻的电流 I。

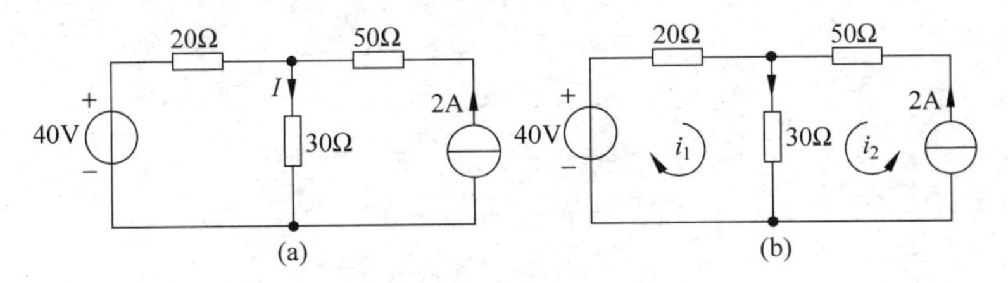

图 2-8 例 2-3 图

解 电路中含有电流源，在含电流源的支路中，其支路电流为电流源的电流值，因此，流经 50Ω 电阻的电流等于 2A。

在网孔分析法中，需要在每一网孔设一网孔电流(注意所设网孔电流方向)，如图 2-8(b)所示。可以看到，由于 i_2 是唯一流过含电流源支路的网孔电流，且电流源方向同所设网孔电流方向一致，所以有

$$i_2 = 2\text{A}$$

即网孔电流 i_2 值已知，不用再单独列网孔 2 的方程。

网孔方程为

$$\begin{cases} 50i_1 + 30i_2 = 40 \\ i_2 = 2 \end{cases}$$

解得

$$i_1 = \frac{40 - 60}{50} = \frac{-20}{50} = -0.4\text{A}$$

$$I = i_1 + i_2 = -0.4 + 2 = 1.6\text{A}$$

例 2-4 用网孔分析法求解图 2-9 所示电路各支路电流。

解 设网孔电流及参考方向如图 2-9 所示。

本题中电流源处于相邻网孔的公共支路上，而电流源上的电压未知，所以要设电流源上的电压为 u_x，以便于列写网孔方程，因为网孔方程实质上是 KVL 方程，在列方程时应把电流源电压考虑在内。u_x 的参考方向如图 2-9 所示，写出网孔方程为

$$\begin{cases} (2+2)i_1 - 2i_2 = 30 - u_x \\ -2i_1 + (2+2+4)i_2 - 2i_3 = 0 \\ -2i_2 + (2+2)i_3 = u_x \end{cases}$$

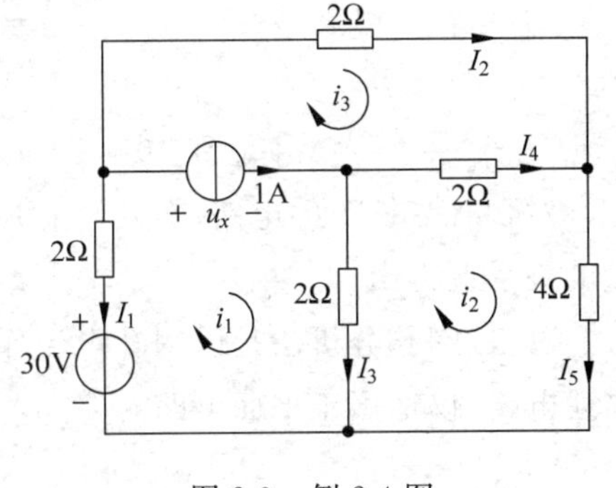

图 2-9 例 2-4 图

上式中有3个方程,4个未知量,需要增加一个辅助方程,即用网孔电流表示电流源电流,则有

$$i_1 - i_3 = 1$$

联立求解,得网孔电流

$$i_1 = 5.5\text{A}$$
$$i_2 = 2.5\text{A}$$
$$i_3 = 4.5\text{A}$$

进而可求出各支路电流

$$I_1 = -i_1 = -5.5\text{A}$$
$$I_2 = i_3 = 4.5\text{A}$$
$$I_3 = i_1 - i_2 = 3\text{A}$$
$$I_4 = i_2 - i_3 = -2\text{A}$$
$$I_5 = i_2 = 2.5\text{A}$$

例 2-5 图2-10所示电路中,求电压 u_{ab}。

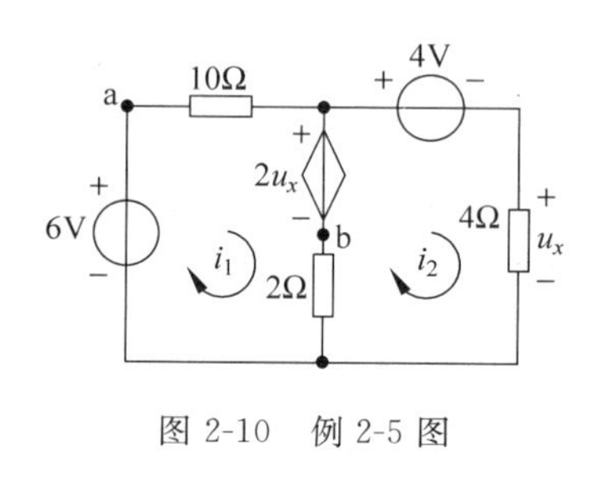

图2-10 例2-5图

解 电路中含有受控电压源。

设网孔电流如图2-10所示,先把受控电压源当做独立电压源看待列写网孔方程,有

$$(10+2)i_1 - 2i_2 = 6 - 2u_x$$
$$-2i_1 + (2+4)i_2 = 2u_x - 4$$

需要补充一个辅助方程,即用网孔电流表示控制量 u_x,得

$$u_x = 4i_2$$

将上式代入网孔方程,整理得

$$2i_1 + i_2 = 1$$
$$-i_1 - i_2 = -2$$

解得

$$i_1 = -1\text{A}$$
$$i_2 = 3\text{A}$$
$$u_x = 4i_2 = 4 \times 3 = 12\text{V}$$

所以

$$u_{ab} = 10i_1 + 2u_x = 10 \times (-1) + 2 \times 12 = 14\text{V}$$

对含有受控源的电路,有几个受控源,则需要增加几个辅助方程,辅助方程应该从控制量的关系上得出。

总之,网孔分析法是以网孔电流作为电路的独立变量,通过 $b-(n-1)$ 个 KVL 方程来描述电路,仅适用于平面电路。

2.3　节点分析法

与网孔分析法相类似，我们也可以选择一组完备的独立电压变量作为网络分析的对象，这样的一组电压变量也必须满足独立性和完备性。节点电压就是这样的一组完备的独立电压变量。

在电路中任意选择某一节点作为参考节点（即接地点），其他节点与此节点之间的电压称为节点电压。显然，一个具有 n 个节点的电路有 $(n-1)$ 个节点电压。尽管从理论上选择参考节点是任意的，但选择连接最多支路的节点当做参考节点，一般认为是个好的选择。在图 2-11 所示电路中，共有四个节点，选择节点④作为参考节点，用符号标记所选择的参考节点，如图 2-11 所示。

各节点电压不能用 KVL 相联系，这是因为沿任一回路的各个支路电压，若以节点电压表示，其代数和恒等于零。例如，R_1-R_5-R_3 回路的支路电压 u_{12}、u_{24} 和 u_{41}，若以节点电压表示其代数和，则有

$$(u_1-u_2)+(u_2-u_4)+(u_4-u_1)=0$$

所以，就 KVL 而言，各节点电压线性无关，节电电压是一组独立电压变量。

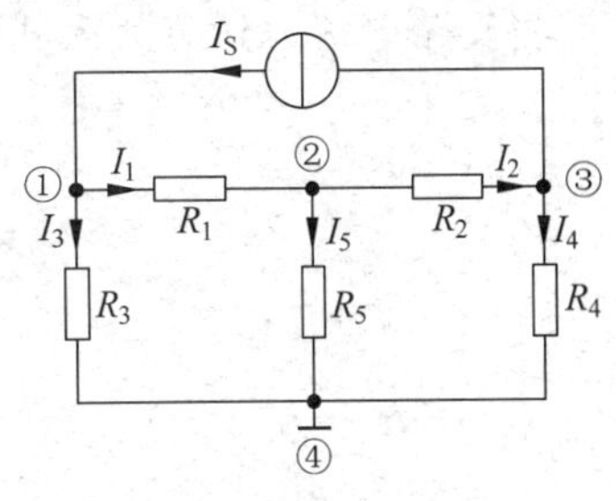

图　2-11

从图中容易看出，所有支路电压都可以用节点电压线性表示。即一旦确定节点电压，则所有支路电压可以通过 KVL 求得，再通过 VCR 可以获得所有的支路电流。因此，节点电压是完备的。

如何获得节点电压方程呢？节点电压既然不能用 KVL 联系，那么只能根据 KCL 和支路 VCR 来获得节点方程。除参考节点之外，对每一个节点列写一个 KCL 方程，方程中的支路电流通过 VCR 用节点电压表示。可以得到一组以节点电压为变量的方程组，其方程数目同变量数相等且相互独立，由此可求出各节点电压。

以节点电压为独立变量的分析方法称为节点分析法，对平面和非平面电路都适用。确定了一组独立的节点电压后，即可根据已知节点电压应用 VCR 求解出各支路电压、电流和功率等电路参数。

现在以图 2-11 所示电路为例，说明如何用节点分析法建立节点方程，并通过例子归纳出以节点电压为变量列写节点方程的方法和规律。可以应用此规律通过观察电路直接列出所需的方程，不必再由列节点 KCL 入手得到方程。

此电路具有四个节点，六条支路。

(1) 选定参考电压（节点④）和各支路电流的参考方向，并对独立节点（节点①②③）分别列写 KCL 方程

$$\begin{cases}I_1+I_3=I_S\\-I_1+I_2+I_5=0\\-I_2+I_4=-I_S\end{cases}\qquad(2\text{-}1)$$

(2) 根据 KVL 和欧姆定律，建立用节点电压和已知的支路电阻表示支路电流的支路方程

$$\begin{cases} I_1 = \dfrac{u_1 - u_2}{R_1} \\ I_2 = \dfrac{u_2 - u_3}{R_2} \\ I_3 = \dfrac{u_1}{R_3} \\ I_4 = \dfrac{u_3}{R_4} \\ I_5 = \dfrac{u_2}{R_5} \end{cases} \tag{2-2}$$

(3) 将支路方程(2-2)代入方程(2-1)结合，经移项整理后，获得以节点电压为变量的节点方程。

将支路电流表达式代入式(2.1)得

$$\frac{u_1 - u_2}{R_1} + \frac{u_1}{R_3} = I_S$$

$$-\frac{u_1 - u_2}{R_1} + \frac{u_2 - u_3}{R_2} + \frac{u_2}{R_5} = 0$$

$$-\frac{u_2 - u_3}{R_2} + \frac{u_3}{R_4} = -I_S$$

其中第一个等式等号左端为$\dfrac{u_1 - u_2}{R_1} + \dfrac{u_1}{R_3}$，表示由节点电压 u_1 在与节点①相连接的各支路中产生并由节点①流出的电流的代数和；等式右端表示连接到节点①的激励源流入该节点的电流。因此可总结出节点方程的物理意义是：在各节点电压的共同作用下，由一个节点流出的电流的代数和，等于流入该节点的电流源电流的代数和。了解其物理意义后，可以根据电路模型直接写出节点方程。把节点方程写成便于推广应用的规范化形式。

将式中各电阻换成电导，即 $G_i = \dfrac{1}{R_i}$，得到

$$\begin{cases} G_1(u_1 - u_2) + G_3 u_1 = I_S \\ -G_1(u_1 - u_2) + G_2(u_2 - u_3) + G_5 u_2 = 0 \\ -G_2(u_2 - u_3) + G_4 u_3 = -I_S \end{cases}$$

整理后可以得到

$$\begin{cases} (G_1 + G_3)u_1 - G_1 u_2 = I_S \\ -G_1 u_1 + (G_1 + G_2 + G_5)u_2 - G_2 u_3 = 0 \\ -G_2 u_2 + (G_2 + G_4)u_3 = -I_S \end{cases}$$

写成矩阵形式

$$\begin{bmatrix} G_1 + G_3 & -G_1 & 0 \\ -G_1 & G_1 + G_2 + G_5 & -G_2 \\ 0 & -G_2 & G_2 + G_4 \end{bmatrix} \begin{bmatrix} u_1 \\ u_2 \\ u_3 \end{bmatrix} = \begin{bmatrix} I_S \\ 0 \\ -I_S \end{bmatrix}$$

写成便于推广的一般形式

$$\begin{bmatrix} G_{11} & G_{12} & G_{13} \\ G_{21} & G_{22} & G_{23} \\ G_{31} & G_{32} & G_{33} \end{bmatrix} \begin{bmatrix} u_1 \\ u_2 \\ u_3 \end{bmatrix} = \begin{bmatrix} i_{S1} \\ i_{S2} \\ i_{S3} \end{bmatrix}$$

其系数矩阵称为节点电导矩阵，其对角线上的元素 $G_{11}=G_1+G_2$，$G_{22}=G_1+G_2+G_5$，$G_{33}=G_2+G_4$ 分别称为节点①、②、③的自电导，自电导恒为正，它等于连接到各节点的支路电导的总合。$G_{12}=G_{21}=-G_1$，$G_{13}=G_{31}=0$，$G_{23}=G_{32}=-G_2$ 分别为节点①、②，①、③和②、③这三对节点间的互电导，互电导总是负的，它等于连接到两节点之间的支路电导的负值。

方程右端 i_{S1}，i_{S2}，i_{S3}，分别表示节点①，②，③的流入电流。流入电流等于流入该节点的电流源的代数和，电流流入节点前面取“＋”号，电流流出节点前面取“－”号。

通常用节点分析法建立电路方程组时，可以先算出各个自电导、互电导和流入每一节点的各激励源电流的代数和，然后写出标准的节点电压方程组。求得各节点电压后，根据VCR可以求出各支路电流。列节点方程时，不需要事先指定支路电流的参考方向。

例 2-6 列出图 2-12 所示电路的节点方程。

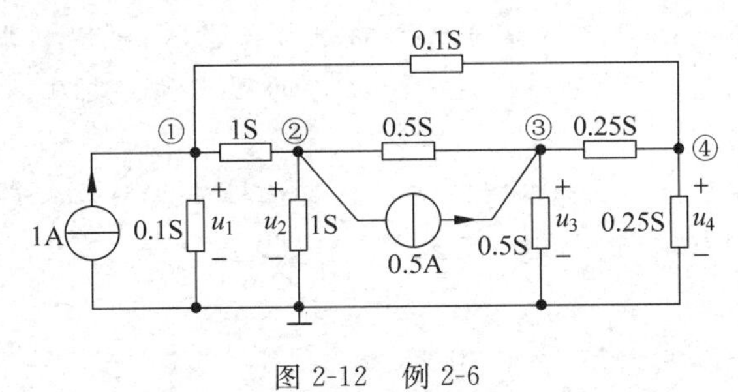

图 2-12 例 2-6

解 该电路共有五个节点，选其中的一个作为参考节点，标以接地符号，设其余四个节点的电压分别为 u_1，u_2，u_3，u_4，如图 2-12 所示。

直接连接到节点 1 的电导总合为 $G_{11}=0.1+1+0.1=1.2(\mathrm{S})$；而节点①和其他节点之间的互电导为 $G_{12}=-1(\mathrm{S})$；$G_{13}=0(\mathrm{S})$；$G_{14}=-0.1(\mathrm{S})$。其中 $G_{13}=0(\mathrm{S})$是因为节点①和③之间没有公共电导。又因为电流源电流是流入节点①的，所以 $I_{S1}=+1(\mathrm{A})$，则对节点①有

$$1.2u_1-u_2-0.1u_4=1$$

对节点②，③，④同理可列出对应方程，则节点方程为

$$\begin{cases} 1.2u_1-u_2-0.1u_4=1 \\ -u_1+2.5u_2-0.5u_3=-0.5 \\ -0.5u_2+1.25u_3-0.25u_4=0.5 \\ -0.1u_1-0.25u_3+0.6u_4=0 \end{cases}$$

上面给出的是电路中只含有电流源的情况，若电路中含有电压源，则有以下几种处理方法：

(1) 尽可能选择电压源的一端为参考节点；

(2) 进行电源等效变换，将电压源串联电阻转换为电流源并联电阻；

(3) 在电压源支路设电流，则增加一个未知量，需要补充一个辅助方程。

前两种方法是通过改变电路的结构，以达到减少未知量的目的，便于建立节点方程。第三种方法不改变电路结构，而增加一个未知量，列方程时，要多一个辅助方程。下面通过例题说明对电压源的处理方法。

例 2-7 列出图 2-13 所示电路的节点电压方程。

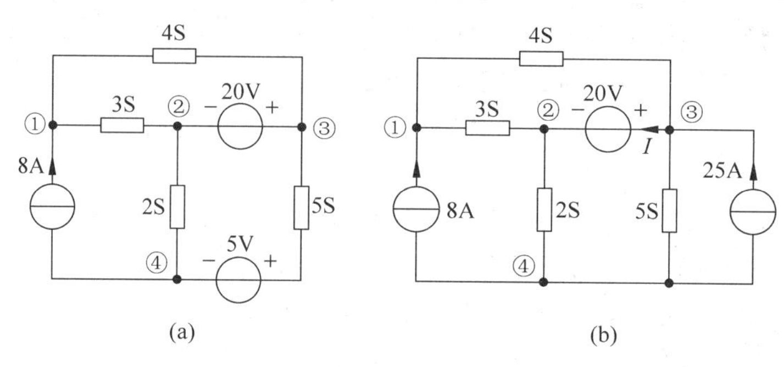

图 2-13 例 2-7 图

解 对各节点进行编号。

此题中有两个电压源，5V 电压源有一个电导与之串联，可以利用电源的等效变换，将其转换为电流源并联电导，20V 电压源是一个无伴的理想独立电压源，不能进行等效变换，只能用其他两种方法处理。

方法一：选择电压源的一端为参考节点。这里选择节点③为参考节点，并对 5V 电压源进行等效变换，如图 2-13(b)所示，则有方程

$$\begin{cases}(3+4)u_1-3u_2=8\\u_2=-20\\-2u_2+(2+5)u_4=-25-8\end{cases}$$

由于参考节点选在电压源的一端，则电压源另外一端的节点电压成为已知，给解题带来了方便，也不用增加方程数。

方法二：选择节点④为参考节点，则 20V 电压源支路上的电流未知，需在该支路设一电流 I，如图 2-13(b)所示，列节点方程

$$\begin{cases}(3+4)u_1-3u_2-4u_3=8\\-3u_1+(2+3)u_2=I\\-4u_1+(4+5)u_3=25-I\\u_3-u_2=20\end{cases}$$

其中 $u_3-u_2=20$ 为辅助方程。

可见，在建立方程的过程中，参考节点选取得好，可以减少工作量。通常选连接支路最多的那个节点为参考节点。另外，在电压源支路设电流之后，辅助方程是把电压源的电压与节点电压联系起来。

若电路中包含受控源，则先将受控源视作独立源处理，建立节点方程，然后再从控制量入手，寻找节点电压与控制量之间的关系，建立辅助方程。

例 2-8 电路如图 2-14 所示，用节点分析法求 5Ω 电阻上的功率。

解 电路有三个基本节点，需要两个节点电压方程式描述电路。节点③连接 4 个支路，所以选择节点③作为参考节点。设节点①、②的电压为 u_1、u_2，对受控源先按独立源处理，

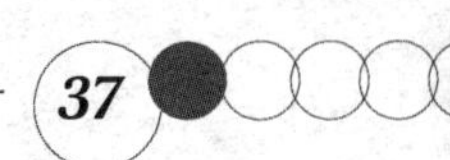

可以得到两个节点方程，注意节点分析法的实质是列写节点的 KCL 方程。

对节点①，有

$$\frac{u_1-20}{2}+\frac{u_1}{20}+\frac{u_1-u_2}{5}=0$$

对节点②，有

$$\frac{u_2-u_1}{5}+\frac{u_2}{10}+\frac{u_2-8i}{2}=0$$

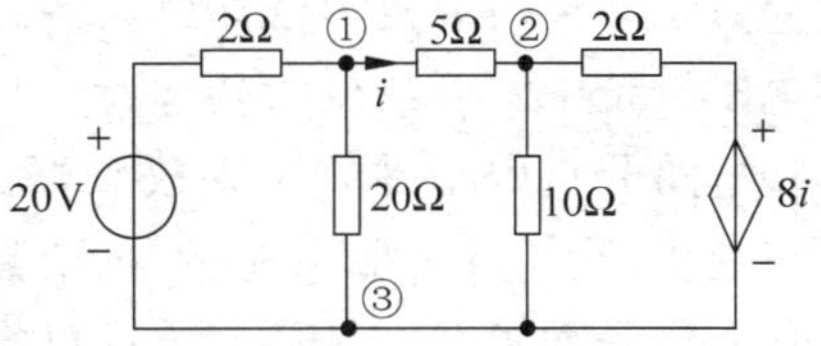

图 2-14 例 2-8 图

整理得节点方程

$$\begin{cases}\left(\dfrac{1}{2}+\dfrac{1}{5}+\dfrac{1}{20}\right)u_1-\dfrac{1}{5}u_2=10\\[2ex]-\dfrac{1}{5}u_1+\left(\dfrac{1}{5}+\dfrac{1}{10}+\dfrac{1}{2}\right)u_2=4i\end{cases}$$

所列的两个方程式包含三个未知数，即 u_1、u_2 和 i，为了消除 i，需要补充一个辅助方程，用节点电压来表示这个控制电流，即

$$i=\frac{u_1-u_2}{5}$$

将上式代入节点方程式，化简可得

$$\begin{cases}0.75u_1-0.2u_2=10\\-u_1+1.6u_2=0\end{cases}$$

可解得

$$u_1=16\text{V}\quad u_2=10\text{V}$$

然后有

$$i=\frac{16-10}{5}=1.2\text{A}$$

$$P_{5\Omega}=i^2R=1.44\times5=7.2\text{W}$$

节点分析法的基本思想是用节点电压作为变量建立电路方程，以达到减少所需的联立方程数的目的。一般来说，若电路的独立节点数少于网孔数，则使用节点分析法联立方程数较少，容易求解，反之亦然。但也要考虑一些其他因素，如网络中电源的种类等。如果已知的电源是电流源，则节点分析法更为方便；如果已知的电源是电压源，则网孔分析法较为方便。此外，网孔分析法只适用于平面网络，而节点分析法无此限制，所以节点分析法具有更普遍的意义。

2.4 含运算放大器电路的分析方法

运算放大器是电路分析中一个重要的多端器件，它的应用十分广泛。本节将介绍运算放大器的电路模型，理想运算放大器的外部特性，以及含运算放大器的电阻电路分析。

2.4.1 运算放大器的电路模型

运算放大器是由具有高放大倍数的直接耦合放大电路组成的半导体多端器件。它是一种高增益(几万倍甚至更高)、高输入电阻、低输出电阻的放大器。由于能完成加法、积分、微分等数学运算而被称为运算放大器。现在,运算放大器的应用已远远超出上述范围,成为许多电子设备中不可缺少的元件。

电路分析中所讲的运算放大器,是指实际运算放大器的电路模型,是一种三端元件,不讨论具体的电路构成和内部关系。其符号如图 2-15 所示,这里仅标出三个主要端钮。图中两个输入端用“－”、“＋”号标注,并分别称为反相输入端和正相输入端,另一个为输出端。需要注意的是,这里的“＋”、“－”号并非指电压的参考极性,只是用以区分不同性质输入端的标志。当输入电压 u_+ 施加在“＋”端与公共端(即接地端)之间且实际方向自“＋”端指向公共端时,输出电压则从输出端指向公共端,即两者的实际方向相同,都指向公共端。当输入电压 u_- 施加在“－”端与公共端之间且其实际方向自“－”端指向公共端时,输出电压从公共端指向输出端,即两者的实际方向正好相反。

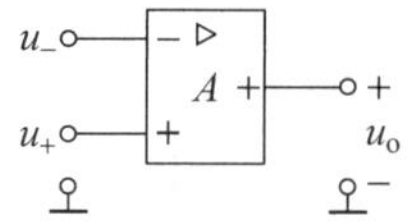

图 2-15　运算放大器的符号

如果在“＋”端和“－”端同时加输入电压 u_+ 和 u_-,则有

$$u_o = A(u_+ - u_-) = Au_d$$

其中,$u_d = u_+ - u_-$,A 为运放的电压放大倍数。运放的这种输入情况称为差动输入,而 u_d 称为差动输入电压。若把正相输入端与公共端连接起来(接地),而只在反相端加输入电压,则有

$$u_o = -Au_-$$

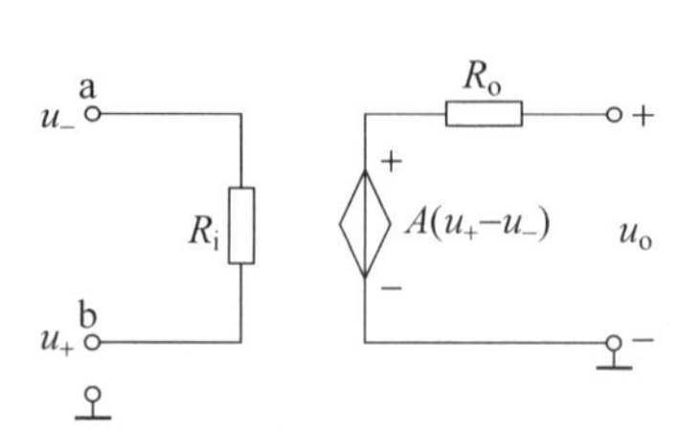

图 2-16　运算放大器的模型

上式右边的负号说明输出电压 u_o 与输入电压 u_- 相对公共端是反向的;反之,若把反相端与公共端连接起来,而在正相端加输入电压 u_+,则有

$$u_o = Au_+$$

图 2-16 给出了运放的电路模型,其中电压控制电压源的电压为 $A(u_+ - u_-)$,R_i 为运放的输入电阻,R_o 为输出电阻。实际运放的放大倍数 A 值很大,R_i 比较高,而 R_o 较低。它们的具体数值根据运放的制作工艺有所不同,表 2-2 给出了三个参数的典型数值范围。

表 2-2　运放的参数

参　　数	名　　称	典型数值	理　想　值
A	放大倍数	$10^5 \sim 10^7$	∞
R_i	输入电阻	$10^6 \sim 10^{13}\Omega$	∞
R_o	输出电阻	$10 \sim 100\Omega$	0

2.4.2 含有理想运算放大器电路的分析

符合理想条件的运放称为理想运放,从表 2-2 中可以看出,一般运放的数值接近理想情况。本节重点介绍理想运放的分析。对于理想运放来说,由于 A 为∞,且输出电压 u_o 为有

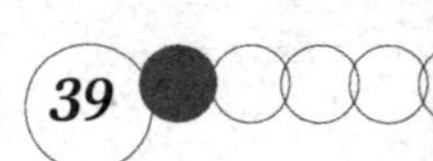

限值，因此由式 $u_o=A(u_+-u_-)=Au_d$ 可知，$u_d=u_+-u_-$ 趋近于零，所以有

$$u_+\approx u_-$$

即两输入端之间相当于短路状态，称为虚短。

如果不是差分输入，而是反相端(或同相端)接地，则由于 $u_-=0$(或 $u_+=0$)，因而 $u_+=0$(或 $u_-=0$)，即不论是反相端还是同相端接地，都有 $u_+=u_-=0$ 成立。又由于输入电阻为∞，而输入电压为有限值，因此，不论是反相端还是同相端，输入电流为零，以 i_+ 和 i_- 分别表示这两个输入端的电流，则有

$$i_+=i_-=0$$

即从输入端看进去，元件相当于开路状态，称为虚断。虚短和虚断是对理想运放进行分析时主要的理论依据。

理想运放的符号如图 2-17 所示。

合理地运用虚短和虚断的规则，并结合节点分析法，可以使这类电路的分析大为简化。下面举例加以说明。

例 2-9　如图 2-18 所示同相比例放大电路。试求输出电压 u_o 和输入电压 u_i 之间的关系。

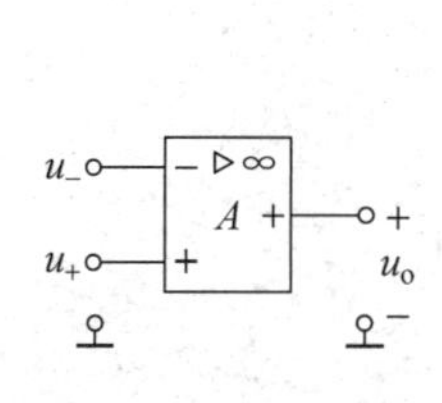

图 2-17　理想运放

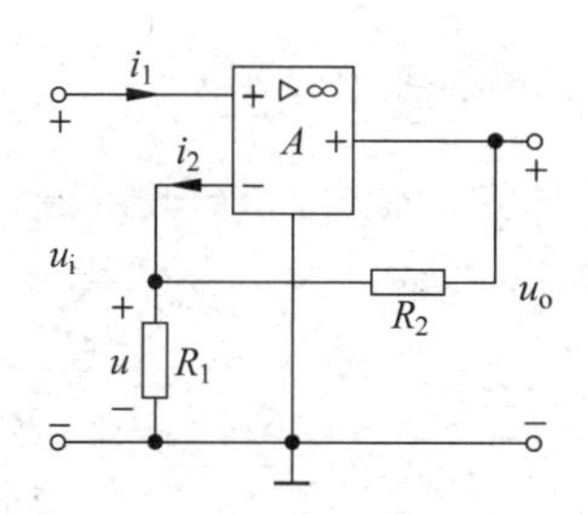

图 2-18　例 2-9 图

解　引用虚短和虚断的规则。由虚断规则，有 $i_1=i_2=0$，故有

$$u=\frac{R_1}{R_1+R_2}u_o$$

由虚短规则，有 $u_i=u_+=u_-=u$，故有

$$u_i=u=\frac{R_1}{R_1+R_2}u_o$$

所以，可得

$$\frac{u_o}{u_i}=1+\frac{R_2}{R_1}$$

可见，选择不同的 R_1 和 R_2 的值，可以获得不同的输出、输入电压比(即放大倍数)，且比值一定大于 1，由于电路实现了输入信号的同相比例放大，因此得名。

令图 2-18 中电阻 R_1 的值为无限大(即开路)，电阻 R_2 的值为 0(即短路)，则得到图 2-19 所示电路。

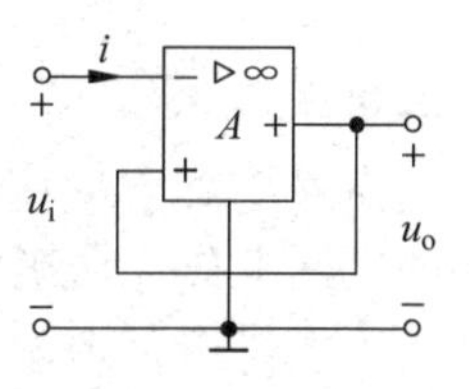

图 2-19　电压跟随器

容易得出 $u_o=u_i$，同时有 $i=0$，也就是说输入电阻 R_i 为无限大。可以看到，此电路的输出电压等于输入电压，故称为"电压跟随器"。由于此电路的 R_i 为无限大，输出电阻为 0，因此它能够很好地将信号源电路与负载电路隔离，消除了负载效应，所以它可以在电路中起到

一种“隔离作用”，而不影响信号电压的传递。例如，在图 2-20 所示的分压器电路中，输出电压 u_o 与输入电压 u_i 的比例关系为

$$u_o = \frac{R_2}{R_1 + R_2} u_S$$

但是，当输出端接上负载 R_L 后，其比例关系变为

$$u_o = \frac{R_2 /\!/ R_L}{R_1 + R_2 /\!/ R_L} u_S$$

这便是所谓的“负载效应”，负载改变了原有的比例关系。如果在负载 R_L 与分压器之间接入一个电压跟随器，则由于它的输入电流为零，原有的分压比例关系仍然存在，不会随着负载的改变而发生变化，如图 2-21 所示。

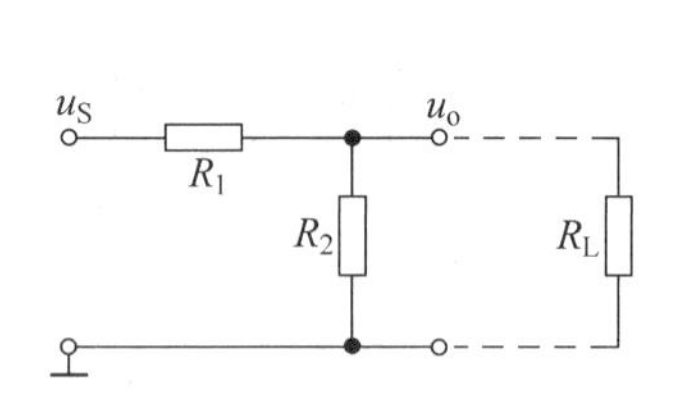

图 2-20 分压器的负载效应

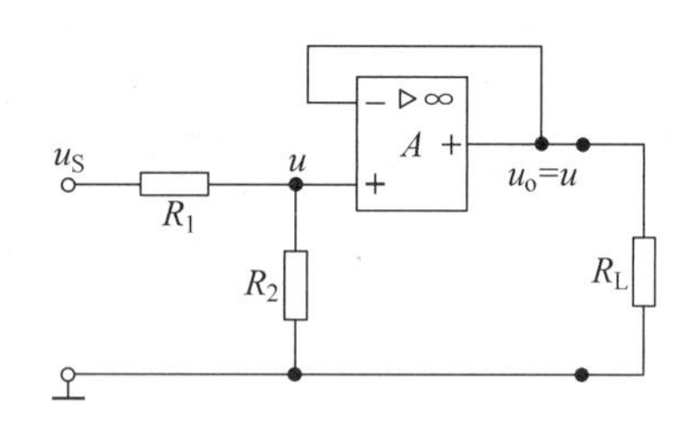

图 2-21 电压分压器

例 2-10 分析图 2-22 所示的反相加法器。

解 应用虚断，可知 $i_+ = i_- = 0$，有 $i = i_1 + i_2 + i_3$，所以

$$-\frac{u_o - u_-}{R_f} = \frac{u_1 - u_-}{R_1} + \frac{u_2 - u_-}{R_2} + \frac{u_3 - u_-}{R_3}$$

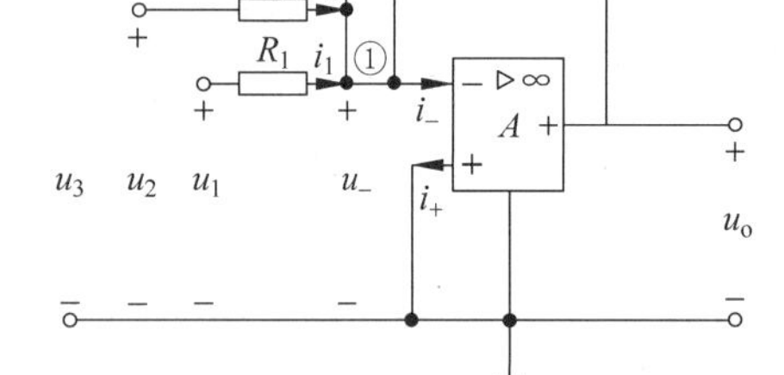

图 2-22 反相加法器

应用虚短，可知 $u_+ = u_- = 0$，所以

$$-\frac{u_o}{R_f} = \frac{u_1}{R_1} + \frac{u_2}{R_2} + \frac{u_3}{R_3}$$

可得

$$u_o = -R_f\left(\frac{u_1}{R_1} + \frac{u_2}{R_2} + \frac{u_3}{R_3}\right)$$

令 $R_1 = R_2 = R_3 = R_f$，则

$$u_o = -(u_1 + u_2 + u_3)$$

式中的负号说明输出电压和输入电压反相，而在数值上输出电压等于输入电压之和，这就是加法器命名的依据。

也可以利用节点分析法对节点①列写节点方程，注意到节点①的电压为零，且 $i_- = 0$，有

$$-\frac{u_1}{R_1} - \frac{u_2}{R_2} - \frac{u_3}{R_3} - \frac{u_o}{R_f} = 0$$

结果同上。

需要注意的是，在列含理想运算放大器电路的节点方程的过程中，由于运算放大器输出端的电流事先无法确定，所以不能对输出端列节点方程，而是要运用理想运放的特点。

以上讨论了理想运放的分析，对于一般的运算放大器，要使用运算放大器模型进行分析。

例 2-11　试运用运算放大器模型分析如图所示反相放大器电路。

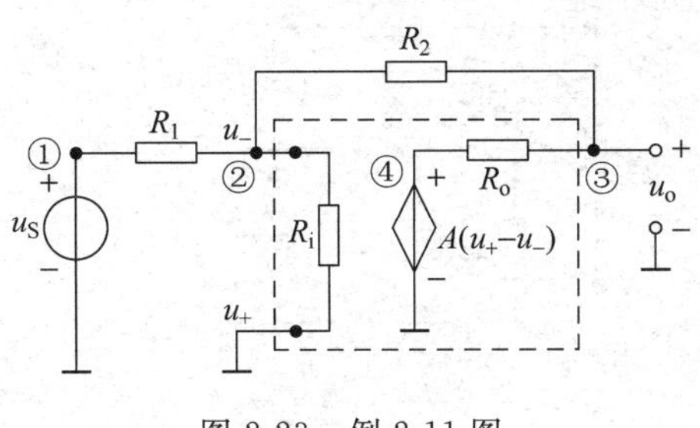

图 2-23　例 2-11 图

解　本题中，运放不满足理想运放的条件，虚框内为运放模型，电路如图 2-23 所示。本题中，有 $u_-=u_2$，$u_+=0$，故受控源电压为 $A(u_+-u_-)=A(-u_2)$。设节点如图 2-23 所示，对节点②、③列写节点方程，得

$$\begin{cases}-G_1u_1+(G_1+G_2+G_i)u_2-G_2u_3=0\\-G_2u_2+(G_2+G_o)u_3-G_ou_4=0\end{cases}$$

其中，$G_1=\dfrac{1}{R_1}$、$G_2=\dfrac{1}{R_2}$、$G_i=\dfrac{1}{R_i}$、$G_o=\dfrac{1}{R_o}$，且 $u_1=u_S$，$u_3=u_o$，$u_4=A(-u_2)$

整理得

$$\begin{cases}(G_1+G_2+G_i)u_2-G_2u_o=G_1u_S\\(AG_o-G_2)u_2+(G_2+G_o)u_o=0\end{cases}$$

解得 u_o 并用电阻表示，可得

$$u_o=\frac{-A+\dfrac{R_o}{R_2}}{\dfrac{R_1}{R_2}\left(1+A+\dfrac{R_o}{R_i}\right)+\left(\dfrac{R_1}{R_i}+1\right)+\dfrac{R_o}{R_2}}u_S$$

若满足理想运放的条件，则 $R_i\to\infty$，$R_o\to0$ 和 $A\to\infty$，代入上式得

$$u_o=-\frac{R_2}{R_1}u_S$$

即理想运放条件下反相比例放大电路的输出。

习题2

2-1　指出图题 2-1 中，KCL 和 KVL 独立方程各为多少？

2-2　在一个三网孔的电路中，若网孔电流 i_1 可由网孔方程解得(如下所示)。试求该电路的一种可能的形式。

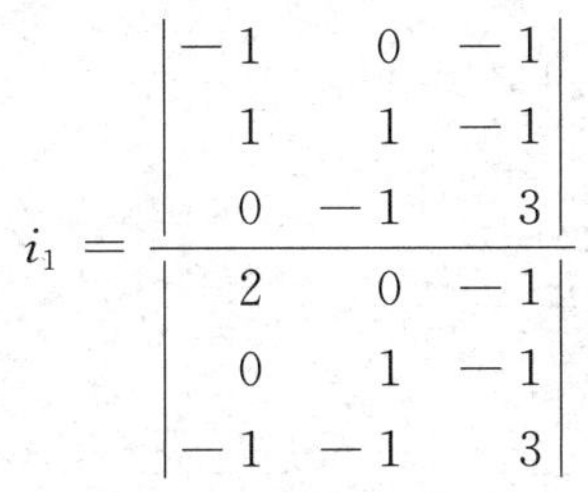

$$i_1=\frac{\begin{vmatrix}-1&0&-1\\1&1&-1\\0&-1&3\end{vmatrix}}{\begin{vmatrix}2&0&-1\\0&1&-1\\-1&-1&3\end{vmatrix}}$$

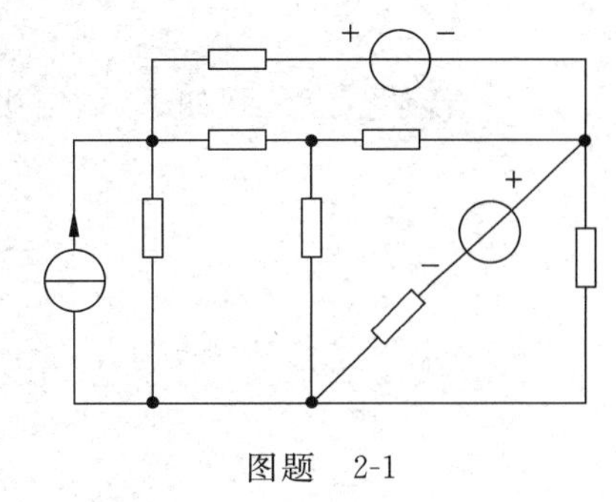

图题　2-1

2-3　试用网孔分析法求图题 2-3 所示电路中各电压源提供的功率。

2-4　用网孔分析法求解图题 2-4 中所示电压 U。

2-5　电路如图题 2-5 所示，用网孔分析法求电流 I，并求受控源提供的功率。

2-6　电路如图题 2-6 所示，已知：$U_S=5\text{V}$，$R_1=R_2=R_4=R_5=1\Omega$，$R_3=2\Omega$，$\mu=2$。试用网孔分析法求 U_1。

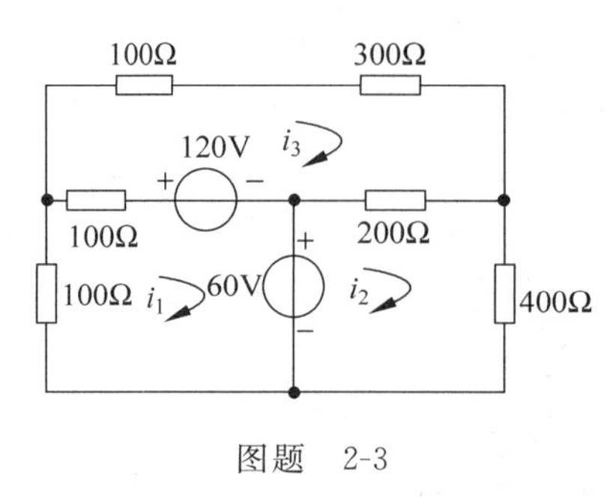

图题 2-3

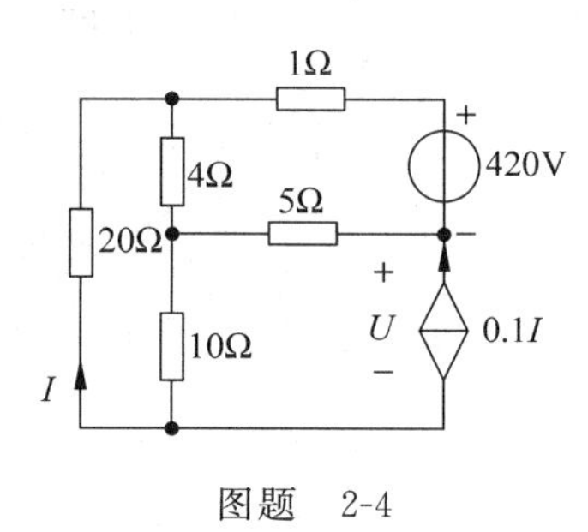

图题 2-4

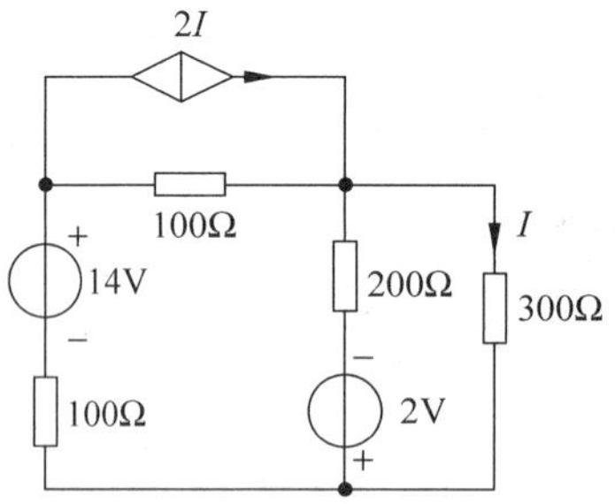

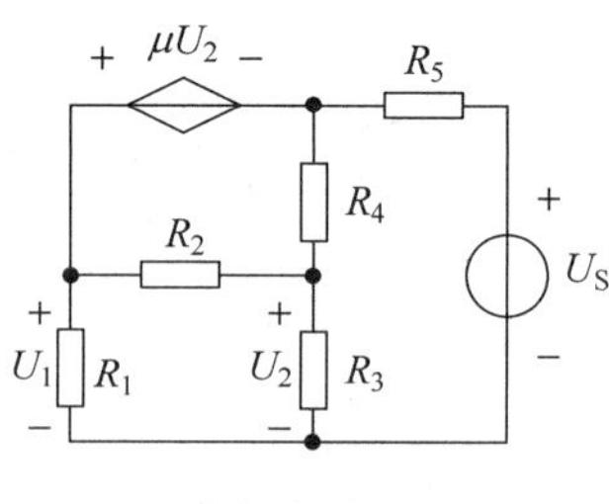

图题 2-5

μU_2
R_5
R_4
U_S
R_2
U_1
R_1
U_2
R_3

图题 2-6

2-7 用网孔分析法求解图题 2-7 中每个电路元件的功率,并检验功率是否平衡。

2-8 用网孔分析法求解图题 2-8 所示电路中流过 8Ω 电阻的电流。

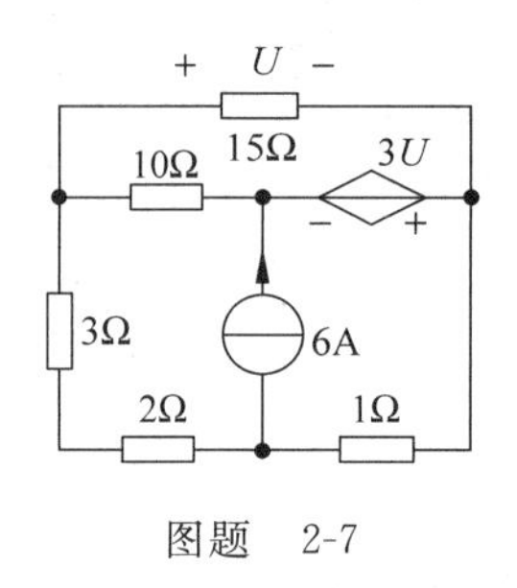

图题 2-7

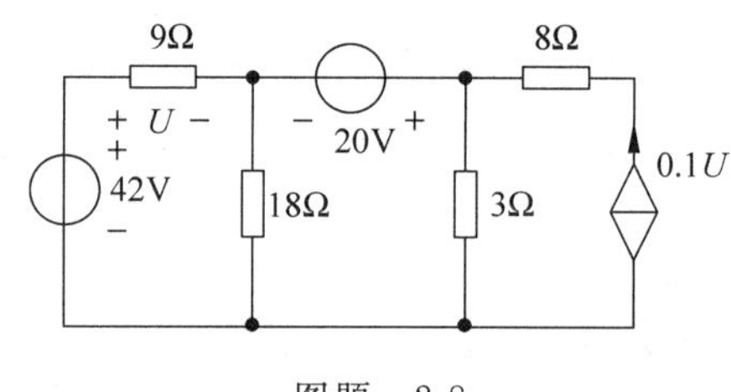

图题 2-8

2-9 若某节点方程如下,试给出最简单的电路结构。

$$\begin{cases} 1.6u_1 - 0.5u_2 - u_3 = 1 \\ -0.5u_1 + 1.6u_2 - 0.1u_3 = 0 \\ -u_1 - 0.1u_2 + 3.1u_3 = 0 \end{cases}$$

2-10 若某节点方程如下,试给出最简单的电路结构。

$$\begin{cases} 5u_1 - 4u_2 = -3 \\ -4u_1 + 17u_2 - 8u_4 = 3 + i \\ 17u_3 - 10u_4 = -i \\ -8u_2 - 10u_3 + 27u_4 = -12 \\ u_2 - u_3 = 6 \end{cases}$$

2-11 求图题 2-11 所示电路中的 U。(要求:用节点分析法写出 U 的表达式)

2-12 试用节点分析法求解图题 2-12 所示电路中的各支路电流。

2-13 用节点分析法求解图题 2-13 电路中的电压 U。

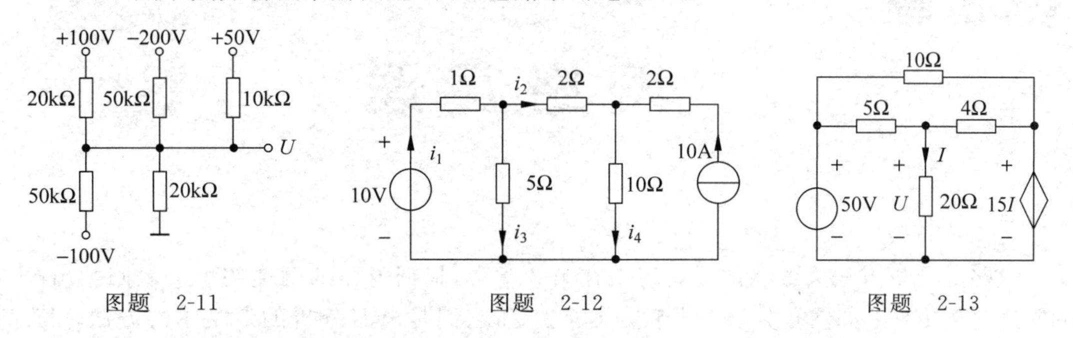

图题 2-11　　图题 2-12　　图题 2-13

2-14 电路如图题 2-14 所示,求解图中各电源(含受控源)的输出功率。

2-15 求图题 2-15 电路中 I。

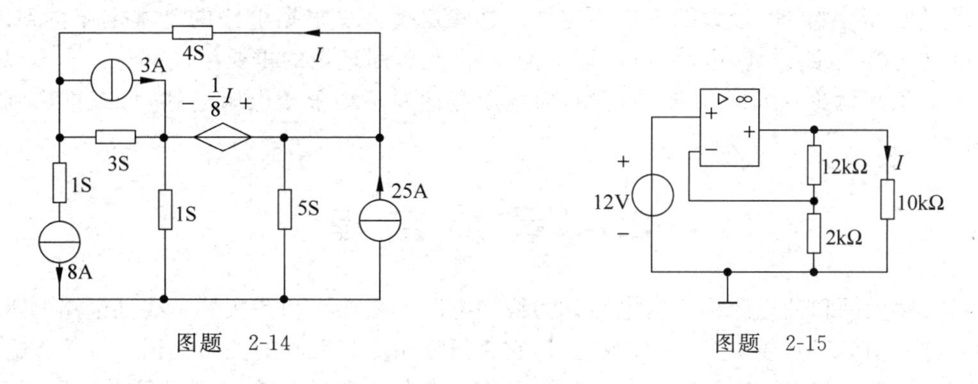

图题 2-14　　图题 2-15

2-16 图题 2-16 所示电路起减法作用,求输出电压 u_o 和输入电压 u_1、u_2 之间的关系。

2-17 求图题 2-17 所示电路的电压比$\frac{u_o}{u_S}$。

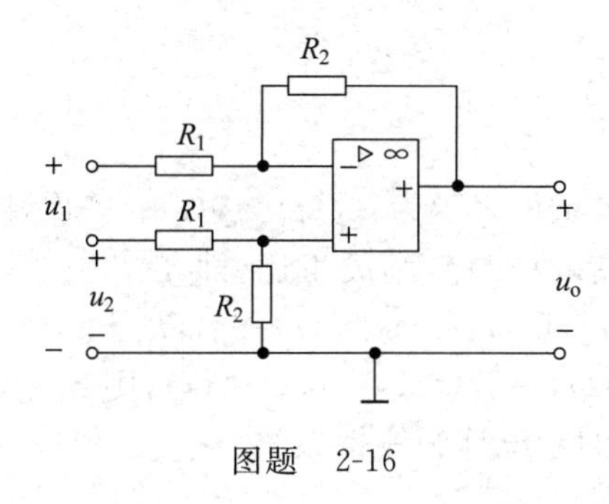

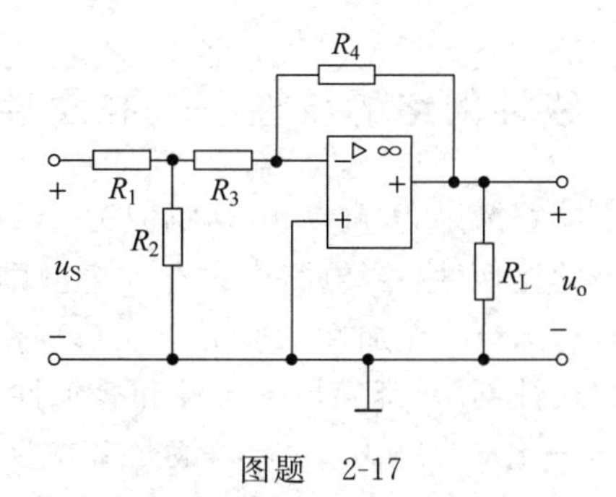

图题 2-16　　图题 2-17

第3章 网络定理

电路的分析方法大致有两类，其一，在第2章中，根据电路的两类约束关系归纳出电路的常用分析方法：如网孔分析法、节点电压法等，它们是电路分析的最基本的方法；其二，等效变换法，特点是将网络的某些性质或某些局部电路，用网络定理或等效电路的形式概括地表述出来，使得问题便于解决。本章将讨论几个重要的电路定理：叠加定理、置换定理、戴维南定理、诺顿定理、最大功率传输定理。这些定理都是根据电路的基本定律得到的，适用于电路化简、电路设计、电路分析、理论推导等，是电路理论的重要组成部分。本章以电阻电路为对象来讨论这几个定理，但它们的运用范围并不局限于电阻电路，可以推广到其他电路。

3.1 叠加定理

由线性元件和独立源构成的电路称为线性电路。叠加性和齐次性是线性电路的重要特性，当电路中有多种(或多个)信号激励时，它为研究响应与激励的关系提供了理论根据和方法。利用线性的基本性质，在线性电路中，可将复杂的电路转化为若干个简单电路之和，或将电路中的解变量设为已知，利用电路中的比例关系求出该变量。叠加定理还经常作为建立其他电路定理的基本依据。

3.1.1 线性网络的特性——齐次性和叠加性

设电路激励为 $f(t)$，电路响应为 $y(t)$，它们的关系可表示为：$f(t)\rightarrow y(t)$。齐次性描述了电路的比例性：当电路中只有一个激励作用时，其响应与激励成正比，即 $f(t)\rightarrow y(t)$，则 $af(t)\rightarrow ay(t)$。叠加性：$f_1(t)\rightarrow y_1(t)$，$f_2(t)\rightarrow y_2(t)$，则 $f_1(t)+f_2(t)\rightarrow y_1(t)+y_2(t)$。对于任何线性网络，都满足齐次性和叠加性，即：若 $f_1(t)\rightarrow y_1(t)$，$f_2(t)\rightarrow y_2(t)$，则 $a_1f_1(t)+a_2f_2(t)\rightarrow a_1y_1(t)+a_2y_2(t)$。满足齐次性和叠加性的系统称为线性系统。

例如，在图3-1中，用分压公式容易求得

$$u_2=\frac{R_2R_3}{R_1R_2+R_2R_3+R_1R_3}U_S=kU_S$$

其中

$$k=\frac{R_2R_3}{R_1R_2+R_2R_3+R_1R_3}$$

也可求得电流

$$i_1=\frac{R_2+R_3}{R_1R_2+R_2R_3+R_1R_3}U_S=hU_S$$

其中

$$h = \frac{R_2 + R_3}{R_1R_2 + R_2R_3 + R_1R_3}$$

k 和 h 由网络内部的结构和参数决定。这两个式子反映了线性网络的齐次性。在图 3-2 中有两个独立源激励，用节点分析法可求得

$$u_2 = \frac{R_2}{R_1 + R_2}U_S + \frac{R_1R_2}{R_1 + R_2}I_S = k_1U_S + h_1I_S$$

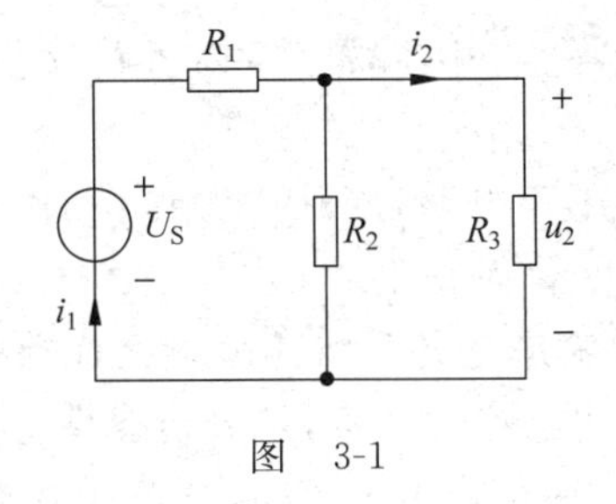

图 3-1

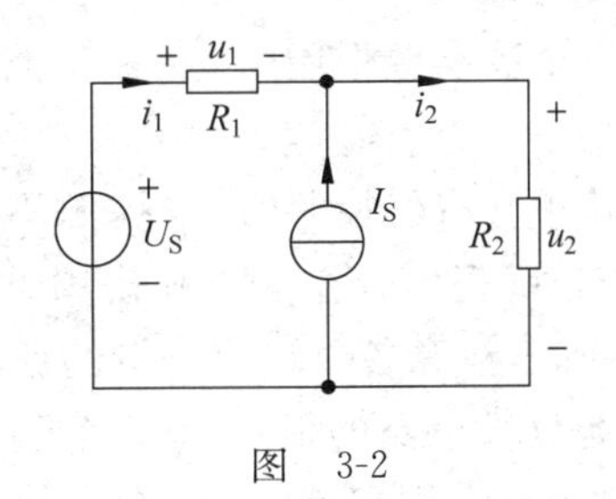

图 3-2

则可求得电流 i_1 为

$$i_1 = \frac{U_S - u_2}{R_1} = \frac{U_S}{R_1 + R_2} - \frac{R_2}{R_1 + R_2}I_S = k_2U_S + h_2I_S$$

从上面两个式子看出：u_2 和 i_1 是由 U_S 和 I_S 线性表出的，符合线性网络的齐次性和叠加性：当 $I_S=0$ 时（即电流源不作用），响应由 U_S 单独作用产生，且当 U_S 增大为 β 倍时，响应也增大为 β 倍；当 $U_S=0$ 时（即电压源不作用），响应由 I_S 单独作用产生，且当 I_S 增大为 α 倍时，响应也增大为 α 倍；当 U_S 和 I_S 同时作用于电路时，响应为两独立源单独作用所产生的响应的代数和。响应与激励之间关系的这种规律，不仅本例才具有，任何具有唯一解的线性电路都具有，它具有普遍意义。这种特性总结为叠加定理。

3.1.2 叠加定理

叠加定理：在任何线性电路中，每一条支路的响应（电压或电流）都可以看成是各个独立电源单独作用时，在该支路中产生的响应的代数和，即响应 $y(t)$ 可用下式表示

$$y(t) = k_1u_{S1} + \cdots + k_nu_{Sn} + h_1i_{S1} + \cdots + h_mi_{Sm} \tag{3-1}$$

叠加定理的证明：假定任意一个线性电路有 $n+1$ 个独立节点，则列 n 个节点的节点电压方程，若有独立电压源支路，将其变换成相应的电流源支路，可知方程一般形式如下

$$\begin{cases} G_{11}u_1 + G_{12}u_2 + \cdots + G_{1n}u_n = I_{S11} \\ G_{21}u_1 + G_{22}u_2 + \cdots + G_{2n}u_n = I_{S22} \\ \vdots \\ G_{n1}u_1 + G_{n2}u_2 + \cdots + G_{nn}u_n = I_{Snn} \end{cases}$$

上式由包含 n 个未知节点电压变量的 n 个线性方程组成，若系数行列式为 Δ，则第 k 个节点的电压 u_k 由克莱姆法则得

$$u_k = \frac{\Delta_{1k}}{\Delta}I_{S11} + \frac{\Delta_{2k}}{\Delta}I_{S22} + \cdots + \frac{\Delta_{nk}}{\Delta}I_{Snn}$$

其中，$\Delta_{1k},\Delta_{2k},\cdots,\Delta_{nk}$ 为行列式 Δ 中第 k 列各元素的代数余子式。Δ 及 $\Delta_{1k},\Delta_{2k},\cdots,\Delta_{nk}$ 由网络内部结构和参数确定。上式说明，节点电压 u_k 等于多个独立源单独作用时所产生的响应的叠加，这正是叠加定理。

在应用叠加定理时注意：

(1) 叠加定理只适用于线性电路中求解电压和电流响应，不能用来计算功率。因为功率不是电流或电压的一次函数，所以某一元件的功率并不等于各个电源单独作用时在该元件上产生的功率之和。

(2) 当一个独立源作用时，要将其他独立源置零：电压源置零，用短路代替，电流源置零用开路代替。

(3) 电路中含有受控源时，受控源不能单独作用于电路，当独立源作用时，受控源要保留其中，其数值随每一独立源单独作用时控制量的变化而变化。

(4) 叠加时，注意各个响应分量的参考方向，总响应是各个响应分量的代数叠加。

叠加性是线性电路的根本属性，它可以用来简化电路的计算，是分析线性电路的重要基础，但更重要的是它在理论上、概念上的指导作用，我们将在以后的学习中逐步认识到这一点。

3.1.3 叠加定理举例

例 3-1 试求图 3-3(a)所示电路中的电流 I。

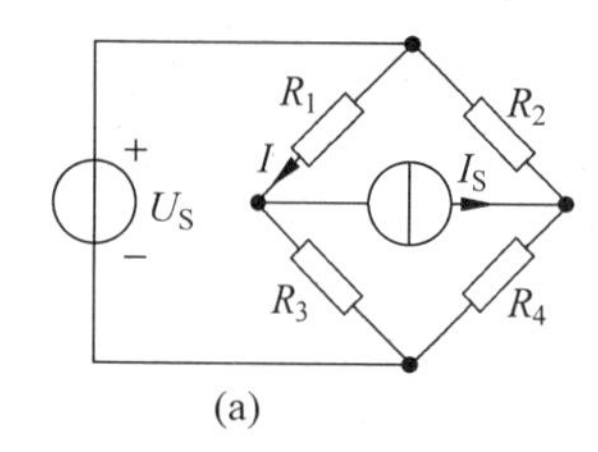

(a)

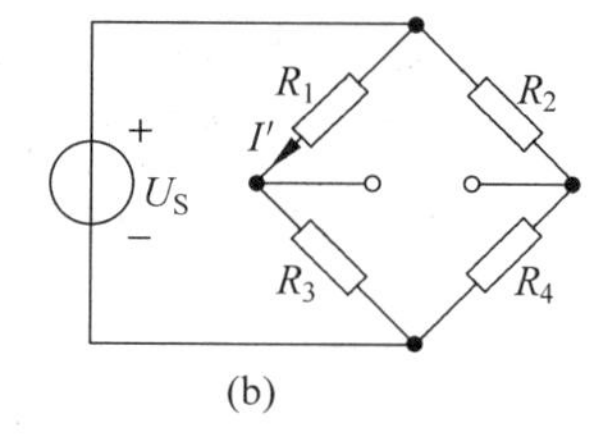

(b)

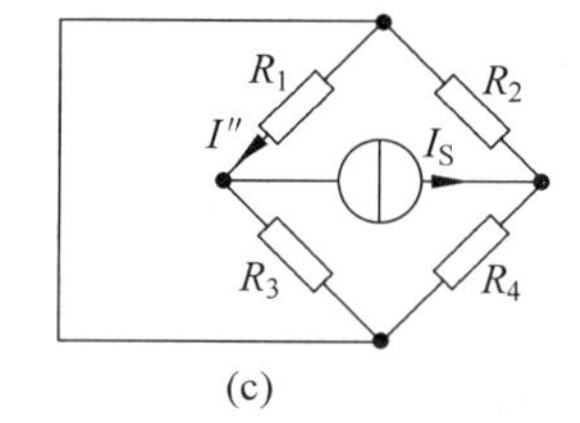

(c)

图 3-3 例 3-1 图

解 首先由 U_S 单独作用，此时将独立电流源 I_S 视为开路，电路如图 3-3(b)所示，可得

$$I' = \frac{U_S}{R_1 + R_3}$$

再令 I_S 单独作用，此时将电压源 U_S 视为短路，电路如图 3-3(c)所示。用分流公式得

$$I'' = \frac{R_3}{R_1 + R_3} I_S$$

当电源 U_S 和 I_S 同时作用时有

$$I = I' + I'' = \frac{U_S + R_3 I_S}{R_1 + R_3}$$

例 3-2 如图 3-4(a)所示电路，求电压 u_{ab} 和电流 i_1。

解 本题中独立源数目较多，若每一个独立源单独作用一次，需要 4 个分解图，分别计算 4 次，比较麻烦。为分析问题方便起见，这里采用独立源“分组”作用，即 3A 独立电流源单独作用，其余独立源共同作用，作两个分解图，分别如图 3-4(b)、(c)所示。

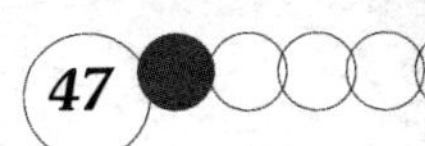

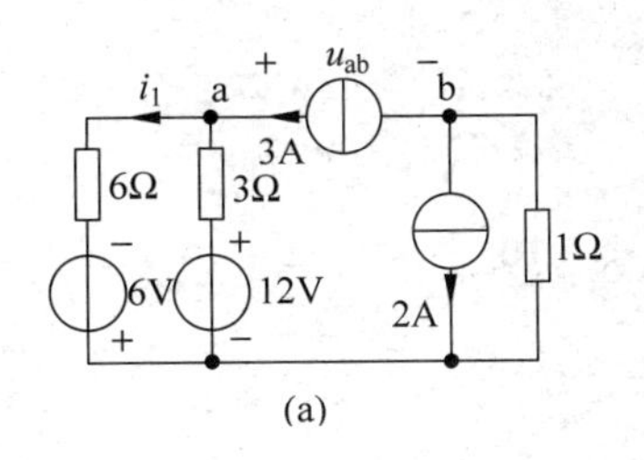

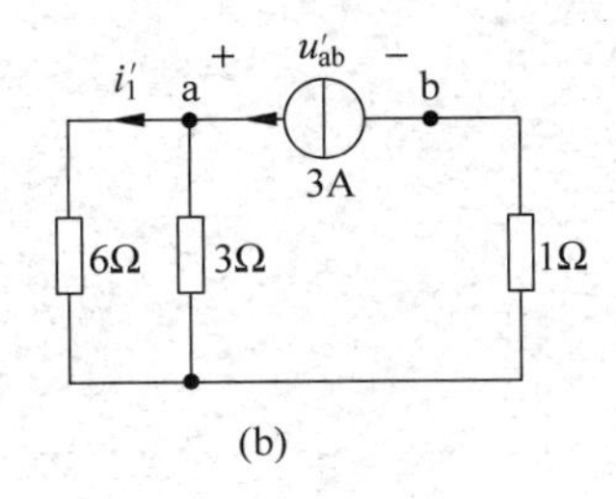

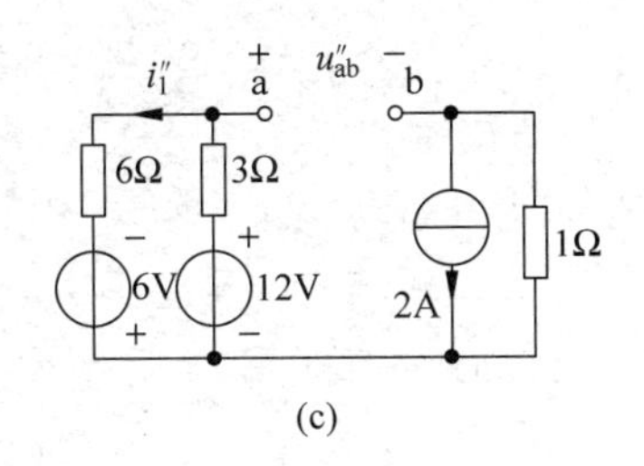

图 3-4　例 3-2 图

由图 3-4(b)可得

$$i_1' = \frac{3}{3+6} \times 3 = 1\text{A}$$

$$u_{ab}' = \left(\frac{3 \times 6}{3+6} + 1\right) \times 3 = 9\text{V}$$

由图 3-4(c)可得

$$i_1'' = \frac{12+6}{6+3} = 2\text{A}$$

$$u_{ab}'' = 6i_1'' - 6 + 2 \times 1 = 6 \times 2 - 6 + 2 = 8\text{V}$$

由叠加定理得

$$u_{ab} = u_{ab}' + u_{ab}'' = 9 + 8 = 17\text{V}$$

$$i_1 = i_1' + i_1'' = 1 + 2 = 3\text{A}$$

例 3-3　电路如图 3-5(a)所示，含有一受控源，求电流 i 和电压 u，并求 5A 电流源和 2Ω 电阻的功率。

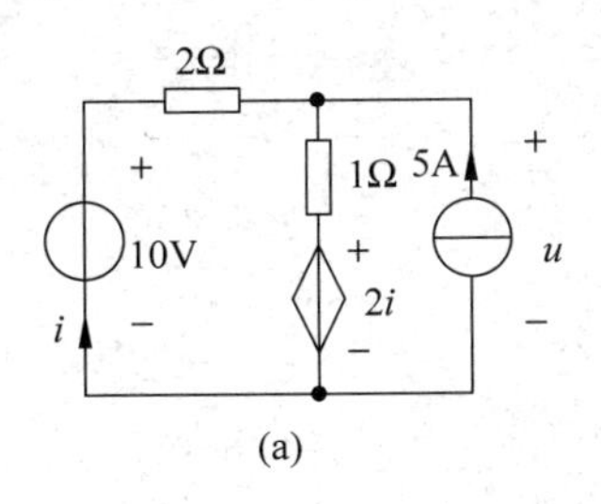

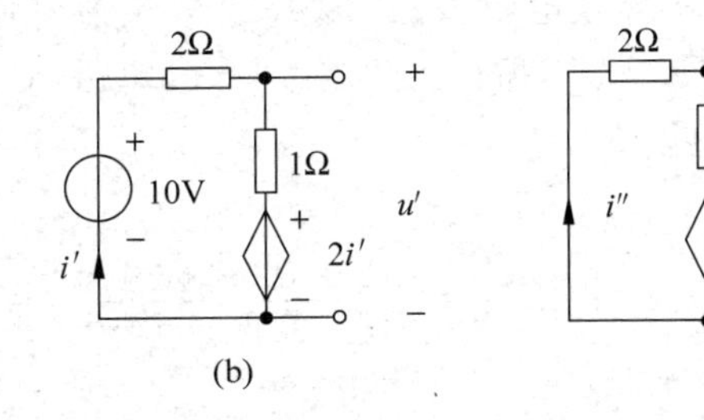

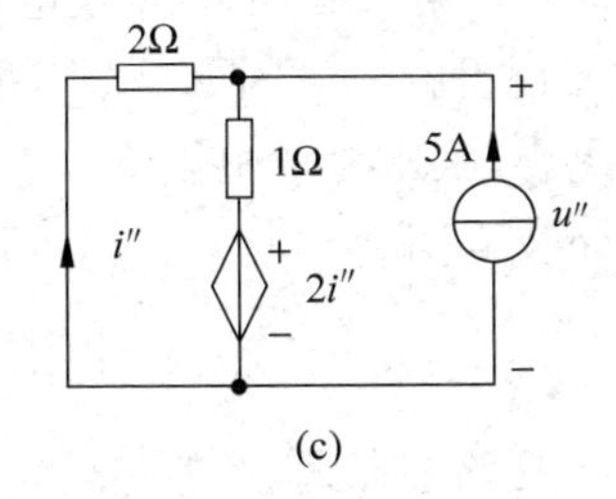

图 3-5　例 3-3 图

解　在含有受控源的电路中，独立源单独作用时，受控源要保留。独立电压源和电流源单独作用时的分解图如图 3-5(b)、(c) 所示。在这里要注意受控源和控制量之间的关系不变。由(b)得

$$2i' + i' + 2i' = 10, \quad u' = i' + 2i' = 3i'$$

所以

$$i' = 2\text{A}, \quad u' = 3 \times 2 = 6\text{V}$$

由(c)图，根据 KVL 得

$$2i'' + 1 \times (5 + i'') + 2i'' = 0$$

解得

$$i'' = -1\text{A}, \quad u'' = -2i'' = 2\text{V}$$

故得

$$i = i' + i'' = 2 + (-1) = 1\text{A}$$
$$u = u' + u'' = 6 + 2 = 8\text{V}$$

5A 电流源的功率为

$$p = -u \times 5 = -8 \times 5 = -40\text{W} \quad (\text{提供功率})$$

2Ω 电阻的功率为

$$p = i^2 \times R = 1^2 \times 2 = 2\text{W}$$
$$p \neq (i')^2 \times R + (i'')^2 \times R = 6\text{W}$$

由此看出，功率不能叠加。

叠加定理反映了线性电路的特性，在线性电路中，各个激励源所产生的响应是互不影响的，一激励的存在并不会影响另一个激励所引起的响应。若各激励频率不同，当共同作用于一个线性电路时，所得的响应将含有所有各激励源的频率，而不会产生新的频率成分。

3.2 置换定理

置换定理，也称为替代定理，是集总参数电路理论中一个重要的定理。从理论上讲，无论线性、非线性、时变、时不变电路，置换定理都是成立的。不过在线性时不变电路问题分析中置换定理应用更加普遍，这里着重讨论在这类电路问题分析中的应用。

我们先来看一个例子。图 3-6 为一平衡电桥(在单口网络的等效一节中将介绍)，用节点分析法可知节点 a 和节点c 是等电位的两个节点，则 u_{ac} 为零，电阻 R 上的电流为零，要求总支路上的电流 i，则要先求等效电阻 R_{bd}。因 R 上电流为零，故可将 R 支路开路；又因 u_{ac} 为零，所以又可将 ac 支路短路，对这两种情况，分别求等效电阻 R_{bd}。

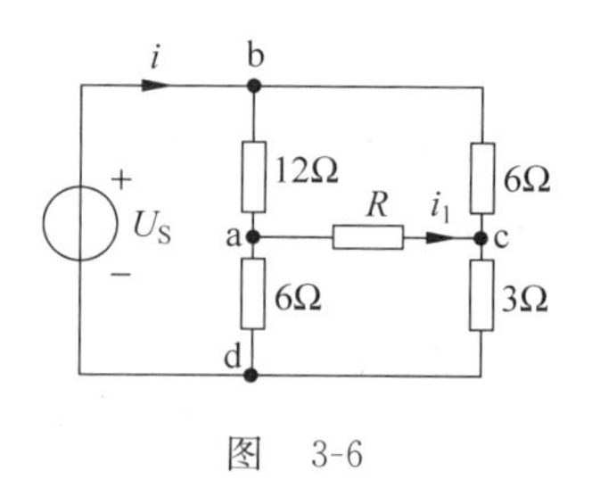

图 3-6

ac 支路开路时

$$R_{bd} = \frac{(12+6) \times (6+3)}{(12+6)+(6+3)} = 6\Omega$$

ac 支路短路时

$$R_{bd} = \frac{12 \times 6}{12+6} + \frac{6 \times 3}{6+3} = 6\Omega$$

两种情况求得的等效电阻相同，当然求得的电流 i 也相同。

由此可知，当一条支路中电流为零或支路两端电压为零时，将这样的支路断开或将支路的两个节点短接，都不影响电路中其他部分的工作状态。表明可以用一根导线置换电压为零的支路，还可用开路置换电流为零的支路，这样变换该支路的连接方式对电路中其他部分无影响。由此想到，若知道某支路中不为零的电流，或某支路两端不为零的电压，该支路能否用某种方式置换而不影响其他部分的工作状态呢？置换定理为我们回答了这个问题。

3.2.1 置换定理

置换定理：给定任意一个网络(可以是线性或非线性、时变或非时变)，若其各支路电压、电流都具有唯一解。考虑某条支路 k,若该支路与网络中其他支路之间无耦合,它的支路电压为 $u_k(t)$,支路电流为 $i_k(t)$,则在任意时刻,该支路可以用一个 $u_S(t)=u_k(t)$ 的独立电压源置换,电压源的极性与原支路电压的极性相同;该支路也可以用一个 $i_S(t)=i_k(t)$ 的独立电流源置换,电流源的方向与原支路电流方向相同;该支路还可以用一个 $R=u_k(t)/i_k(t)$ 的电阻置换。无论哪种置换,对网络中其余电压、电流都不发生影响。

注意:定理中所说的耦合作用,是指如受控源支路的情况及以后将要讲到的耦合电感元件,耦合元件所在支路与其控制量所在的支路一般不能应用置换定理;被置换支路的电压、电流具有唯一性,通常在电阻性电路中这一要求均能满足。

置换定理不但可以用于置换某一支路,还可用于置换一个二端网络,如图 3-7(a),置换后如图 3-7(b)、(c),即将单口网络 N_2 用电压源或电流源置换,置换后不影响 N_1 内部的电压、电流的分析。

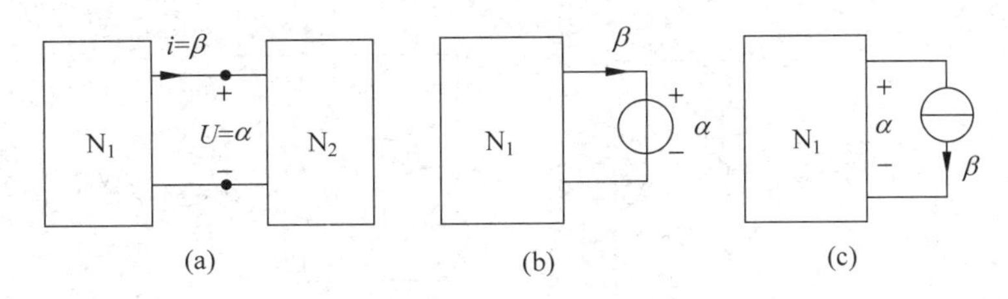

图 3-7 置换定理应用于二端网络

3.2.2 置换定理的论证

设原电路各支路电流、电压有唯一解,它们满足 KCL、KVL 和各支路的约束关系(伏安关系)。第 k 条支路的支路电压为 $u_k(t)$,当第 k 条支路用一个 $u_S(t)=u_k(t)$ 的独立电压源置换后,其电路拓扑结构与原电路仍完全相同,因而原电路与置换后的电路的 KCL 和 KVL 方程完全相同;除第 k 条支路外,两个电路支路约束关系也完全相同。置换后的电路中,其第 k 条支路电压 $u_S(t)=u_k(t)$,即等于原电路的第 k 条支路电压,而它的电流是任意的(因电压源的电流可为任意值),因此,原电路各支路的电流、电压满足置换后电路的所有约束关系,故它也是置换后电路的唯一的解。

如果第 k 条支路用电流源 $i_S(t)=i_k(t)$ 置换,也可作类似的论证。在电路分析中,应用置换定理可使求解方便,同时,它的基本思想也是导出一些其他定理和方法的依据。

3.2.3 置换定理应用举例

例 3-4 在图 3-8(a)所示电路中,$U=1.5\text{V}$,用置换定理求 U_1。

解 由于 $U=1.5\text{V}$,且电阻为 3Ω,则可得该电阻上的电流为

$$I=\frac{1.5}{3}=0.5\text{A}$$

故 3Ω 支路可用 0.5A 的电流源置换,如图 3-8(b)所示,可求得

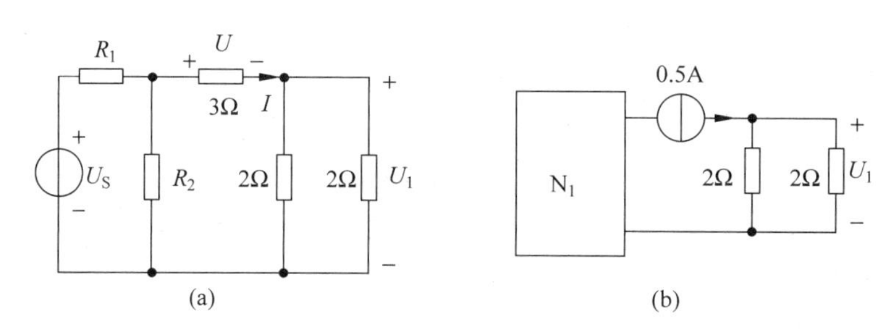

图 3-8 例 3-4 图

$$U_1 = \frac{0.5}{2} \times 2 = 0.5\text{V}$$

例 3-5 如图 3-9(a)所示电路,已知 $u_{ab}=0$,求电阻 R。

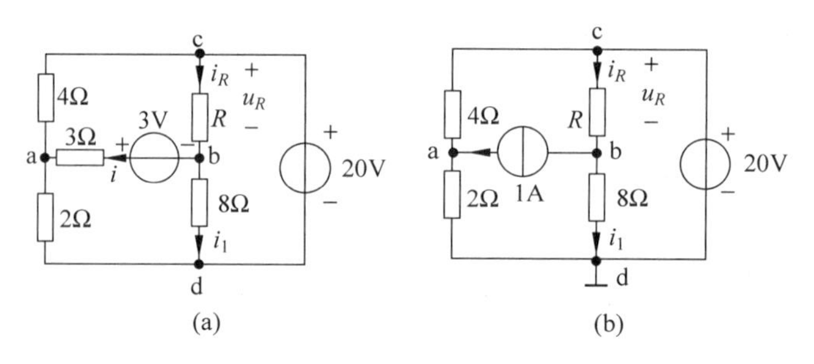

图 3-9 例 3-5 图

解 本题有一个未知电阻 R,直接用网孔分析法或节点分析法求解比较麻烦,因为未知电阻 R 在方程的系数里,整理化简方程的工作量比较大。在这里我们用置换定理来分析。

首先由 $u_{ab}=0$ 的条件得

$$u_{ab} = -3i + 3 = 0 \rightarrow i = 1\text{A}$$

用 1A 的电流源置换 ab 支路,得电路如图 3-9(b),再用节点分析法求解比较方便。在(b)图中,选择 d 为参考点,由图知 $u_c=20\text{V}$。对 a 点列节点方程得

$$\left(\frac{1}{2}+\frac{1}{4}\right)u_a - \frac{1}{4}\times 20 = 1$$

解得

$$u_a = 8\text{V}$$

因 $u_{ab}=0$,所以 $u_b=u_a=8\text{V}$,则

$$i_1 = \frac{u_b}{8} = 1\text{A}$$

$$i_R = i_1 + 1 = 2\text{A}$$

$$u_R = u_c - u_b = 12\text{V}$$

$$R = \frac{u_R}{i_R} = \frac{12}{2} = 6\Omega$$

例 3-6 电路如图 3-10(a)所示,若要使 $I_X=\frac{1}{8}I$,试求 R_X。

解 由置换定理将 3Ω 电阻与 10V 电压源串联支路用电流为 I 的电流源置换,并将

R_X 支路用电流为 I_X 的电流源置换，如图 3-10(b)所示。根据叠加定理，U_X 可看成是两个独立电流源分别作用下的响应的叠加，如图 3-10(c)、(d)所示。

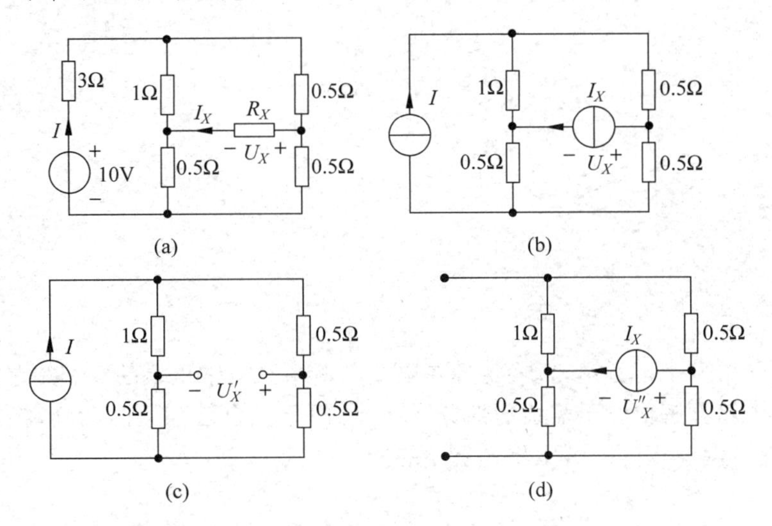

图 3-10 例 3-6 图

对图(c)，由分流公式及 KVL 有

$$U'_X = \frac{1.5}{1.5+1} \times I \times 0.5 - \frac{1}{1.5+1} \times I \times 0.5 = 0.1I$$

由于 $I_X = \frac{1}{8}I$，所以 $U'_X = 0.8I_X$。

对图(d)有

$$U''_X = -\frac{1.5 \times 1}{1.5+1} \times I_X = -0.6I_X$$

则

$$U_X = U'_X + U''_X = 0.8I_X - 0.6I_X = 0.2I_X$$

$$R_X = \frac{U_X}{I_X} = 0.2\Omega$$

例 3-7 图 3-11 中，N 是含有独立源的网络，R 为可变电阻。当 $i_3 = 4$A 时，$i_1 = 5$A；当 $i_3 = 2$A 时，$i_1 = 3.5$A。求当 $i_3 = \frac{4}{3}$A 时的 i_1。

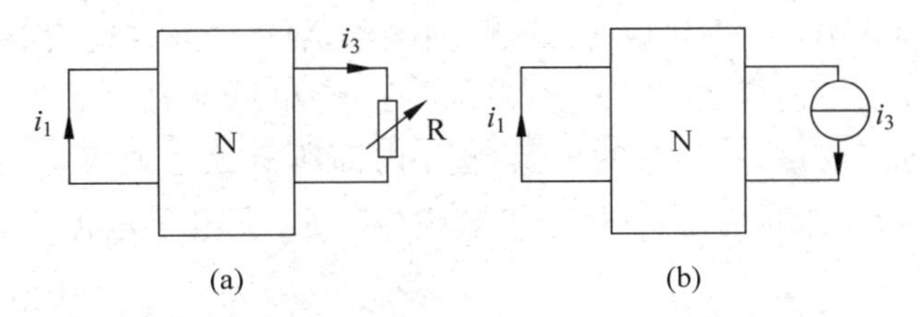

图 3-11 例 3-7 图

解 将可变电阻支路用电流为 i_3 的电流源置换得图 3-11(b)。根据叠加定理，i_1 是由 N 内部的独立源和电流源 i_3 共同作用的结果，它们之间的关系可表示为

$$i_1 = ki_3 + i_1''$$

式中，i_1''是 N 中独立源单独作用所产生的响应，ki_3 是电流源 i_3 单独作用所产生的响应。代入已知条件得

$$\begin{cases} 4k + i_1'' = 5 \\ 2k + i_1'' = 3.5 \end{cases} \rightarrow \begin{cases} k = \dfrac{3}{4} \\ i_1'' = 2 \end{cases}$$

于是有

$$i_1 = \frac{3}{4}i_3 + 2$$

所以当 $i_3 = \dfrac{4}{3}$A 时，$i_1 = 3$A。

通过以上几个例子可看出，置换定理在电路分析中是非常重要的。利用置换定理，可以把一个复杂的电路分解成若干需要的部分，使每一部分有自己独立的激励，将问题简化，了解这种手段，在后续课程的学习中将是有益的。

3.3 戴维南定理和诺顿定理

我们在前面讨论过求二端网络的等效电路问题，即任何一个含独立电源的单口网络，根据伏安关系，可以得到其最简单的等效电路如图 3-12(a)所示，根据电源的等效变换，也可等效为图 3-12(b)所示的电路。

图 3-12(a)所示的电路，我们称之为戴维南(Thevenin)等效电路；图 3-12(b)所示的电路称为诺顿(Norton)等效电路。戴维南定理和诺顿定理提供了求线性含源单口网络的等效电路及 VCR 的另一种方法，对等效电路及 VCR 提出普遍适用的形式。这两个定理不论在理论上还是在应用中，都是电路分析中非常重要的定理，是本章学习的重点。

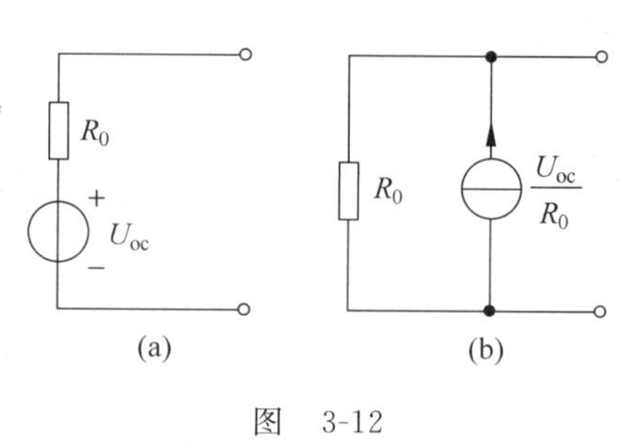

图 3-12

3.3.1 戴维南定理

戴维南定理可表述为：一个线性含源二端网络 N，对外电路来说，都可以等效为一个理想电压源和电阻串联的电源模型(如图 3-12(a))，其中，电压源的电压为该二端网络 N 两个端子间的开路电压 u_{oc}(或 U_{oc})，串联的电阻为 N 内部所有独立源置零时从两个端子间看进去的等效电阻 R_0(R_0 也称为 N 的除源等效电阻。R_0 在电子电路中，也称为输入或输出电阻)。

戴维南定理的证明：

我们知道，只要两个网络的 VCR 相同，这两个网络就是互为等效的，所以先求网络 N 的 VCR，再得到它的等效电路。单口网络 N 如图 3-13(a)所示，可用外加电源法求 N 的伏安关系，我们用外加电流源求电压的方法，如图 3-13(b)所示。在图 3-13(b)中，独立源可看

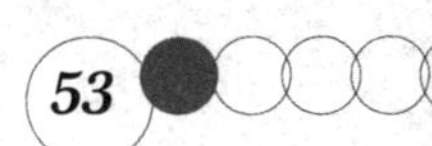

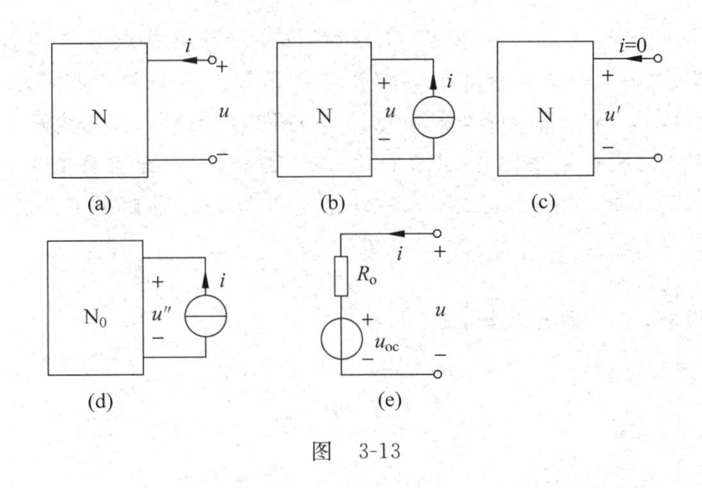

图　3-13

成由两部分组成，一部分是网络 N 内部的独立源，另外一部分是外加的电流源 i，再根据叠加定理求网络 N 端口电压 u。

当 N 内部独立源单独作用时得 u'，此时 $i=0$，如图 3-13(c)，所以

$$u' = u_{oc}$$

当外加电流源独立作用时，N 内部独立源置零所得网络用 N_0 表示，此时端口电压为 u''，如图 3-13(d)，N_0 为无源单口网络，其等效电阻为 R_0，所以有

$$u'' = R_0 i$$

最后得

$$u = u' + u''$$

即

$$u = R_0 i + u_{oc} \tag{3-2}$$

由式(3-2)可得等效电路如图 3-13(e)所示。这就证明了戴维南定理是正确的。

例 3-8　电路如图 3-14(a)所示，当负载电阻 R_L 分别为 2Ω、4Ω 及 16Ω 时，求该电路中的电流 i。

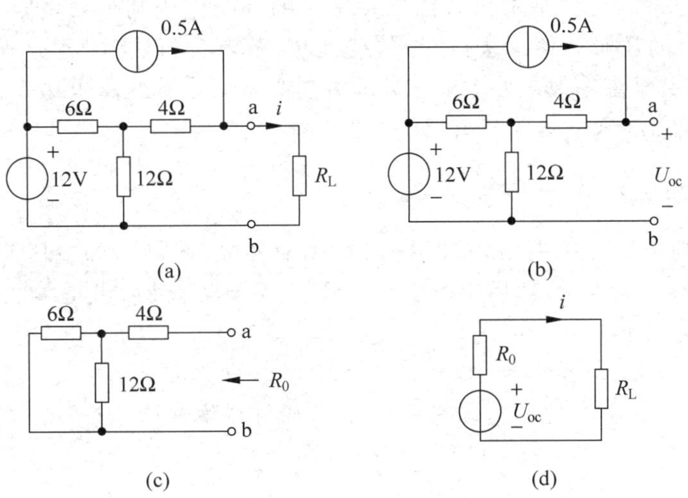

图 3-14　例 3-8 图

解 在图 3-14(a)中，除负载电阻 R_L 之外，其他部分电路构成有源二端网络，可以化简为戴维南等效电路。为求戴维南等效电路的开路电压 U_{oc}，则将该二端网络从 ab 两端断开，如图 3-14(b)所示(注意 ab 两个端子中没有电流)，U_{oc} 即为 ab 两点间的电压。求 U_{oc} 可用以前所学的网络分析的任何一种方法，如网孔分析法、节点分析法，在这里我们用叠加定理来求。

当电流源单独作用时，电压源短路，此时，6Ω 电阻和 12Ω 电阻并联，由 KVL 得

$$U'_{oc} = 0.5 \times 4 + \frac{6}{12+6} \times 0.5 \times 12 = 4\text{V}$$

当电压源单独作用时，电流源开路，由 KVL 得

$$U''_{oc} = \frac{12}{12+6} \times 12 = 8\text{V}$$

所以

$$U_{oc} = U'_{oc} + U''_{oc} = 4 + 8 = 12\text{V}$$

求等效电阻 R_0，首先将二端网络内部所有独立源置零，电流源开路，电压源短路，得图 3-14(c)所示电路，则

$$R_0 = \frac{6 \times 12}{6+12} + 4 = 8\Omega$$

最后得等效电路如图 3-14(d)所示，则电流为

$$i = \frac{U_{oc}}{R_0 + R_L} = \frac{12}{8 + R_L}$$

当 R_L 分别为 2Ω、4Ω 及 16Ω 时，电流 i 分别为 1.2A、1A、0.5A。

由此例看出，若不用戴维南等效电路求解，那么当电路中某条支路参数发生变化时，就要重新列出方程组求解，这样的计算工作量要比使用戴维南等效电路大得多。因此，在分析电路中某一支路的电压、电流及功率时，常用戴维南定理。

3.3.2 戴维南等效电路中 U_{oc} 和 R_0 的求法

应用戴维南定理的关键是求出有源二端网络的开路电压和等效电阻。计算开路电压 U_{oc}，可用前面讲过的任何一种方法，如等效变换法、节点分析法、网孔分析法、回路分析法等。要注意的是，戴维南等效电路中电压源的方向必须与计算开路电压 U_{oc} 时的方向相同。对于求等效电阻 R_0，在这里主要介绍三种方法。

1. 简单电路用电阻串、并联等效

对不含有受控源的二端网络，将网络 N 中所有独立源置零，即电压源短路，电流源开路，这时的网络用 N_0 来表示，然后用电阻串、并联化简电路，最后求得等效电阻 R_0，这是一种最简单的等效电阻求法。

例 3-9 图 3-15(a)所示电路中，求 ab 两端的输入电阻 R_i。

解 先将图 3-15(a)中所有独立源置零，得其除源网络如图 3-15(b)所示，由 3-15(b)得输入电阻 R_i 为

$$R_i = 4 + \frac{3 \times 6}{3+6} = 4 + 2 = 6\Omega$$

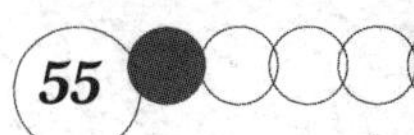

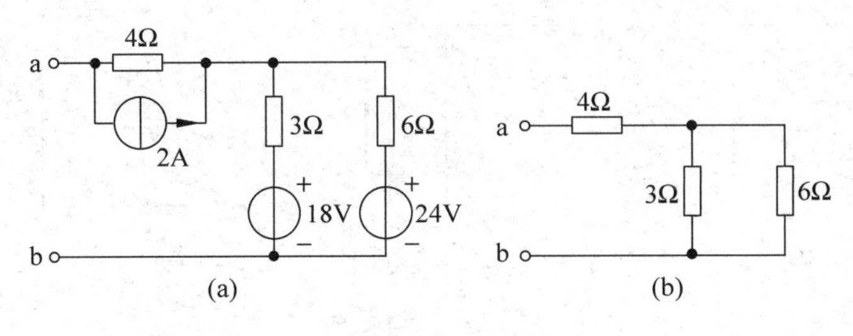

图 3-15 例 3-9 图

2. 外加电源法求等效电阻

将二端网络 N 内部所有独立源置零得 N_0 无源网络，若网络中含有受控源，则受控源要保留。在 N_0 两端外加电源，如外加电压源 u 求端子上的电流 i，或外加电流源 i 求两端电压 u。此时等效电阻 R_0 为

$$R_0=\frac{\text{端口电压}}{\text{端口电流}}=\frac{u}{i}$$

例 3-10 求图 3-16(a)所示电路的输出电阻 R_0。

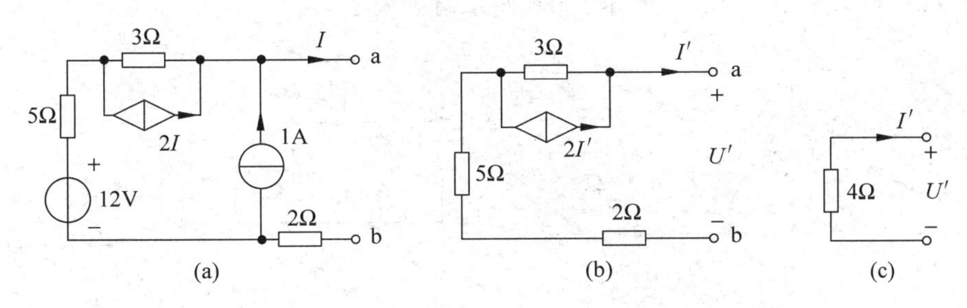

图 3-16 例 3-10 图

解 仍然先将网络除源，独立源置零，但受控源要保留，注意，受控源的控制量是网络端口上的电流，则得图 3-16(b)所示电路。在图 3-16(b)中，用外加电源法求等效电阻，在端口加电压 U'，端口电流为 I'，则由 KVL 可得

$$U'=3I'-5I'-2I'=-4I'$$

注意端口电压 U'、电流 I' 的方向，电压和电流对该二端网络来说是非关联的，所以

$$R_0=-\frac{U'}{I'}=4\Omega$$

其等效电阻可用图 3-16(c)来表示，由图(c)看出：

$$U'=-4I'$$

3. 用开路电压 U_{oc}、短路电流 I_{sc} 求等效电阻

对含源二端网络 N，先求其开路电压 U_{oc}，如图 3-17(a)所示，再将二端网络 N 的两个端子 a、b 短路，如图 3-17(b)所示，求得此时的短路电流为 I_{sc}，根据戴维南定理，网络 N 可用电压为 U_{oc}的电压源串联电阻 R_0 来等效，则得图 3-17(b)的等效电路如图 3-17(c)所示，由图看出 U_{oc}、I_{sc}、R_0 之间的关系为

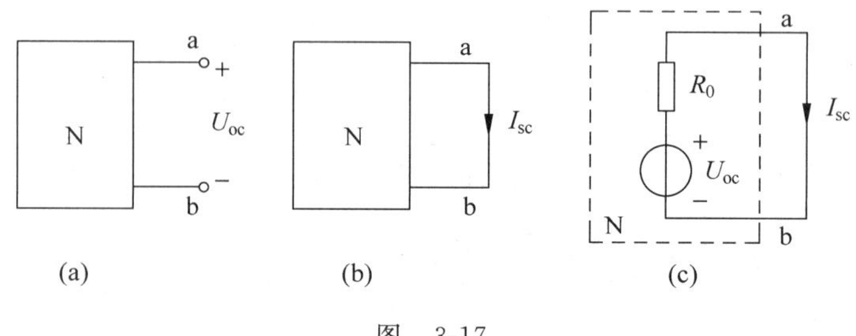

图 3-17

$$U_{oc}=R_0 I_{sc} \tag{3-3}$$

则

$$R_0=\frac{U_{oc}}{I_{sc}} \tag{3-4}$$

在求开路电压和短路电流时，第一，要注意 U_{oc} 和 I_{sc} 的方向，U_{oc} 和 I_{sc} 对外电路而言为关联参考方向；第二，网络内部的独立源不能置零。

从式(3-3)看出，只要知道开路电压 U_{oc}、短路电流 I_{sc}、等效电阻 R_0 三个参数中的任意两个参数，就能得到戴维南等效电路。

例 3-11 电路如图 3-18(a)所示，求其戴维南等效电路。

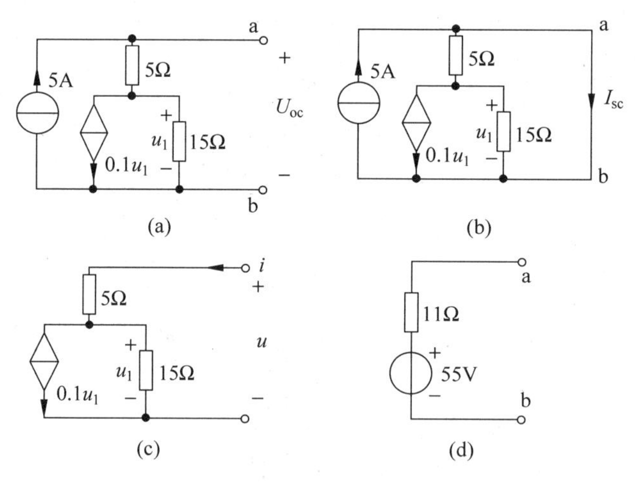

图 3-18 例 3-11 图

解 先求开路电压 U_{oc}，方向如图 3-18(a)中所示，则

$$U_{oc}=5\times5+u_1$$
$$u_1=15\times(5-0.1u_1)$$

所以

$$u_1=30\text{V}$$
$$U_{oc}=55\text{V}$$

求等效电阻 R_0，我们采用开路电压、短路电流法求。将 a、b 端短路，如图 3-18(b)所示，则

$$I_{sc}=5\text{A}$$

所以等效电阻为

$$R_0 = \frac{U_{oc}}{I_{sc}} = \frac{55}{5} = 11\Omega$$

也可用外加电源法求等效电阻 R_0。将电路中 5A 电流源置零(开路),如图 3-18(c)所示,则可得

$$\begin{cases} i = 0.1u_1 + \dfrac{u_1}{15} \\ u = 5i + u_1 \end{cases}$$

经整理得

$$u = 11i$$

所以等效电阻为

$$R_0 = \frac{u}{i} = 11\Omega$$

最后得戴维南等效电路如图 3-18(d)所示。

例 3-12 电路如图 3-19(a)所示,求负载电阻 R_L 的功率。

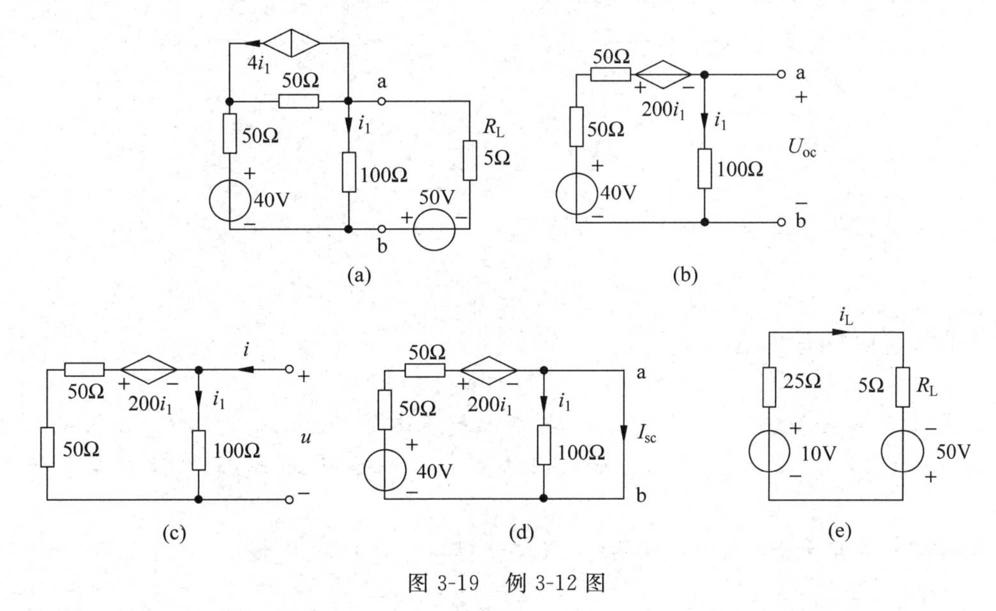

图 3-19 例 3-12 图

解 我们用戴维南定理求解该题,将图 3-19(a)中 a、b 两端断开,求其左端的戴维南等效电路。

将受控电流源与相并的 50Ω 电阻等效为受控电压源串联 50Ω 电阻,如图 3-19(b)所示,其端口开路电压 U_{oc}参考方向如图 3-19(b)所示。由 KVL 得

$$50i_1 + 50i_1 + 200i_1 + 100i_1 = 40$$

得

$$i_1 = 0.1\text{A}$$

$$U_{oc} = 100i_1 = 100 \times 0.1 = 10\text{V}$$

求等效电阻 R_0。先用外加电源法求,则要将图 3-19(b)中 40V 独立电压源短路,受控源保留,如图 3-19(c)所示,求端口电压、电流的关系,由图可知

$$i_1 = \frac{u}{100}$$

由 KVL 得

$$200i_1 + 100i_1 + 100(i_1 - i) = 0$$

$$400 \times \frac{u}{100} = 100i$$

所以

$$u = 25i$$

则等效电阻为

$$R_0 = 25\Omega$$

也可用开路电压、短路电流法求等效电阻。将图 3-19(b)中 a、b 两端短路，并设短路电流 I_{sc} 的参考方向如图 3-19(d)所示。由图可知

$$i_1 = 0$$

则 100Ω 电阻相当于开路，且受控源电压为 $200i_1 = 0$，所以

$$I_{sc} = \frac{40}{100} = 0.4\text{A}$$

则

$$R_0 = \frac{U_{oc}}{I_{sc}} = \frac{10}{0.4} = 25\Omega$$

最后得到等效电路如图 3-19(e)所示，由图可知

$$i_L = \frac{10 + 50}{25 + 5} = 2\text{A}$$

所以负载电阻的功率为

$$P_L = i_L^2 R_L = 4 \times 5 = 20\text{W}$$

还要注意一点，含受控源的二端网络，在求戴维南等效电路时，受控源及其控制量必须在同一个网络内，控制量可以是单口网络端口上的电压或电流，但控制量不能在外电路。

例 3-13 电路如图 3-20(a)所示，求流过理想二极管 D 的电流 I。

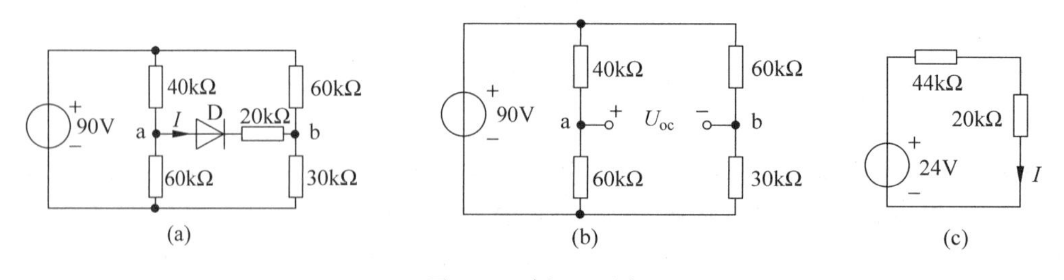

图 3-20 例 3-13 图

解 该电路含有一个理想二极管 D，这是一个非线性电阻元件，对它的分析，关键在于判断它是截止的还是导通的。为此，将它所在支路移去，余下的是一个线性含源二端网络，如图 3-20(b)，可以等效为戴维南等效电路，根据等效电路中电压源的值，可判断理想二极管是否导通。在图 3-20(b)中

$$U_{oc}=\frac{60}{60+40}\times 90-\frac{30}{30+60}\times 90=24\text{V}$$

$U_{oc}>0$，则说明a点电位高于b点电位，所以理想二极管导通，则可用短路线代替理想二极管。再求等效电阻

$$R_0=\frac{40\times 60}{40+60}+\frac{30\times 60}{30+60}=44\text{k}\Omega$$

得等效电路如图3-20(c)所示，则

$$I=\frac{24}{44+20}=0.375\text{mA}$$

此题说明，戴维南等效还常用于解含有一个非线性元件的电路。

3.3.3 诺顿定理

根据戴维南定理，我们知道，一个线性含源二端网络可等效为图3-12(a)所示的电路，又由实际电源模型的等效变换，电压源串联电阻可等效为电流源并联电阻，所以图3-12(a)又可等效为图3-12(b)，图3-12(b)称为诺顿等效电路，且$\frac{U_{oc}}{R_0}=I_{sc}$，这就得到了诺顿定理。

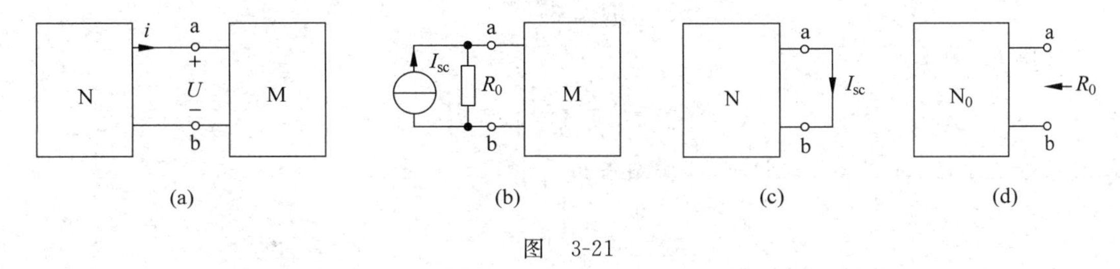

图 3-21

诺顿定理：任何一个线性含源单口网络N，就其端口来看，都可以用一个电流源并联电阻支路来等效，电流源的电流等于该网络N端口的短路电流I_{sc}，并联电阻R_0为单口网络N的除源等效电阻。

表述诺顿定理的示意图如图3-21所示。

此定理的证明，可仿戴维南定理的证明过程。

求诺顿等效电路，关键仍然是求开路电压U_{oc}、短路电流I_{sc}、等效电阻R_0三个参数中的任意两个参数。

例3-14 用诺顿定理求如图3-22(a)所示电路中的电压U_0。

解 在图3-22(a)中，求ab左端单口网络的诺顿等效电路。根据诺顿定理，先求短路电流I_{sc}，如图3-22(b)所示，对此电路列电路方程有

$$6I+3I=0 \quad \Rightarrow \quad I=0$$

则I_{sc}是电阻6Ω上的电流，所以有

$$I_{sc}=\frac{9}{6}=1.5\text{A}$$

为求等效电阻R_0，将9V电压源短路，用外加电源法，设端口电压、电流如图3-22(c)所示，由KCL得

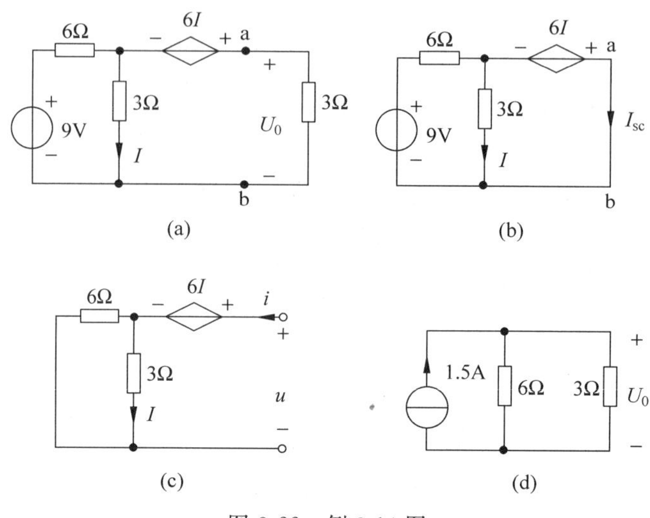

图 3-22 例 3-14 图

$$i = I + \frac{3I}{6} = 1.5I$$

由 KVL 得

$$u = 6I + 3I = 9I$$

等效电阻 R_0 为

$$R_0 = \frac{u}{i} = \frac{9I}{1.5I} = 6\Omega$$

最后得等效电路,如图 3-22(d)所示,由图看出

$$U_0 = \frac{6}{6+3} \times 1.5 \times 3 = 3\text{V}$$

一般而言,有源线性二端网络 N 的戴维南等效电路和诺顿等效电路都存在。但当有源二端网络内部含受控源时,其等效电阻 R_0 有可能为零,这时戴维南等效电路成为理想电压源,而等效电导 $G_0 = \frac{1}{R_0} = \infty$,其诺顿等效电路是不存在的。同理,如果等效电导 $G_0 = 0$,其诺顿等效电路成为理想电流源,而由于此时 $R_0 = \infty$,其戴维南等效电路就不存在。

3.4 最大功率传输定理

实际中许多电子设备所用的电源,无论是直流稳压源,还是各种波形的信号发生器,其内部电路都是相当复杂的,但它们在向外供电时都引出两个端子接到负载。可以说它们就是一个有源二端网络,当所接负载不同时,二端网络传输给负载的功率也就不同,现在我们讨论:对给定的有源二端网络,当负载为何值时网络传输给负载的功率最大呢?负载所能得到的最大功率又是多少?

为了回答这两个问题,我们将给定的有源二端网络等效成戴维南等效电路,如图 3-23 所示。下面我们来分析负载获得最大功率的条件和获得的最大功率。

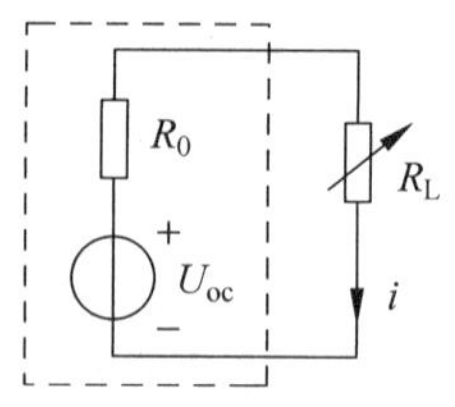

图 3-23

在图 3-23 中 U_{oc} 和 R_0 是定值,R_L 是可变负载,由图可知

$$i=\frac{U_{oc}}{R_0+R_L}$$

则负载电阻上的功率为

$$P_L=i^2R_L=\left(\frac{U_{oc}}{R_0+R_L}\right)^2R_L$$

由上式可知，当负载变化时，负载的电压、电流将随之变化，所以负载的功率也会跟着变化。若负载 R_L 为零，则其功率也为零；当负载 $R_L\to\infty$ 时，由于负载上的电流 $i=0$，所以 P_L 仍为零。这样，必存在某个 R_L 值，使 R_L 可获得最大功率。

我们用求极值的方法来求，即要使 P_L 最大，就应使 $\frac{dP_L}{dR_L}=0$，由此可解得 P_L 为最大时的 R_L 值，即

$$\frac{dP_L}{dR_L}=U_{oc}^2\left[\frac{(R_0+R_L)^2-2(R_0+R_L)R_L}{(R_0+R_L)^4}\right]=0$$

由上式得

$$R_L=R_0 \tag{3-5}$$

由于

$$\left.\frac{d^2P_L}{dR_L^2}\right|_{R_L=R_0}=-\frac{U_{oc}^2}{8R_0^3}<0$$

所以，$R_L=R_0$ 为 P_L 的极大值点。

结论：线性有源二端网络传递给可变负载 R_L 的最大功率条件是：负载电阻 R_L 等于二端网络的戴维南等效电阻 R_0。此即为最大功率传输定理。当 $R_L=R_0$ 时，称为最大功率匹配，此时，负载所获得的最大功率为

$$P_{max}=\frac{U_{oc}^2}{4R_0} \tag{3-6}$$

若使用诺顿等效电路，则

$$P_{max}=\frac{I_{sc}^2R_0}{4} \tag{3-7}$$

注意：不要把最大功率传输定理理解为要使负载功率最大，则应使戴维南等效电阻 R_0 等于 R_L。如果 R_0 可变而 R_L 固定，则只有当 $R_0=0$ 时方能使负载 R_L 获得最大功率；也不能把 R_0 上消耗的功率当做二端网络内部消耗的功率。因为二端网络和它的等效电路——戴维南等效电路(或诺顿等效电路)就内部功率而言不一定是等效的，它们相互代换只是对外部电路的电流、电压、功率等效。

例 3-15 如图 3-24(a)所示，R_L 可变，求：

(1) $R_L=0.5\Omega$ 时，求 R_L 的功率；

(2) $R_L=2\Omega$ 时，求 R_L 的功率；

(3) R_L 为何值时，R_L 可获得最大功率？最大功率是多少？

解 先求除负载电阻以外的二端网络的戴维南等效电路。

将图 3-24(a)中负载电阻 R_L 断开，求开路电压为

$$U_{oc}=\frac{15-13}{1+1}\times1+13-0.5\times4=12\text{V}$$

两端看进去的等效电阻为

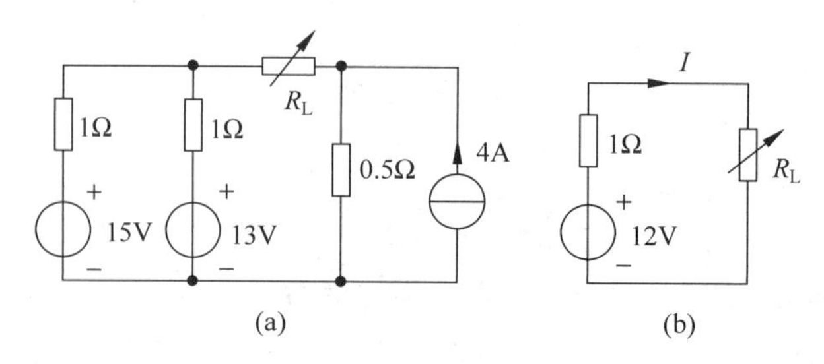

图 3-24 例 3-15 图

$$R_0 = \frac{1 \times 1}{1+1} + 0.5 = 1\Omega$$

则得等效电路如图 3-24(b)所示。

(1) $R_L = 0.5\Omega$ 时

$$P = I^2 R_L = \left(\frac{12}{1+0.5}\right)^2 \times 0.5 = 32\text{W}$$

(2) $R_L = 2\Omega$ 时

$$P = I^2 R_L = \left(\frac{12}{1+2}\right)^2 \times 2 = 32\text{W}$$

(3) 根据最大功率传输定理，当 $R_L = R_0 = 1\Omega$ 时 R_L 可获得最大功率，其最大功率为

$$P_{\max} = \frac{U_{oc}^2}{4R_0} = \frac{12^2}{4 \times 1} = 36\text{W}$$

由此可见，无论 $R_L > R_0$ 还是 $R_L < R_0$，其上的功率都比 $R_L = R_0$ 时小，这就是最大功率传输的含义。

例 3-16 电路如图 3-25(a)所示，负载电阻 R_L 可变，问 R_L 为多少时，R_L 可获得最大功率？最大功率是多少？

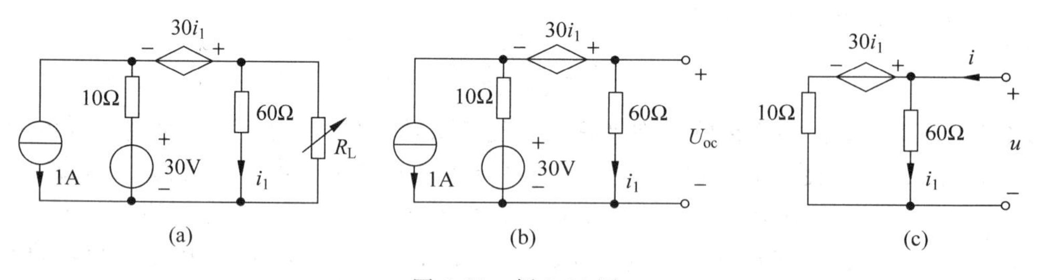

图 3-25 例 3-16 图

解 将负载电阻 R_L 断开，求左端二端网络的戴维南等效电路，如图 3-25(b)所示，10Ω 电阻上的电流为 $1+i_1$，方向朝上，则根据 KVL 得

$$10(1+i_1) - 30i_1 + 60i_1 = 30$$

解得

$$i_1 = 0.5\text{A}$$

则

$$U_{oc} = 60i_1 = 60 \times 0.5 = 30\text{V}$$

用外加电源法求等效电阻，如图 3-25(c)所示，则

$$\begin{cases} i_1 = \dfrac{u}{60} \\ 30i_1 + 10(i - i_1) - 60i_1 = 0 \end{cases}$$

解得

$$u = 15i$$

所以戴维南等效电阻

$$R_0 = 15\Omega$$

根据最大功率传输定理可知，当

$$R_L = R_0 = 15\Omega$$

时，可获得最大功率，此时，最大功率为

$$P_{max} = \frac{U_{oc}^2}{4R_0} = \frac{30^2}{4 \times 15} = 15\text{W}$$

3.5　电阻星形连接和三角形连接的等效变换

在电路中有时会碰到电阻元件之间的连接既非串联，也非并联。例如，图 3-26(a)、(b)所示连接方式，图(a)所示的连接方式称为星形连接(Y形连接)，即三个电阻都有一个端子连接在一起构成一个节点，另一个端子则分别与外电路连接，这种连接也称为 T 形连接；图(b)所示的连接方式称为三角形连接(△连接)，即三个电阻分别连接到三个端点的每两个之间，构成三个电阻的首尾相接，再由这三个端点作为输出端与外电路相连，这种连接也称为 Π 形连接。对于Y形连接与△连接电路，无法用电阻的串、并联对其进行等效化简。但Y形连接和△连接之间可以进行等效变换，变换后，仍可利用串、并联等效电阻公式，使运算简化。本节就将介绍电阻的Y连接电路和△连接电路互换等效方法。

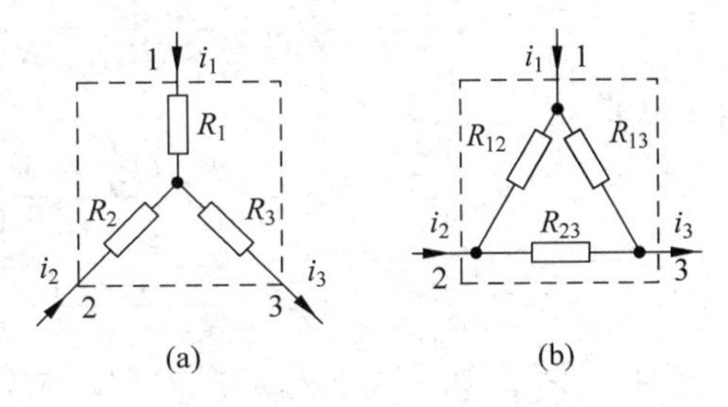

图 3-26　星形和三角形连接

3.5.1　△形电路等效变换为Y形电路

△形连接电路和Y形连接电路的等效变换是两个三端网络等效的问题。对于三端网络，根据 KVL，若给定任意两对端钮间的电压，则其余一对端钮的电压便可确定。例如，给定 u_{13} 和 u_{23}，由 KVL 便可确定 u_{12}；同理，根据 KCL，给定任意两个端钮的电流，则其余一个端钮的电流便可确定。因此，在对两个三端网络的端钮加以编号后，若两网络的 u_{13}、u_{23}、i_1、i_2 的关系完全相同，则这两个三端网络是等效的。现在我们来求△形连接电路和Y形连接电路的等效变换的条件。

所谓△形电路等效变换为Y形电路，就是已知△形电路中三个电阻 R_{12}、R_{13}、R_{23}，通过变换公式求出Y形电路中的三个电阻 R_1、R_2、R_3，将之接成Y形去代换△形电路中的三个电阻，这就完成了△形互换等效为Y形的任务，注意对外的三个端子不变。

在图 3-26(a)、(b)中，设三个端子上的电流 i_1、i_2、i_3 如图中所示，由 KVL、KCL 可知

$$i_3 = i_1 + i_2 \tag{3-8}$$

$$u_{12} = u_{13} - u_{23} \tag{3-9}$$

在图 3-26(a)中有

$$u_{13} = R_1 i_1 + R_3 i_3$$

$$u_{23} = R_2 i_2 + R_3 i_3$$

将式(3-8)代入上式可得

$$u_{13} = (R_1 + R_3) i_1 + R_3 i_2 \tag{3-10}$$

$$u_{23} = R_3 i_1 + (R_2 + R_3) i_2 \tag{3-11}$$

在图 3-26(b)中有

$$i_1 = \frac{u_{13}}{R_{13}} + \frac{u_{12}}{R_{12}}$$

$$i_2 = \frac{u_{23}}{R_{23}} - \frac{u_{12}}{R_{12}}$$

将式(3-9)代入上式得

$$i_1 = \left(\frac{1}{R_{13}} + \frac{1}{R_{12}}\right) u_{13} - \frac{1}{R_{12}} u_{23} = \frac{R_{13} + R_{12}}{R_{13} R_{12}} u_{13} - \frac{1}{R_{12}} u_{23}$$

$$i_2 = -\frac{1}{R_{12}} u_{13} + \left(\frac{1}{R_{23}} + \frac{1}{R_{12}}\right) u_{23} = -\frac{1}{R_{12}} u_{13} + \frac{R_{23} + R_{12}}{R_{23} R_{12}} u_{23}$$

解上式得

$$u_{13} = \frac{R_{13}(R_{12} + R_{23})}{R_{12} + R_{23} + R_{13}} i_1 + \frac{R_{23} R_{13}}{R_{12} + R_{23} + R_{13}} i_2 \tag{3-12}$$

$$u_{23} = \frac{R_{23} R_{13}}{R_{12} + R_{23} + R_{13}} i_1 + \frac{R_{23}(R_{12} + R_{13})}{R_{12} + R_{23} + R_{13}} i_2 \tag{3-13}$$

要让图 3-26(a)和图 3-26(b)互为等效，则式(3-10)、式(3-11)与式(3-12)、式(3-13)分别相等，比较等式两端，得到

$$\begin{cases} R_1 + R_3 = \dfrac{R_{13}(R_{12} + R_{23})}{R_{12} + R_{23} + R_{13}} \\ R_3 = \dfrac{R_{23} R_{13}}{R_{12} + R_{23} + R_{13}} \\ R_2 + R_3 = \dfrac{R_{23}(R_{12} + R_{13})}{R_{12} + R_{23} + R_{13}} \end{cases} \tag{3-14}$$

则由式(3-14)容易解得 R_1、R_2、R_3，所以得到△形连接等效为Y形连接的变换公式为

$$\begin{cases} R_1 = \dfrac{R_{12} R_{13}}{R_{12} + R_{23} + R_{13}} \\ R_2 = \dfrac{R_{12} R_{23}}{R_{12} + R_{23} + R_{13}} \\ R_3 = \dfrac{R_{13} R_{23}}{R_{12} + R_{23} + R_{13}} \end{cases} \tag{3-15}$$

观察式(3-15)，可以看出这样的规律：Y形电路中与端钮 $k(k=1,2,3)$ 相连的电阻 R_k 等于△形电路中与端钮 k 相连的两电阻乘积除以△形电路中三个电阻之和。特殊情况，若△形电路中三个电阻相等，即 $R_{12}=R_{23}=R_{13}=R_{\triangle}$，显然，等效互换的Y形电路中三个电阻也相等，由式(3-15)不难得到 $R_1=R_2=R_3=\dfrac{R_{\triangle}}{3}$。

3.5.2 Y形电路等效变换为△形电路

所谓Y形电路等效变换为△形电路，就是已知Y形电路中三个电阻 R_1、R_2、R_3，通过变换公式求出△形电路中的三个电阻 R_{12}、R_{13}、R_{23}，并将之接成△形去代换Y形电路中的三个电阻，这就完成了Y形互换等效为△形的任务。

只需将式(3-14)中 R_1、R_2、R_3 看作已知，R_{12}、R_{13}、R_{23}看作未知，便可得出Y形电路等效变换为△形电路的变换公式，如式(3-16)所示。

观察式(3-16)也可看出规律：△形电路中连接某两端钮的电阻等于Y形电路中三个电阻两两乘积之和除以与第三个端钮相连的电阻。特殊情况，若Y形电路中三个电阻相等，即 $R_1=R_2=R_3=R_Y$，显然，等效互换的△形电路中三个电阻也相等，由式(3-16)不难得到 $R_{12}=R_{23}=R_{13}=3R_Y$。

$$\begin{cases} R_{12}=\dfrac{R_1R_2+R_2R_3+R_1R_3}{R_3} \\ R_{23}=\dfrac{R_1R_2+R_2R_3+R_1R_3}{R_1} \\ R_{13}=\dfrac{R_1R_2+R_2R_3+R_1R_3}{R_2} \end{cases} \tag{3-16}$$

接在复杂网络中的Y形或△形网络部分，可以运用式(3-15)、式(3-16)两式进行等效互换，并不影响网络其余未经变换部分的电压、电流、功率。这种等效变换可以简化电路的计算。

例 3-17 在图 3-27(a)所示的电路中，求电压 U_1。

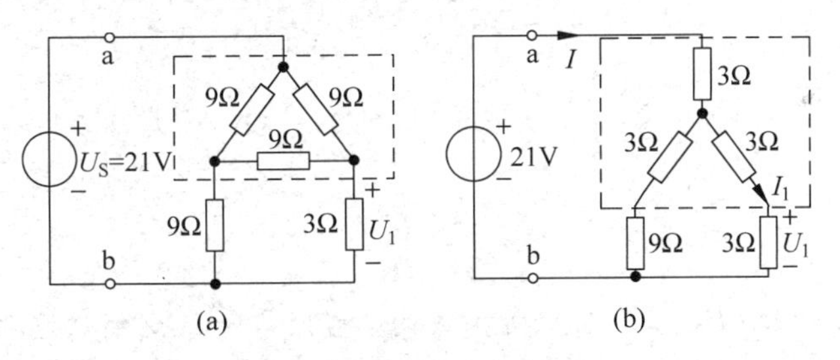

图 3-27 例 3-17 图

解 应用△形连接等效为Y形连接的变换公式，将图 3-27(a)等效为图 3-27(b)，再应用电阻的串并联等效求得等效电阻为

$$R_{ab}=3+\frac{12\times 6}{12+6}=7\Omega$$

所以得电流

$$I=\frac{U_S}{R_{ab}}=\frac{21}{7}=3\text{A}$$

由分流公式得

$$I_1=\frac{12}{12+6}\times I=\frac{2}{3}\times 3=2\text{A}$$

最后得电压

$$U_1 = 3I_1 = 3 \times 2 = 6\text{V}$$

例 3-18 图 3-28(a)所示桥式电路，$R_1R_4 \neq R_2R_3$，试求该电路的总电流 I。

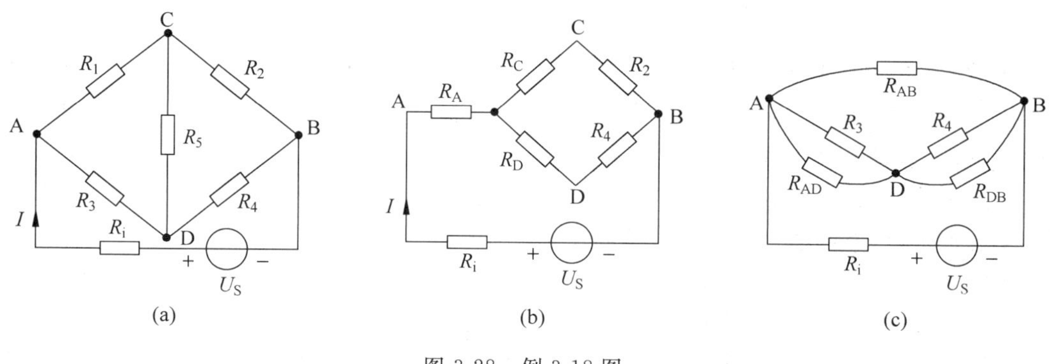

图 3-28 例 3-18 图

解 由于 $R_1R_4 \neq R_2R_3$，所以该电桥不是平衡电桥，R_5 支路既不能短路也不能开路，现在可采用△-Y变换来求解。

(1) 把 R_1、R_3、R_5 所构成的三角形网络 ACD 等效成Y形网络，A、C、D 是对外连接的三个端子要保留，则等效电路如图 3-28(b)所示，在图(b)中，由式(3-15)可知

$$\begin{cases} R_A = \dfrac{R_1R_3}{R_1 + R_3 + R_5} \\ R_C = \dfrac{R_1R_5}{R_1 + R_3 + R_5} \\ R_D = \dfrac{R_3R_5}{R_1 + R_3 + R_5} \end{cases}$$

该电路总电阻为

$$R = R_i + R_A + (R_C + R_2) \mathbin{/\!/} (R_D + R_4)$$

所以总电流为

$$I = \frac{U_S}{R}$$

(2) 也可以把 R_1、R_2、R_5 三个电阻所构成的Y形网络等效变换成△形网络(注意Y形网络化成△形网络后少一个公共点)，对外连接的三个端子是 A、D、B，即由 A、D、B 构成△形网络的三个端点，则等效电路如图 3-28(c)所示，在图(c)中，由式(3-16)可得

$$\begin{cases} R_{AB} = \dfrac{R_1R_2 + R_2R_5 + R_1R_5}{R_5} \\ R_{AD} = \dfrac{R_1R_2 + R_2R_5 + R_1R_5}{R_2} \\ R_{DB} = \dfrac{R_1R_2 + R_2R_5 + R_1R_5}{R_1} \end{cases}$$

此时，电桥总电阻为

$$R = R_i + R_{AB} \mathbin{/\!/} [(R_3 \mathbin{/\!/} R_{AD}) + (R_4 \mathbin{/\!/} R_{DB})]$$

所以电桥总电流为

$$I = \frac{U_S}{R}$$

从上面的例子看出，△-Y等效变换在电路分析和计算时带来一定的方便，但等效公式的计算比较复杂，另外，△-Y等效变换属多端子电路等效，在使用这种等效变换时，务必正确连接各对端子。

习题3

3-1　应用叠加定理求图题3-1中电流 I，欲使 $I=0$，则 U_S 应取何值。

3-2　用叠加定理求图题3-2电路中的电压 U。

3-3　电路如图题3-3所示，N为不含独立源的线性电阻电路。已知当 $u_S=12\text{V}$，$i_S=4\text{A}$ 时，$u=0$；$u_S=-12\text{V}$，$i_S=-2\text{A}$ 时，$u=-1\text{V}$；求当 $u_S=9\text{V}$，$i_S=-1\text{A}$ 的电压 u。

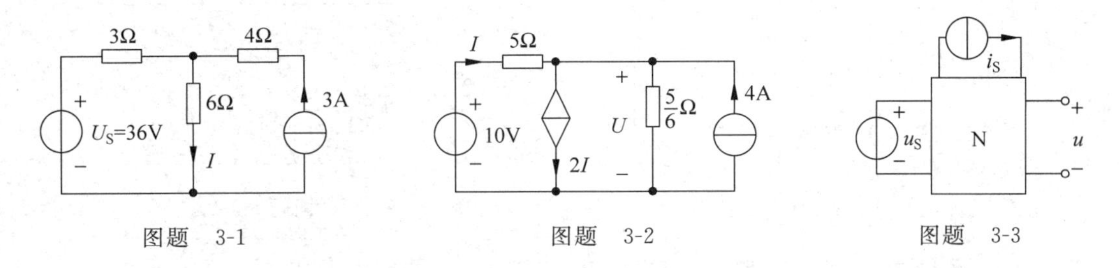

图题　3-1　　图题　3-2　　图题　3-3

3-4　求图题3-4所示电路中的控制量 I_X。

3-5　对图题3-5所示电路，用叠加定理求电流 I 及 a 点的电位 U_a。

3-6　如图题3-6所示电路，求电压 u。如独立电压源的值均增至原值的两倍，独立电流源的值下降为原值的一半，电压 u 变为多少？

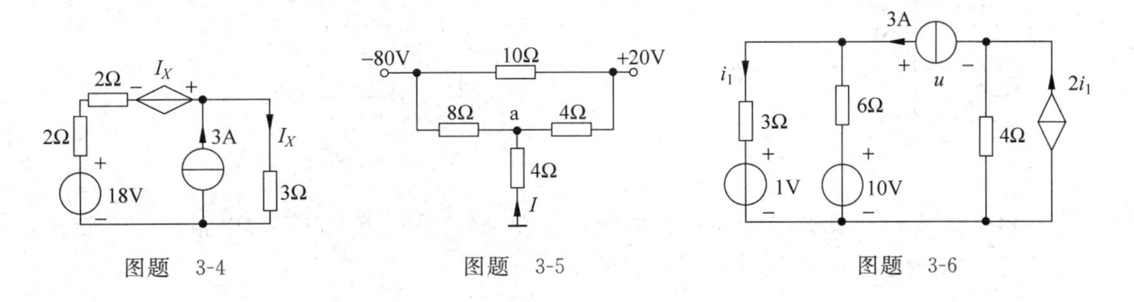

图题　3-4　　图题　3-5　　图题　3-6

3-7　在图题3-7中，先求电流 I_1，再用置换定理求电流 I_2。

3-8　用置换定理求图题3-8所示电路中各支路电流、节点电压及 $\dfrac{u_0}{u_S}$。

3-9　如图题3-9所示电路，R 为可变电阻，N为含独立源的网络，R 改变时，电流 i_2 也改变，当 $i_2=4\text{A}$ 时，$i_1=5\text{A}$；当 $i_2=2\text{A}$ 时，$i_1=3.5\text{A}$。求 $i_2=\dfrac{4}{3}\text{A}$ 时的 i_1。

3-10　图题3-10电路，(1)求单口网络N的等效电阻；(2)求电压 U_1；(3)试用置换定理求电压 U。

3-11　求图题3-11所示电路的VCR。

3-12　电路如图题3-12所示，试求电流 I。

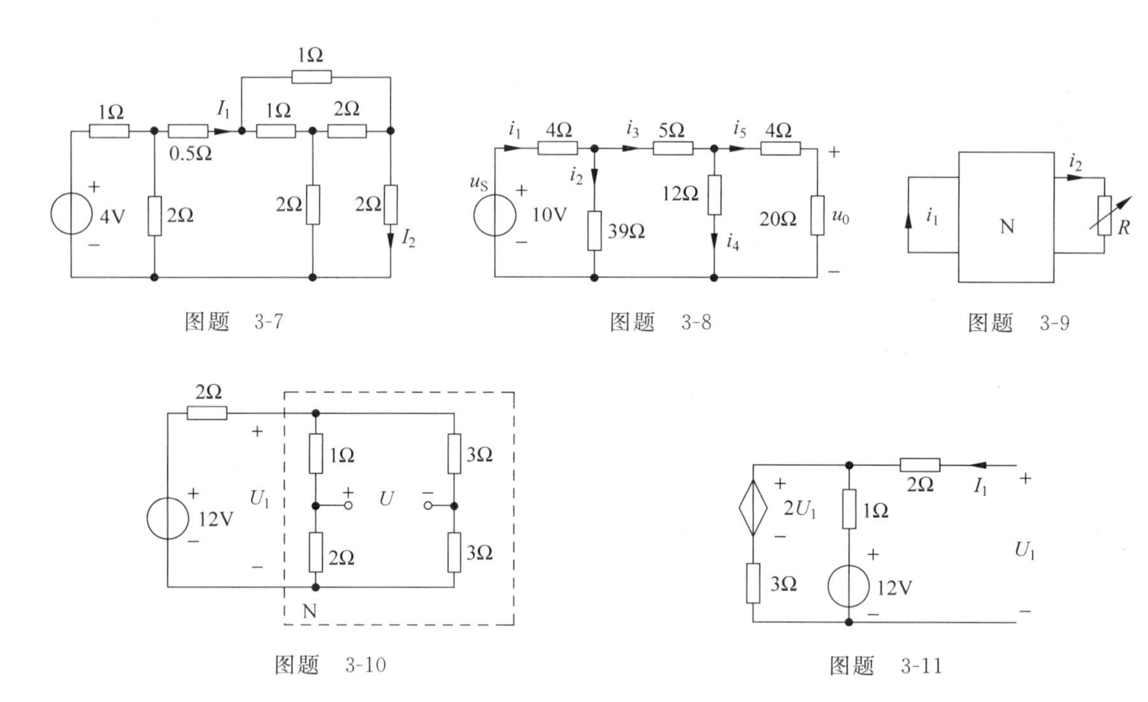

图题 3-7　　图题 3-8　　图题 3-9

图题 3-10　　图题 3-11

3-13　图题 3-13 所示电路，若(1)$R=0$，(2)$R=5\Omega$，分别求电流 i。

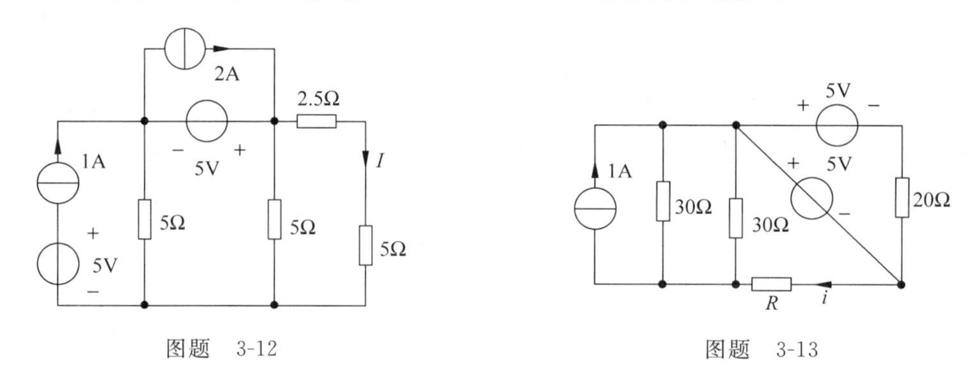

图题 3-12　　图题 3-13

3-14　试确定图题 3-14 所示电路的端口特性方程，并画出单口等效电路。

3-15　将图题 3-15 电路等效变换为最简单形式。

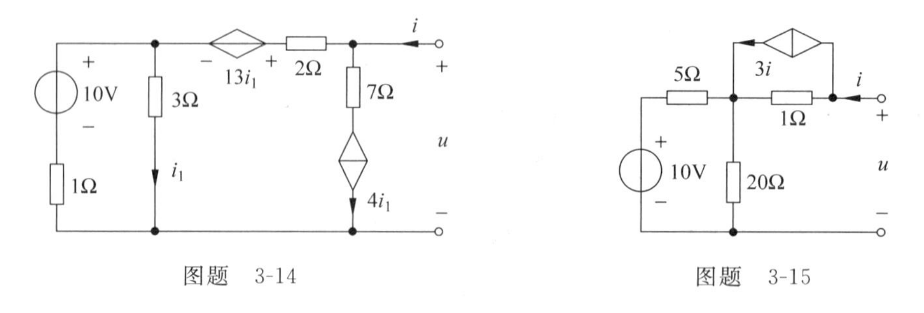

图题 3-14　　图题 3-15

3-16　用戴维南定理求图题 3-16 各电路的等效电路。

3-17　求图题 3-17 所示电路 ab 端的戴维南等效电路。

3-18　求图题 3-18 所示电路 ab 端的戴维南等效电路。

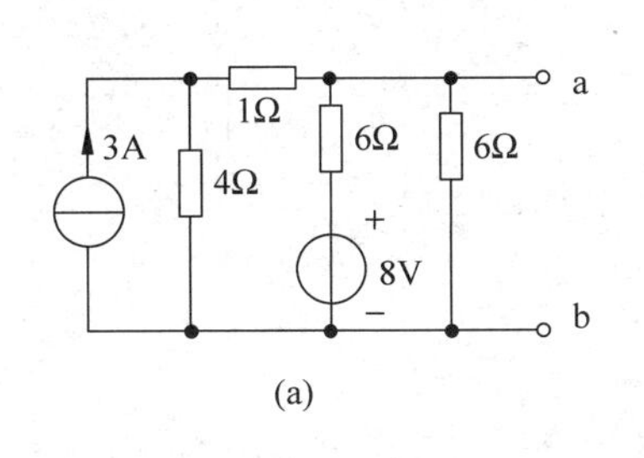

(a)

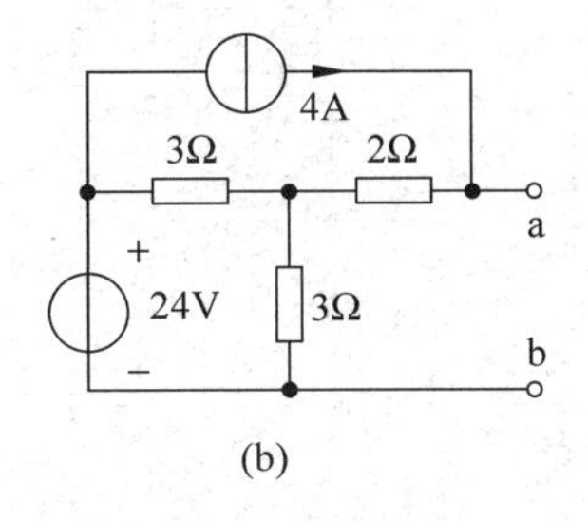

(b)

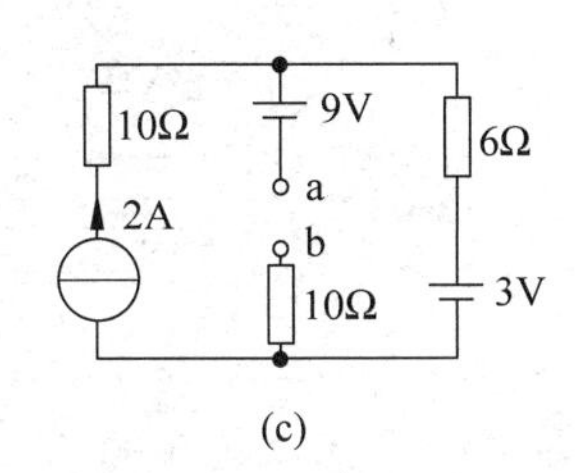

(c)

图题 3-16

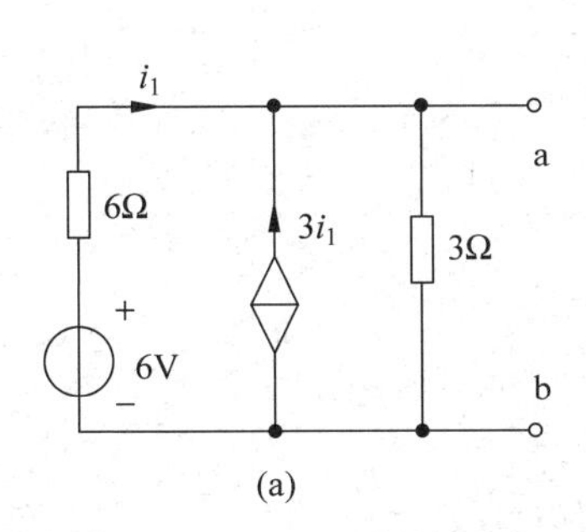

(a)

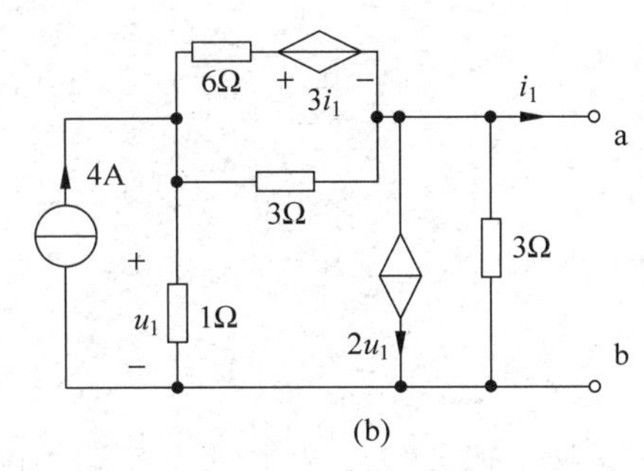

(b)

图题 3-17

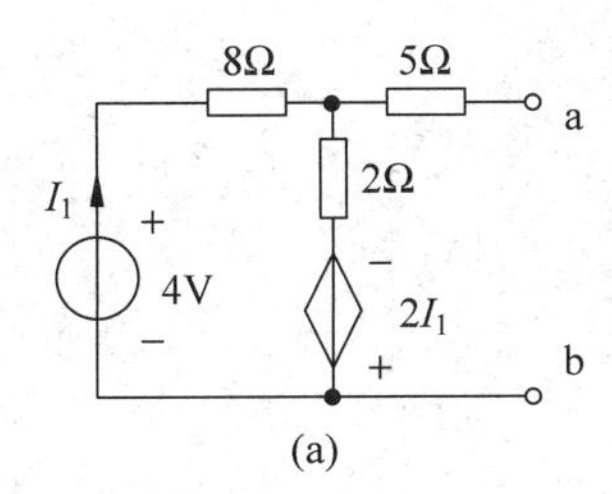

(a)

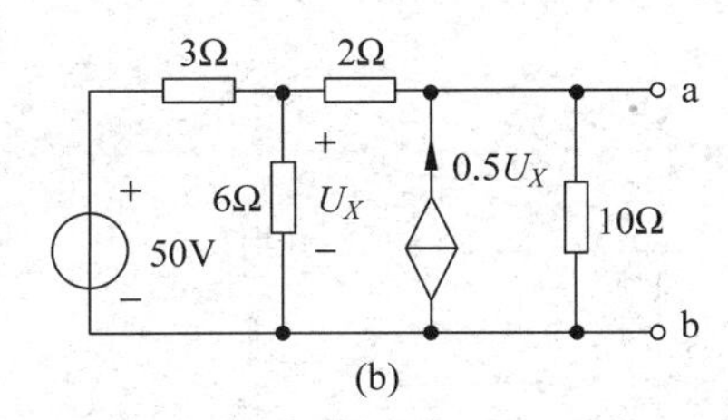

(b)

图题 3-18

3-19 求图题 3-19 所示电路 ab 端的诺顿等效电路。

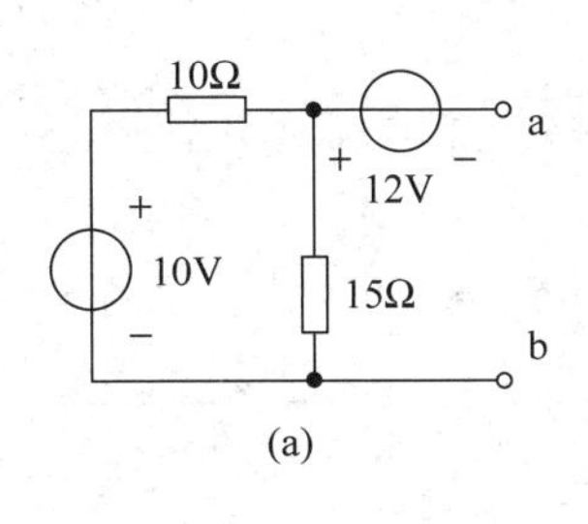

(a)

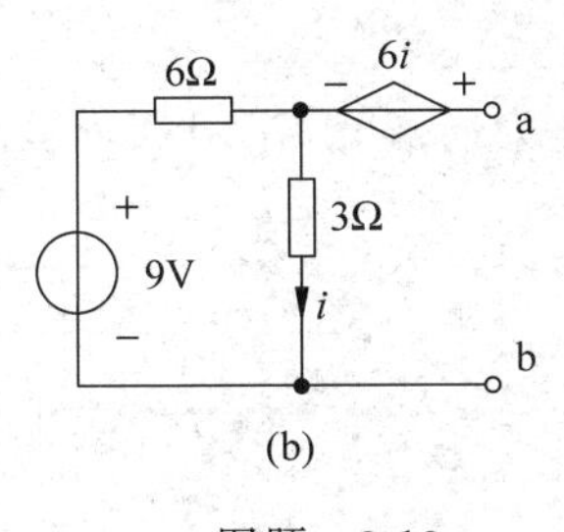

(b)

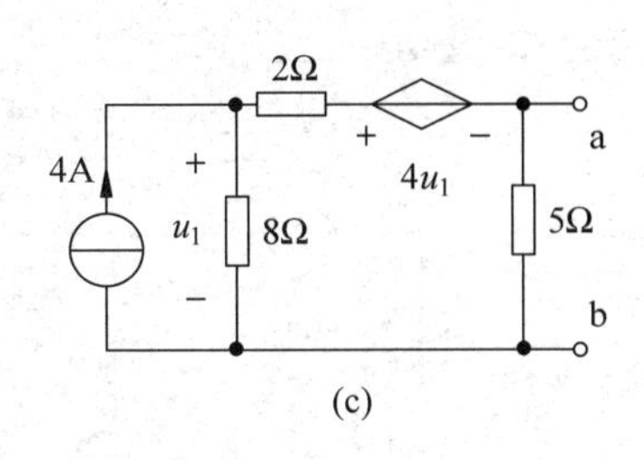

(c)

图题 3-19

3-20 N 为有源线性电阻网络，其两种工作状态如图题 3-20(a)和(b)所示，试求图(c)电路端口电压 U。

3-21 在图题 3-21 所示电路中，N_0 为无源线性电阻网络。当 $U_{S2}=0$ 时，$U_1=10V$；当 $U_{S2}=60V$ 时，$U_1=46V$，求 $U_{S2}=100V$ 时，端口 ab 右端的戴维南等效电路。

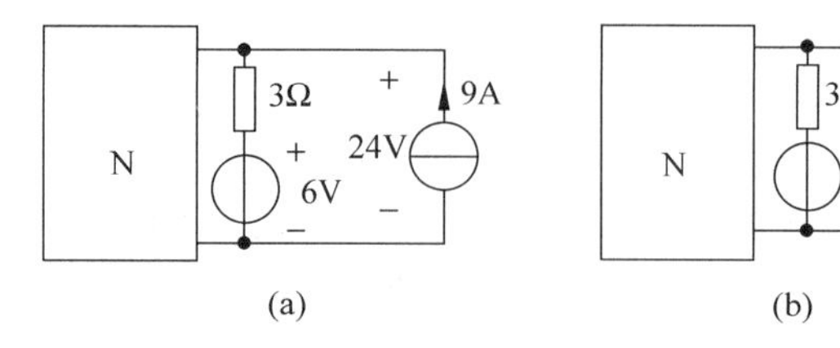

(a)

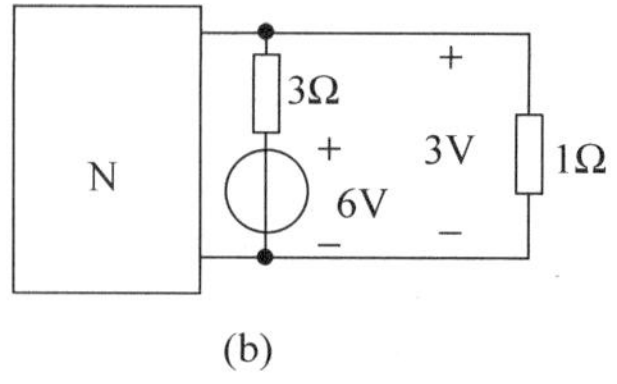

(b)

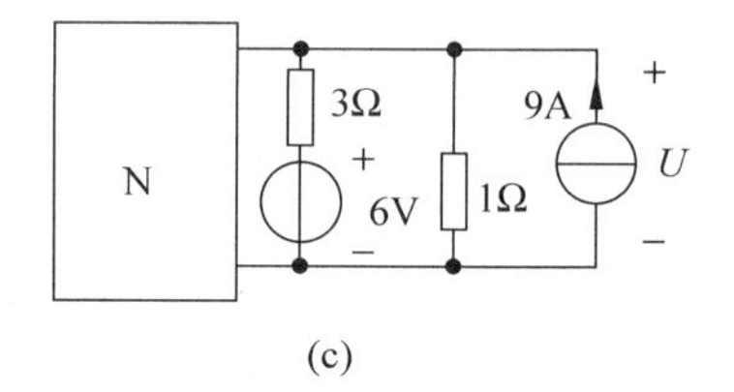

(c)

图题 3-20

3-22 图题 3-22 所示电路中，当电阻 $R_X=3\Omega$ 时求其端的电压 U；当电阻 $R_X=9\Omega$ 时求其端的电压 U。

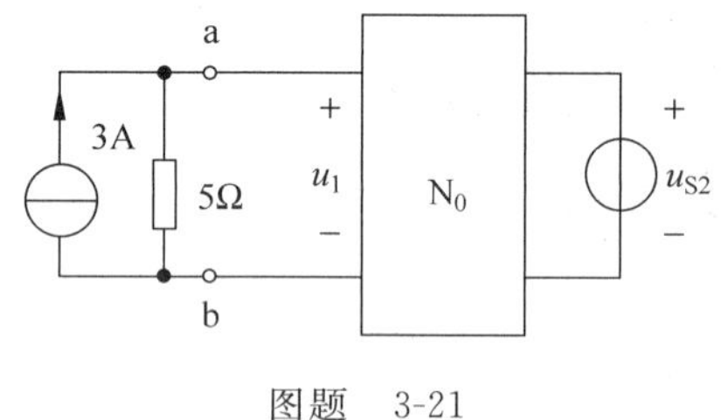

图题 3-21

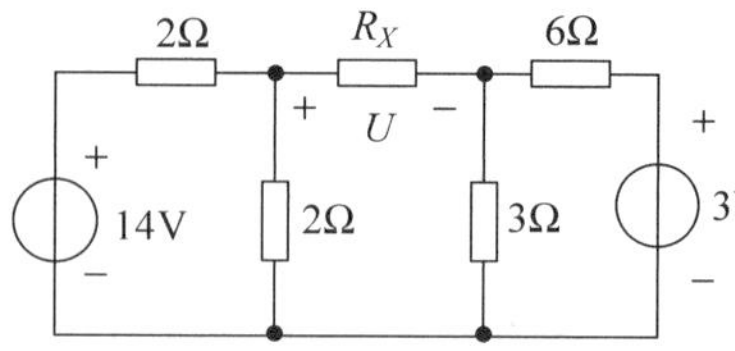

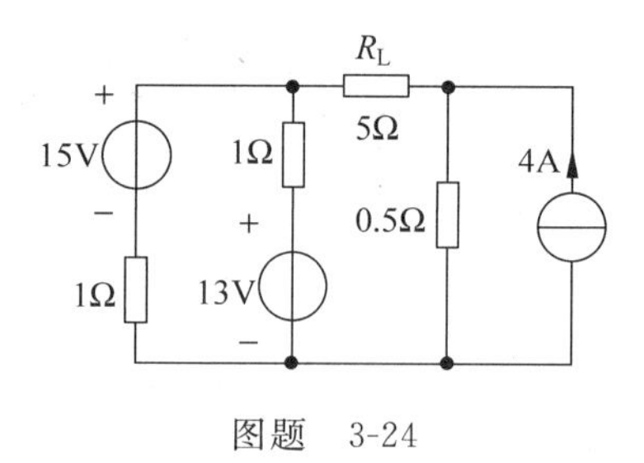

图题 3-22

3-23 用诺顿定理求图题 3-23 所示电路中的电流 I。

3-24 电路如图题 3-24，求负载电阻上消耗的功率；若负载电阻 R_L 可变，当 R_L 为多大时，R_L 可获得最大功率？且最大功率是多少？

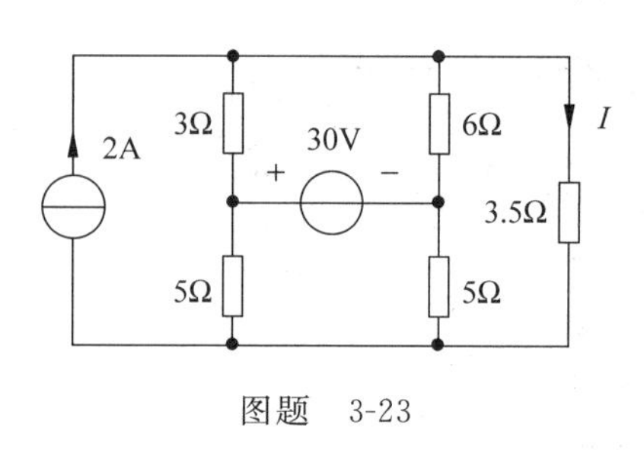

图题 3-23

图题 3-24

3-25 在图题 3-25 电路中，负载电阻 R_L 可任意改变，问 R_L 为何值时其上可获得最大功率？最大功率是多少？

3-26 在图题 3-26 电路中，R_L 为何值时 R_L 可获得最大功率？并求最大功率 P_{max}。

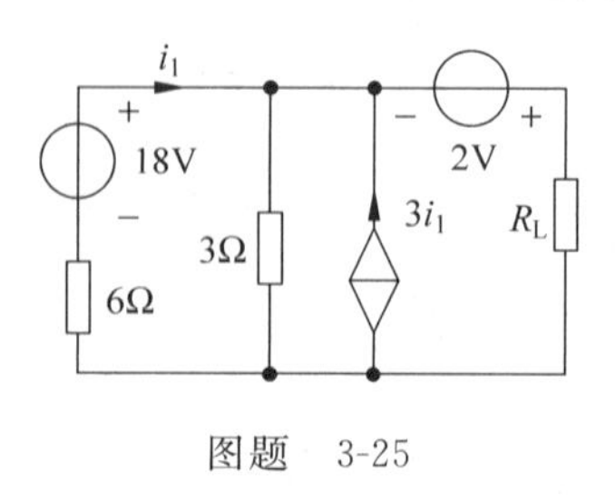

图题 3-25

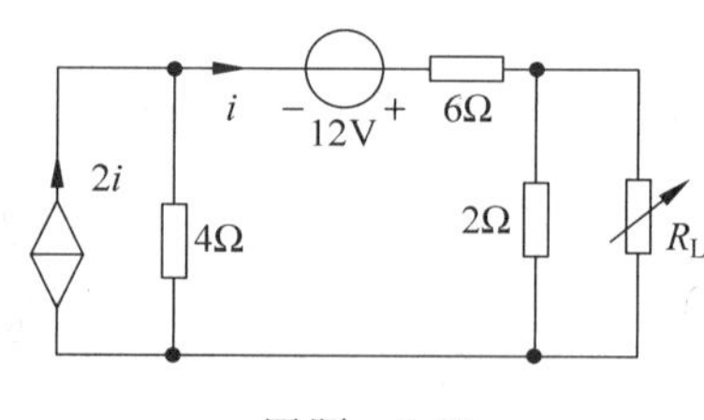

图题 3-26

3-27 电路如图题 3-27 所示，当负载电阻 $R_L=8\Omega$ 时，能否获得最大传输功率？若欲使 R_L 不消耗功率，那么电压源 U_S 应取何值？

3-28 电路如图题 3-28 所示，N 为含源线性单口网络，已知在开关 K 闭合，$R_L=\infty$时，

$U=29\text{V}$；$R_L=4\Omega$ 时，R_L 可获得最大功率。求开关 K 断开时，R_L 取何值才能获得最大功率，并求最大功率。

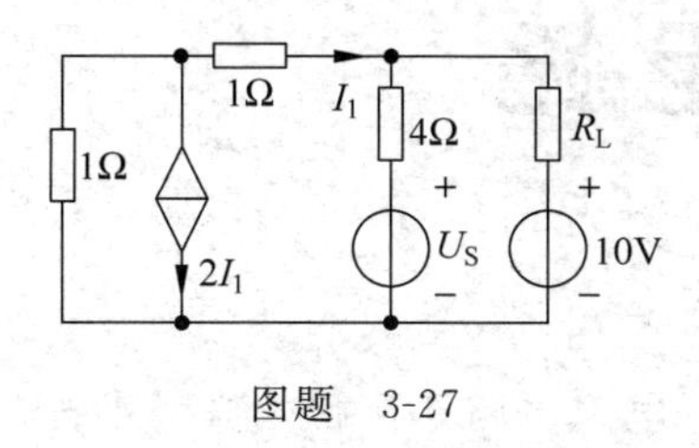

图题　3-27

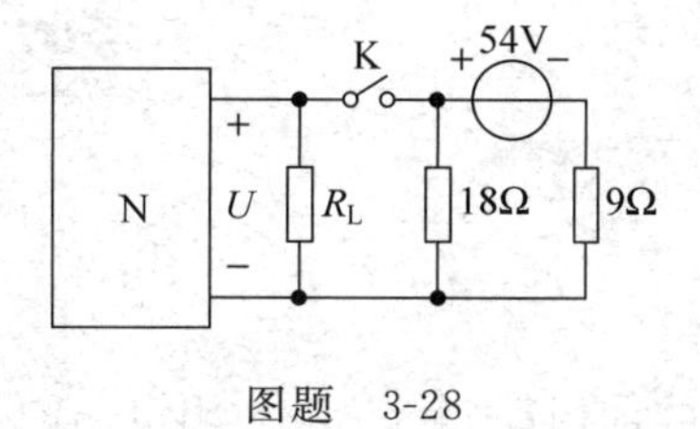

图题　3-28

第4章 动态电路

本书的前面部分讨论了电阻电路的分析方法。电阻电路是用代数方程来描述的，这就意味着：如果外施的激励源（电压源或电流源）为常量，那么，在激励作用到电路的瞬间，电路的响应也立即为某一常量。这就是说，电阻电路在任一时刻 t 的响应只与同一时刻的激励有关，与过去的激励无关。因此，我们可以称电阻电路是"无记忆"的，或说是"即时的"。

实际上，许多实际电路并不是只用电阻元件和电源元件来构成，它们往往包含电容元件和电感元件。这两种元件的伏安关系都涉及对电流、电压的微分或积分，我们称这种元件为动态元件。至少包含一个动态元件的电路称为动态电路。

我们所讨论的动态电路，是由独立源、线性电阻（含受控源）和动态元件组成的。由于动态元件的伏安关系是微分与积分关系，根据 KCL、KVL 和元件的 VCR 所建立的描述电路的方程是以电压、电流为变量的常系数微分方程或微分—积分方程。

用一阶微分方程描述的电路称为一阶电路。只含有一个独立动态元件的电路是一阶电路，含有多个同类动态元件但可以等效为一个动态元件的电路，也是一阶电路。如果描述电路的方程是二阶微分方程，则该电路称为二阶电路。

本章中我们讨论以下内容：(1)求电路各部分的电压、电流，即电路的响应。这里输入的概念有所扩充，不仅外加电源是输入，电容的初始电压、电感的初始电流都可以作为输入。仅由外部电源引起的响应叫零状态响应，仅由电路初始状态引起的响应叫零输入响应。(2)讨论由于电路结构及参数的变化所带来的暂态响应。

在本书第1章中早已指出，两类形式的约束是电路分析的基本依据。为解决动态电路的分析问题，还须知道电容元件和电感元件的电压、电流约束关系。本章将先讨论电容元件和电感元件的定义、伏安关系，为动态电路的分析奠定基础。

4.1 电容元件

4.1.1 电容元件的定义

电容元件的定义如下：一个二端元件，如果在任一时刻 t，它的电荷 $q(t)$ 同它的端电压 $u(t)$ 之间的关系可以用 u-q 平面上的一条曲线来确定，则此二端元件称为电容元件。

电容元件的符号如图4-1所示。在讨论 $q(t)$ 与 $u(t)$ 的关系时，通常采用关联的参考方向，即在假定为正电位的极板上电荷也假定为正。图4-1中 $q(t)$ 与 $u(t)$ 即假定为关联参考方向。

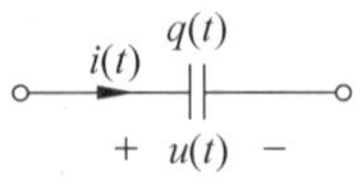

$i(t)$　$q(t)$

$+$　$u(t)$　$-$

图4-1　电容元件的符号

如果 u-q 平面上的特性曲线是一条通过原点的直线，且不

随时间而改变，则此电容元件称之为线性非时变电容元件，亦即

$$q(t) = Cu(t) \tag{4-1}$$

式中，C 为正值常数，用来度量特性曲线的斜率，称为电容。在国际单位制中，C 的单位为法拉(F)。习惯上，我们也常把电容元件简称为电容，如不加申明，电容都指线性非时变电容。电路理论中的电容元件是(实际)电容器的理想化模型。

把两块金属极板用介质隔开就可构成一个简单的电容器。由于理想介质是不导电的，在外电源作用下，两块极板上能分别储存等量的异性电荷。外电源撤走后，这些电荷依靠电场力的作用，互相吸引，而又为介质所绝缘不能中和，因而极板上的电荷能长久地储存下去。因此，电容器是一种能储存电荷的器件。在电荷建立的电场中储藏着能量，我们也可以说电容器是一种能够储存电场能量的器件。

实际的电容器除了具备上述的储存电荷的主要性质外，还有一些漏电现象，这是因为介质不可能理想地绝对绝缘，其导电能力会导致电容器极板储存的电荷泄露。在这种情况下，电容器的模型中除了上述的电容元件外，还应增添串联或并联的电阻元件。

一个电容器，除了标明它的电容量外，还需标明它的额定工作电压。从式(4-1)中可知，一个电容器两端的电压越高，聚集的电荷也就越多。但是每一个电容器允许承受的电压是有限度的，电压过高，介质就会被击穿。一般电容器被击穿后，它的介质就从原来不导电变成导电，丧失了电容器的作用。因此，使用电容器时不应超过它的额定工作电压。有些电容(如电解电容等)还会限定正负极，电压反接也会导致电容器被击穿。

4.1.2 电容的伏安关系

如图 4-1 所示，电容电流 $i(t)$ 的参考方向指向标注 $q(t)$ 的正极板，这就意味着当 $i(t)$ 为正值时，正电荷向这一极板聚集，因而电荷 $q(t)$ 的变化率为正。于是我们有

$$i(t) = \frac{\mathrm{d}q}{\mathrm{d}t} \tag{4-2}$$

又设电压 $u(t)$ 和 $q(t)$ 参考方向一致，则对线性电容，式(4-1)代入式(4-2)得

$$i(t) = C\frac{\mathrm{d}u}{\mathrm{d}t} \tag{4-3}$$

这就是电容的 VCR，其中涉及对电压的微分。显然，这一公式在 u 和 i 为关联参考方向的前提下才能使用。如果 u 和 i 为非关联参考方向，则

$$i(t) = -C\frac{\mathrm{d}u}{\mathrm{d}t} \tag{4-4}$$

式(4-3)表明：在某一时刻电容的电流取决于该时刻电容电压的变化率。如果电压不变，那么 $\frac{\mathrm{d}u}{\mathrm{d}t}$ 为零。虽有电压，但电流为零，因此，电容有隔直流的作用。电容电压变化越快，即 $\frac{\mathrm{d}u}{\mathrm{d}t}$ 越大，则电流也就越大。这是因为电容聚集电荷，当两端电压发生变化时，聚集的电荷也相应地发生变化，形成电流。这和电阻元件完全不同，电阻两端只要有电压(不论是否变化)，电阻中就一定有电流。

对式(4-3)积分可得

$$u(t)=\frac{1}{C}\int_{-\infty}^{t}i(\xi)\mathrm{d}\xi \tag{4-5}$$

如果我们只需了解在某一任意选定的初始时刻 t_0 以后电容电压的情况，我们可以把式(4-5)写为

$$u(t)=\frac{1}{C}\int_{-\infty}^{t_0}i(\xi)\mathrm{d}\xi+\frac{1}{C}\int_{t_0}^{t}i(\xi)\mathrm{d}\xi$$

$$=u(t_0)+\frac{1}{C}\int_{t_0}^{t}i(\xi)\mathrm{d}\xi \quad t\geqslant t_0 \tag{4-6}$$

由式(4-6)可知：在某一时刻 t 时电容电压的数值并不取决于该时刻的电流值，而是取决于从 $-\infty$ 到 t 所有时刻的电流值，也就是说与电流全部历史有关。如果我们知道了由初始时刻 t_0 开始作用的电流 $i(t)$ 以及电容的初始电压 $u(t_0)$，就能确定 $t\geqslant t_0$ 时的电容电压 $u(t)$。

例 4-1 电压 u 施加一电容，如图 4-2 所示，试绘出电容电流波形。

解 根据电压 u 的波形写出函数式，由微分关系求出电容电流的表达式，再根据电流的表达式绘出波形图。

按时间分段求解

$0\leqslant t\leqslant 2\text{ms}$

$$u(t)=\frac{5}{2}\times 10^3 t\text{V}$$

$$i(t)=C\frac{\mathrm{d}u}{\mathrm{d}t}=1\times 10^{-6}\times\frac{5}{2}\times 10^3=2.5\text{mA}$$

$2<t\leqslant 8\text{ms}$

$$u(t)=\left(-\frac{5}{6}\times 10^3 t+\frac{20}{3}\right)\text{V}$$

$$i(t)=C\frac{\mathrm{d}u}{\mathrm{d}t}=1\times 10^{-6}\times\left(-\frac{5}{6}\times 10^3\right)=-\frac{5}{6}\text{mA}$$

$t>8\text{ms}$

$$u(t)=0\text{V}$$

$$i(t)=C\frac{\mathrm{d}u}{\mathrm{d}t}=0\text{mA}$$

电容电流波形如图 4-3 所示。

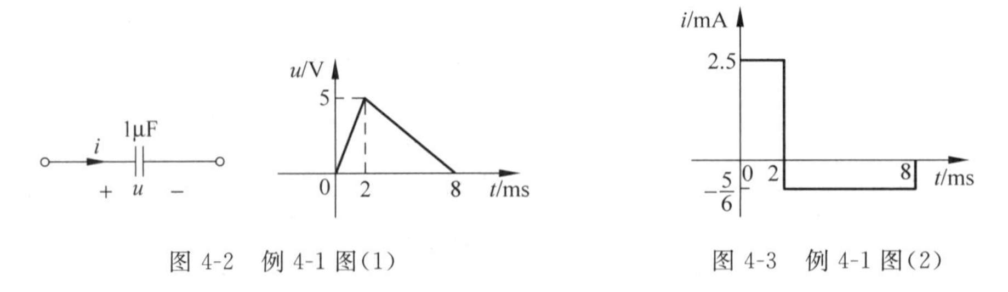

图 4-2 例 4-1 图(1)　　图 4-3 例 4-1 图(2)

例 4-2 电流源的电流波形如图例 4-4(a)所示，施加于 2F 电容上，如图例 4-4(b)所示。设 $u(0)=0$，试求 $u(t)$，并绘出波形图。

解 已知电容电流求电压可用式(4-6)，得

$$i(t)=\begin{cases}2, & 0\leqslant t<1\\ -2, & 1\leqslant t<2\\ 0, & t\geqslant 2\end{cases}$$

$$u(t)=u(0)+\frac{1}{C}\int_0^t i(\xi)\mathrm{d}\xi=\begin{cases}t, & 0\leqslant t<1\\ 2-t, & 1\leqslant t<2\\ 0, & t\geqslant 2\end{cases}$$

电压波形如图 4-5 所示。

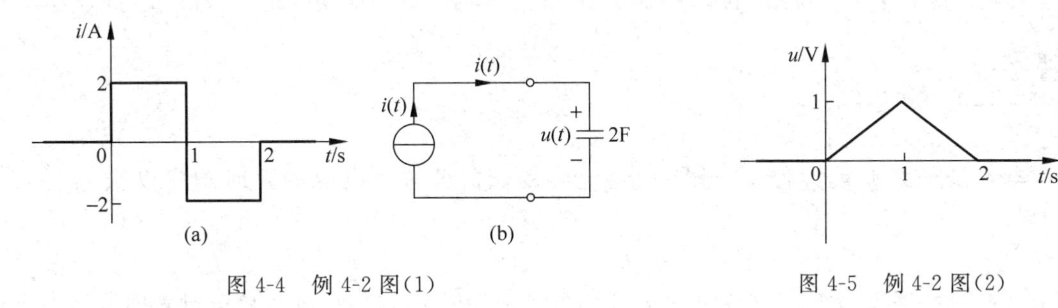

图 4-4 例 4-2 图(1)

图 4-5 例 4-2 图(2)

4.1.3 电容电压的连续性质和记忆性质

电容的 VCR

$$u(t)=\frac{1}{C}\int_{-\infty}^{t_0} i(\xi)\mathrm{d}\xi+\frac{1}{C}\int_{t_0}^{t} i(\xi)\mathrm{d}\xi=u(t_0)+\frac{1}{C}\int_{t_0}^{t} i(\xi)\mathrm{d}\xi \quad (t\geqslant t_0)$$

反映电容电压的两个重要性质，即电容电压的连续性质和记忆性质。

电容电压的连续性质可陈述如下：若电容电流 $i(t)$ 在闭区间 $[t_a,t_b]$ 内为有界的，则电容电压 $u_C(t)$ 在开区间 (t_a,t_b) 内为连续的。特别是，对任何时间 t，且 $t_a<t<t_b$，有

$$u_C(t_+)=u_C(t_-) \tag{4-7}$$

式(4-7)被称为“电容电压不能跃变”，在动态电路分析中常常用到这一结论，也常被称为换路定律，但需注意应用的前提。当电容电流为无界时就不能运用。

式(4-6)还反映出电容电压的另一性质——记忆性质。

从式(4-6)可知，电容电压取决于电流的全部历史，因此，电容电压有“记忆”电流的性质，电容是一种记忆元件。在式(4-6)中利用了初始电压 $u_C(t_0)$ 对 $t<t_0$ 时电流的记忆作用，使我们得以不必过问 $t<t_0$ 时电流的具体情况，即能在解决 $t\geqslant t_0$ 时的电容电压 $u_C(t)$ 的问题中考虑到它的影响。在含电容的动态电路分析问题中，经常需要知道电容的初始电压。

式(4-6)所示的关系可以利用等效电路来表示。设电容的初始电压 $u(t_0)=U$，如图 4-6(a)，由式(4-6)可得

$$\begin{aligned}u(t)&=\frac{1}{C}\int_{-\infty}^{t_0} i(\xi)\mathrm{d}\xi+\frac{1}{C}\int_{t_0}^{t} i(\xi)\mathrm{d}\xi\\&=u(t_0)+u_1(t)\\&=U+u_1(t)\quad t\geqslant t_0\end{aligned} \tag{4-8}$$

由此可知：一个已被充电的电容，若已知 $u(t_0)=U$，则在 $t\geqslant t_0$ 时可等效为一个未充电的

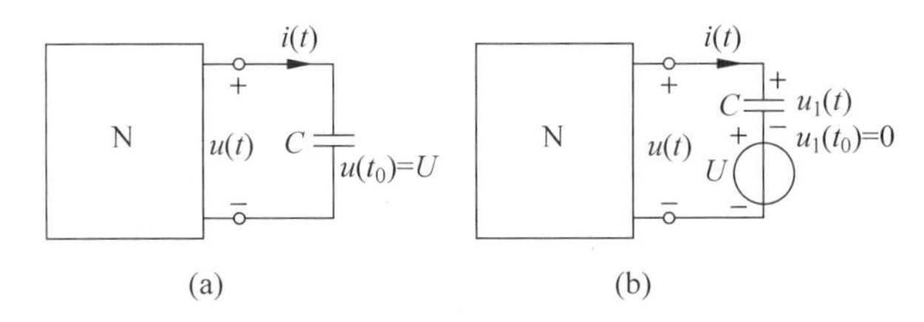

图 4-6 具有初始电压 U 的电容及其等效电路

电容与电压源相串联的电路，电压源的电压值即为 t_0 时电容两端的电压 U，如图 4-6(b)所示。

4.1.4 电容的储能

电容是一种储能元件，本节将讨论电容的储能公式。电容的瞬时功率以符号 p 表示，则

$$p(t) = u(t)i(t) \tag{4-9}$$

其中，u、i 为关联参考方向，p 为正值时表明电容消耗或吸收功率，p 为负值时表明该元件产生或释放功率。

设在 t_1 到 t_2 期间对电容 C 充电，电容电压为 $u(t)$，电流为 $i(t)$，则在此期间供给电容的能量为

$$\begin{aligned} w_C(t_1,t_2) &= \int_{t_1}^{t_2} p(\xi)\mathrm{d}\xi = \int_{t_1}^{t_2} u(\xi)i(\xi)\mathrm{d}\xi = \int_{t_1}^{t_2} Cu(\xi)\frac{\mathrm{d}u(\xi)}{\mathrm{d}\xi}\mathrm{d}\xi = \int_{u(t_1)}^{u(t_2)} Cu(\xi)\mathrm{d}u(\xi) \\ &= \frac{1}{2}C[u^2(t_2) - u^2(t_1)] \end{aligned} \tag{4-10}$$

由式(4-10)可知：在 t_1 到 t_2 期间供给电容的能量只与时间端点的电压值 $u(t_1)$ 和 $u(t_2)$ 有关，与在此期间其他电压值无关。电容是储能元件，t_1 到 t_2 期间供给电容的能量是用来改变电容的储能状况的，而电容 C 在某一时刻 t 的储能只与该时刻 t 的电压有关，即

$$w_C(t) = \frac{1}{2}Cu^2(t) \tag{4-11}$$

此即电容储能公式。电容电压反映了电容的储能。

由上述分析可知，电容的储能本质使电容电压具有记忆性质；电容电流在有界条件下储能不能跃变使电容电压具有连续性质。如果储能跃变，能量变化的速率即功率 $p=\frac{\mathrm{d}w}{\mathrm{d}t}$ 将为无限大，这在电容电流为有界的条件下是不可能的。

4.2 电 感 元 件

4.2.1 电感元件的定义

电感元件的定义如下：一个二端元件，如果在任一时刻 t，它的电流 $i(t)$ 同它的磁通链 $\psi(t)$ 之间的关系可以用 i-ψ 平面上的一条曲线来确定，则此二端元件称为电感元件。

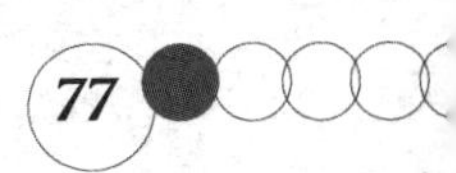

电感元件的符号如图 4-7(a)所示。在讨论 $i(t)$ 与 $\psi(t)$ 的关系时，通常采用关联参考方向，即两者的参考方向应符合右手螺旋法则。由于电感元件的符号并不显示绕线方向，我们在假定电流的流入端处标以磁通链的＋号，这就表示，与该元件相对应的电感线圈中电流和磁通链的参考方向符合右手螺旋法则。在图 4-7(a)中，＋、－号既表示磁通链也表示电压的参考方向。

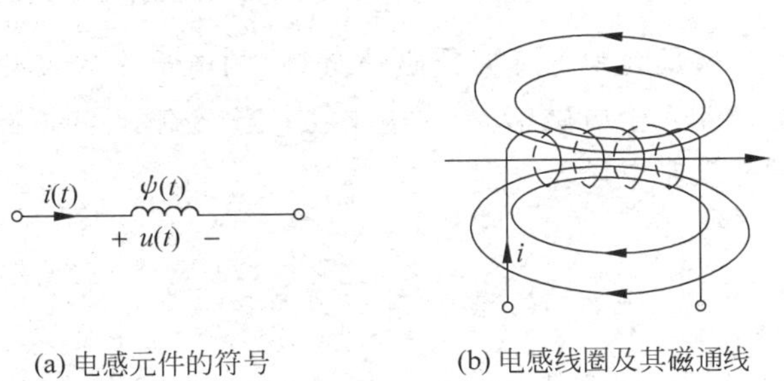

(a) 电感元件的符号　(b) 电感线圈及其磁通线

图　4-7

如果 i-ψ 平面上的特性曲线是一条通过原点的直线，且不随时间而变，则此电感元件称之为线性非时变电感元件，亦即

$$\psi(t) = Li(t) \tag{4-12}$$

式中，L 为正值常数，它是用来度量特性曲线斜率的，称为电感。在国际单位制中，L 的单位为亨利(H)。习惯上，我们也常把电感元件简称为电感，并且，如不加申明，电感都指线性非时变电感。电路理论中的电感元件是(实际)电感器的理想化模型。

导线中有电流时，其周围即建立磁场。通常我们把导线绕成线圈，如图 4-7(b)所示，以增强线圈内部的磁场，称为电感器或电感线圈。磁场也储存能量，因此电感线圈是一种能够储存磁场能量的器件。

实际上由于构成电感器的导线必然会含有电阻，电感器会存在能量损耗。因此，实际电感器的模型等效为一个电感元件串联一个电阻元件。

一个实际的电感线圈，除了表明它的电感量外，还应表明它的额定工作电流。电流过大，会使线圈过热或使线圈受到过大电磁力的作用而发生机械变形，甚至烧毁线圈。

4.2.2 电感的伏安关系

当通过电感的电流发生变化时，磁通链也相应地发生变化，根据电磁感应定律，电感两端将出现(感应)电压；当通过电感的电流不变时，磁通链也不发生变化，这时虽有电流但并没有电压。这和电阻、电容元件完全不同。

根据电磁感应定律，感应电压等于磁通链的变化率。当电压的参考方向与磁通链的参考方向符合右手螺旋法则时，可得

$$u(t) = \frac{\mathrm{d}\psi}{\mathrm{d}t} \tag{4-13}$$

若电流与磁通链的参考方向符合右手螺旋法则，则可将式(4-12)代入上式得

$$u(t) = L\frac{\mathrm{d}i}{\mathrm{d}t} \tag{4-14}$$

这就是电感的 VCR，其中涉及对电流的微分。由以上推导过程可知，式(4-14)必须在电流、电压参考方向一致时才能使用。如果 u 和 i 为非关联参考方向，则 $u(t)=-L\frac{\mathrm{d}i}{\mathrm{d}t}$。

式(4-14)表明：在某一时刻电感的电压取决于该时刻电流的变化率。如果电流不变，那么 $\frac{\mathrm{d}i}{\mathrm{d}t}$ 为零，虽有电流，但电压为零，因此，电感对直流起着短路的作用。电感电流变化越快，即 $\frac{\mathrm{d}i}{\mathrm{d}t}$ 越大，则电压也就越大。这是因为电感聚集磁通链，它的电流发生变化时，聚集的磁通链也相应地发生变化，这时才能发生电磁感应，产生电压；当电流不变时，磁通链也不变化，这时虽有电流，但电感两端并没有电压。

对式(4-14)积分，可得

$$i(t)=\frac{1}{L}\int_{-\infty}^{t}u(\xi)\mathrm{d}\xi \tag{4-15}$$

在任选初始时刻 t_0 以后，式(4-15)可表示为

$$\begin{aligned}i(t)&=\frac{1}{L}\int_{-\infty}^{t_0}u(\xi)\mathrm{d}\xi+\frac{1}{L}\int_{t_0}^{t}u(\xi)\mathrm{d}\xi\\&=i(t_0)+\frac{1}{L}\int_{t_0}^{t}u(\xi)\mathrm{d}\xi \quad t\geqslant t_0\end{aligned} \tag{4-16}$$

上式告诉我们：在某一时刻 t 时的电感电流值取决于其初始值 $i(t_0)$ 以及在 $[t_0,t]$ 区间所有的电压值。

4.2.3 电感电流的连续性质和记忆性质

电感的 VCR

$$\begin{aligned}i(t)&=\frac{1}{L}\int_{-\infty}^{t_0}u(\xi)\mathrm{d}\xi+\frac{1}{L}\int_{t_0}^{t}u(\xi)\mathrm{d}\xi\\&=i(t_0)+\frac{1}{L}\int_{t_0}^{t}u(\xi)\mathrm{d}\xi \quad t\geqslant t_0\end{aligned}$$

反映电感电流的连续性质和记忆性质。

电感电流的连续性质可陈述如下：若电感电压 $u(t)$ 在闭区间 $[t_a,t_b]$ 内为有界的，则电感电流 $i_L(t)$ 在开区间 (t_a,t_b) 内为连续的。特别是，对任何时间 t，且 $t_a<t<t_b$，有

$$i_L(t_+)=i_L(t_-) \tag{4-17}$$

式(4-17)也被称为换路定律，也即“电感电流不能跃变”。

式(4-17)还反映出电感电流的记忆性质。电感电流有“记忆”电压的性质，电感是一种记忆元件。在含电感的动态电路分析中，经常需要知道电感的初始电流。

式(4-16)所示的关系可以用等效电路来表明。设电感的初始电流为 $i(t_0)=I$，如图 4-8(a)，由式(4-16)可得

$$\begin{aligned}i(t)&=\frac{1}{L}\int_{-\infty}^{t_0}u(\xi)\mathrm{d}\xi+\frac{1}{L}\int_{t_0}^{t}u(\xi)\mathrm{d}\xi\\&=i(t_0)+i_1(t)\\&=I+i_1(t) \quad t\geqslant t_0\end{aligned} \tag{4-18}$$

由此可知，一个具有初始电流的电感，若已知 $i(t_0)=I$，则在 $t\geqslant t_0$ 时可等效为一个初始电流为零的电感与电流源的并联电路，电流源的电流值即为 t_0 时电感的电流 I，如图 4-8(b)所示。

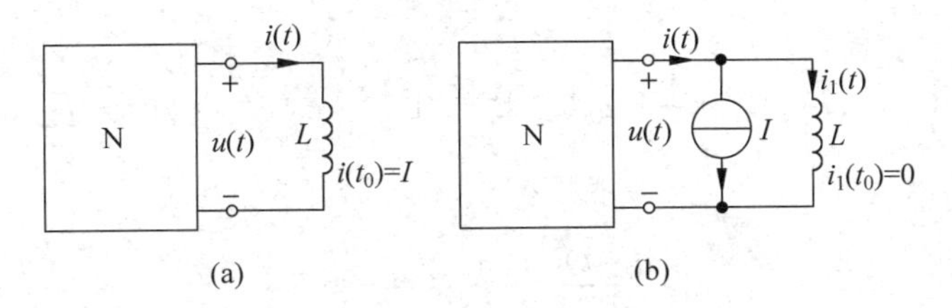

图 4-8　具有初始电流 I 的电感及其等效电路

4.2.4 电感的储能

电感是储存磁能的元件，储能公式的推导与电容储能公式的推导类似。

图 4-7(a)所示电感的功率为

$$p(t)=u(t)i(t) \tag{4-19}$$

因此在 t_1 到 t_2 期间所供给的能量可表示为

$$\begin{aligned} w_L(t_1,t_2) &= \int_{t_1}^{t_2} p(\xi)\mathrm{d}\xi = \int_{t_1}^{t_2} u(\xi)i(\xi)\mathrm{d}\xi \\ &= \int_{t_1}^{t_2} L\frac{\mathrm{d}i(\xi)}{\mathrm{d}\xi}i(\xi)\mathrm{d}\xi = \int_{i(t_1)}^{i(t_2)} Li(\xi)\mathrm{d}i(\xi) \\ &= \frac{1}{2}L[i^2(t_2)-i^2(t_1)] \end{aligned} \tag{4-20}$$

此即为在 t_1 到 t_2 期间电感储能的改变量。由此可知，电感的储能公式应为

$$w_L(t)=\frac{1}{2}Li^2(t) \tag{4-21}$$

上式表明电感 L 在某一时刻 t 的储能只与该时刻 t 的电流有关，电感电流反映了电感的储能状态。电感也属无源元件。电感电流的连续性质和记忆性质正是电感储能本质的表现。

例 4-3　图 4-9 所示电路，已知 $t\geqslant 0$ 时电感电压 u 为 e^{-t}V，且知在某一时刻 t_1，电阻电压 u 为 0.4V。试问在这一时刻：(1)电流 i_L 的变化率是多少？(2)电感的磁通链是多少？(3)电感的储能是多少？(4)从电感的磁场放出能量的速率是多少？(5)在电阻中消耗能量的速率是多少？

解　应先求出 $i_L(t)$。

由于电感电压与电感电流的参考方向不一致，令 $u'=-u=-\mathrm{e}^{-t}$。

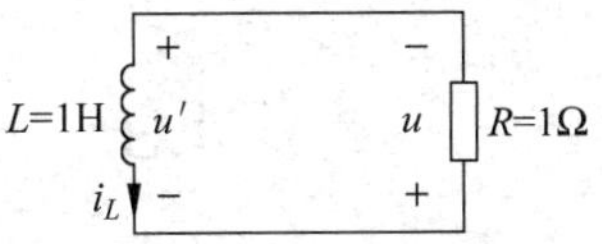

图 4-9　例 4-3 图

由式(4-16)得

$$i_L(t)=i_L(0)+\frac{1}{L}\int_0^t u'(\xi)\mathrm{d}\xi$$

其中

$$i_L(0)=i_R(0)=\frac{-u'(0)}{R}=1\text{A}$$

故得

$$i_L(t)=i_L(0)+\frac{1}{L}\int_0^t u'(\xi)\mathrm{d}\xi=1-\int_0^t \mathrm{e}^{-\xi}\mathrm{d}\xi=\mathrm{e}^{-t},\quad t\geqslant 0$$

(1) 电流变化率

$$\frac{\mathrm{d}i_L(t)}{\mathrm{d}t}=\frac{\mathrm{d}\mathrm{e}^{-t}}{\mathrm{d}t}=-\mathrm{e}^{-t}$$

在 $t=t_1$ 时，$u'=-0.4\text{V}$，$\mathrm{e}^{-t_1}=0.4$，故得此时电流的变化率为

$$\left.\frac{\mathrm{d}i_L}{\mathrm{d}t}\right|_{t_1}=-0.4\text{A/s}$$

(2) 磁通链

$$\psi(t)=Li(t)=\mathrm{e}^{-t}$$

$$\psi(t_1)=Li(t_1)=\mathrm{e}^{-t_1}=0.4\text{Wb}$$

(3) 储能

$$w_L=\frac{1}{2}Li_L^2=\frac{1}{2}L(\mathrm{e}^{-t})^2$$

当 $\mathrm{e}^{-t_1}=0.4$ 时

$$w_L=0.08\text{J}$$

(4) 磁场能量的变化率，即功率为

$$\frac{\mathrm{d}w_L}{\mathrm{d}t}=\frac{\mathrm{d}\left[\frac{1}{2}Li_L^2(t)\right]}{\mathrm{d}t}=\frac{1}{2}L\cdot 2i_L(t)\frac{\mathrm{d}i_L(t)}{\mathrm{d}t}=-\mathrm{e}^{-2t}=-\mathrm{e}^{-2t}$$

当 $\mathrm{e}^{-t_1}=0.4$ 时

$$\frac{\mathrm{d}w_L}{\mathrm{d}t}=-(\mathrm{e}^{-t_1})^2=-0.16\text{W}$$

此时功率为负值，说明电感放出能量，这能量为电阻所消耗。

(5) 电阻消耗能量的速率，即电阻消耗的功率为

$$P_R=i_L^2(t)R=(\mathrm{e}^{-t})^2$$

当 $\mathrm{e}^{-t_1}=0.4$ 时

$$P_R=0.16\text{W}$$

4.3 一阶电路方程的建立及求解

当电路中只含有一个独立的动态元件时，可先求出动态元件两端的戴维南等效电路或诺顿等效电路，将电路等效为最简单的一阶电路形式，然后分析求解。因此我们先讨论最简单一阶电路的分析求解。

4.3.1 一阶电路方程的建立

考虑如图 4-10 所示的一阶 RC 电路，$t=0$ 时开关 S 闭合，分析 $t\geqslant 0$ 时电容电压 $u_C(t)$，并建立方程。

根据 KVL 得

$$u_S = u_R + u_C$$

由于

$$i = C\frac{\mathrm{d}u_C}{\mathrm{d}t}$$

$$u_R = Ri = RC\frac{\mathrm{d}u_C}{\mathrm{d}t}$$

整理得

$$\begin{cases}\dfrac{\mathrm{d}u_C}{\mathrm{d}t}+\dfrac{1}{RC}u_C=\dfrac{1}{RC}u_S\\ u_C(0_+)=U_0\end{cases} \tag{4-22}$$

上式即为描述图 4-10 所示电路的以 $u_C(t)$ 为变量的微分方程。列写方程必须同时给出相应的初始条件(边界条件)。

在图 4-11 所示的一阶 RL 电路中，开关 S 于 $t=0$ 时闭合，列出变量 $i_L(t)$ 的微分方程。

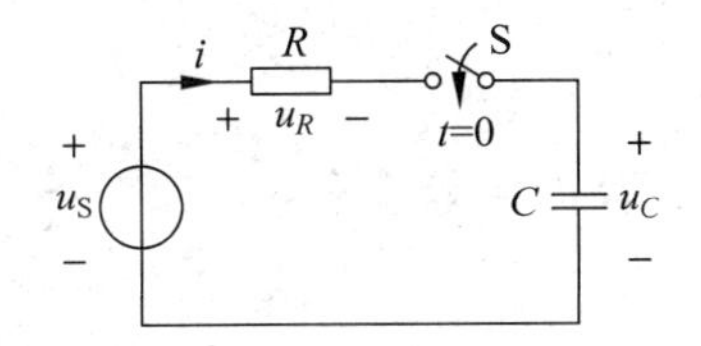

图 4-10 RC 串联电路

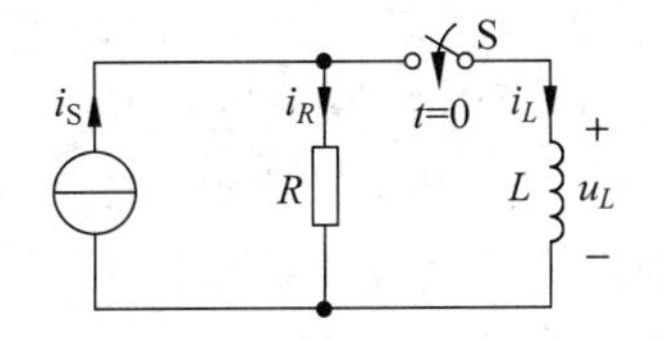

图 4-11 RL 并联电路

根据 KCL，有

$$i_R + i_L = i_S$$

由元件的 VCR 得

$$u_L = L\frac{\mathrm{d}i_L}{\mathrm{d}t}$$

$$i_R = \frac{u_L}{R} = \frac{L}{R}\frac{\mathrm{d}i_L}{\mathrm{d}t}$$

整理得到

$$\begin{cases}\dfrac{\mathrm{d}i_L}{\mathrm{d}t}+\dfrac{R}{L}i_L=\dfrac{R}{L}i_S\\ i_L(0_+)=I_0\end{cases} \tag{4-23}$$

上式即为描述图 4-11 所示电路的以 $i_L(t)$ 为变量的微分方程。

可以选择电路中任意变量列方程，如在图 4-12 所示的电路中，列写以 $i_C(t)$ 为变量的方程。

根据 KCL，得到

$$i_C + i_R = i_S$$

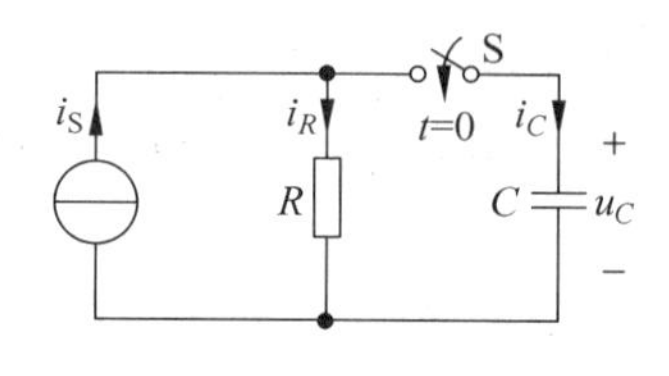

图 4-12 RC 并联电路

根据元件的 VCR 得

$$u_C = \frac{1}{C}\int_{-\infty}^{t} i_C(\xi)\mathrm{d}\xi$$

$$i_R = \frac{1}{RC}\int_{-\infty}^{t} i_C(\xi)\mathrm{d}\xi$$

将它们代入 KCL 中,得

$$i_C + \frac{1}{RC}\int_{-\infty}^{t} i_C\mathrm{d}\xi = i_S$$

两端取微分,得到

$$\begin{cases}\dfrac{\mathrm{d}i_C}{\mathrm{d}t} + \dfrac{1}{RC}i_C = \dfrac{\mathrm{d}i_S}{\mathrm{d}t} \\ i_C(0_+) = i_S(0_+) - \dfrac{u_C(0_+)}{R}\end{cases} \tag{4-24}$$

比较式(4-22),式(4-23),式(4-24),不论方程中的变量是 $u_C(t)$、$i_L(t)$还是其他变量,一阶方程左边的系数都是由电路结构及元件参数决定,且方程式的形式是完全相同的。方程式的右边是电路激励或者是激励的一阶导数。所以,我们若用变量 $y(t)$代表一阶线性电路中任意变量,其方程为

$$\begin{cases}\dfrac{\mathrm{d}y(t)}{\mathrm{d}t} + Ay(t) = Bf(t) \\ y(0_+) = y_0\end{cases} \tag{4-25}$$

其中,$f(t)$是电路激励或其导数,A、B 是由电路决定的常数系数。

由上面几例分析,我们可以总结建立出动态电路方程的一般步骤:

(1) 根据电路建立 KCL 或 KVL 方程;

(2) 写出各元件的 VCR;

(3) 在以上方程中消去非求解变量,得所需变量的微分方程。

(4) 求出相应的初始条件。

对较复杂一些的电路分析,可以先进行一些等效化简,而后再列方程。

4.3.2 一阶微分方程的求解

式(4-25)是对一阶电路中任意变量 $y(t)$所建立的方程,重写为

$$\begin{cases}\dfrac{\mathrm{d}y(t)}{\mathrm{d}t} + Ay(t) = Bf(t) \\ y(0_+) = y_0\end{cases}$$

式中,$y(0)=y_0$ 是解变量 $y(t)$的初始条件。

一阶线性微分方程的解可分解为齐次解加特解的形式

$$y(t) = y_h(t) + y_p(t) \tag{4-26}$$

(1) 求齐次解 $y_h(t)$

微分方程的特征方程

$$s + A = 0 \tag{4-27}$$

得特征根

$$s = -A \tag{4-28}$$

s 称微分方程的特征根或固有频率。因此，齐次解为

$$y_h(t) = Ke^{-At} \tag{4-29}$$

其中，K 是由初始条件所决定的系数。

(2) 求特解 $y_p(t)$

根据 $f(t)$(激励函数或其导数)的形式，假设相应的特解形式，非齐次方程式(4-25)的特解 $y_p(t)$，其形式如表 4-1 所示。再把所设特解 $y_p(t)$代入式(4-25)所示方程，用待定系数法确定 $y_p(t)$中的各系数 Q_i。

表 4-1 非齐次一阶微分方程的特解形式

函数 $f(t)$的形式	特解 $y_p(t)$的形式
P	Q
Pt	Q_0+Q_1t
P_0+P_1t	Q_0+Q_1t
$P_0+P_1t+P_2t^2$	$Q_0+Q_1t+Q_2t^2$
$Pe^{\lambda t}(\lambda \neq S=-A)$	$Qe^{\lambda t}$
$Pe^{\lambda t}(\lambda = S=-A)$	$Qe^{\lambda t}t$
$P\sin bt$	$Q_1\sin bt+Q_2\cos bt$
$P\cos bt$	$Q_1\sin bt+Q_2\cos bt$
$P(A=0)$	Qt
当系数 $A=0$(电路中 $R=0$)时，$y_p(t)=B\int f(t)dt$	

(3) 利用初始条件 $y(0_+)$确定 $y_h(t)$中的常数 K

$$y(t) = y_h(t) + y_p(t) = Ke^{-At} + y_p(t)$$

在 $t=0$ 时

$$y(0_+) = K + y_p(0_+)$$

得到

$$K = y(0_+) - y_p(0_+)$$

因此，一阶线性微分方程的齐次解为

$$y_h(t) = [y(0_+) - y_p(0_+)]e^{-At} \tag{4-30}$$

一阶线性微分方程的完全解为

$$y(t) = y_p(t) + [y(0_+) - y_p(0_+)]e^{-At} \tag{4-31}$$

4.3.3 初始值 $y(0_+)$的求解

我们把电路中的开关闭合、断开或者电路参数的突然变化等，统称为换路。把换路前一时刻定义为 0_-；换路后一时刻定义为 0_+。我们可用如下步骤求解初始值 $y(0_+)$：

(1) 确定换路前瞬间电容电压 $u_C(0_-)$和电感电流 $i_L(0_-)$。可以根据换路时刻电路的初始储能或换路前电路的稳定状态来确定。

(2) 由换路定律(电容电压和电感电流不发生跃变)确定换路后瞬间的电容电压 $u_C(0_+)$和电感电流 $i_L(0_+)$。

换路定律

$$\begin{cases} u_C(0_+) = u_C(0_-) \\ i_L(0_+) = i_L(0_-) \end{cases} \tag{4-32}$$

(3) 如所求变量不是 $u_C(0_+)$、$i_L(0_+)$,而是其他变量,由于这些变量在换路时刻可能产生跃变,所以,必须在已知 $u_C(0_+)$和 $i_L(0_+)$的基础上,画出换路后 0_+时刻的等效电路。在等效电路中,我们可以运用置换定理:将电容元件用电压为 $u_C(0_+)$的电压源来置换,当 $u_C(0_+)=0$ 时用电压为零的电压源即短路线置换;将电感元件用电流为 $i_L(0_+)$的电流源来置换,当 $i_L(0_+)=0$ 时用电流为零的电流源即开路来置换。

于是得到图 4-13(b)所示的 $t=0_+$时刻的等效电路。显见,此等效电路是直流激励的电阻电路,通过这个电路可以求出任一响应的初始值。

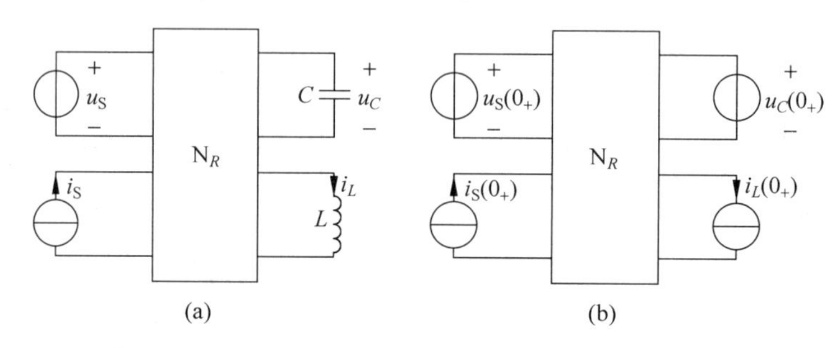

图 4-13　电路在 $t=0_+$时的等效电路

(4) 若换路发生在暂态过程中(即前一个暂态过程还没有结束,又发生了换路),这时,需求出前一个暂态过程的 $u_C(t)$和 $i_L(t)$,代入换路时刻求出 $u_C(0_-)$和 $i_L(0_-)$。

例 4-4　如图 4-14(a)所示的电路,$t<0$ 时开关 S 闭合,电路已处于稳态,$t=0$ 时开关 S 断开,求开关断开后的初始值 $u_C(0_+)$、$i_C(0_+)$、$i_1(0_+)$、$u_1(0_+)$和 $u_2(0_+)$。

解　作出 $t=0_-$时的等效电路。由于 $t<0$ 时电路达到稳态,其中电容开路,如图 4-14(b)所示,不难求得

$$u_C(0_-) = \frac{3}{2+3} \times 0.5 = 0.3\text{V}$$

根据换路定律有

$$u_C(0_+) = u_C(0_-) = 0.3\text{V}$$

作出 $t=0_+$时的等效电路,其中电容用电压源 $u_C(0_+)$置换,如图 4-14(c)所示,不难求得

$$u_1(0_+) = u_C(0_+) = 0.3\text{V}$$

$$u_2(0_+) = 1 \times 2 + 0.3 = 2.3\text{V}$$

$$i_1(0_+) = \frac{0.3}{3} = 0.1\text{mA}$$

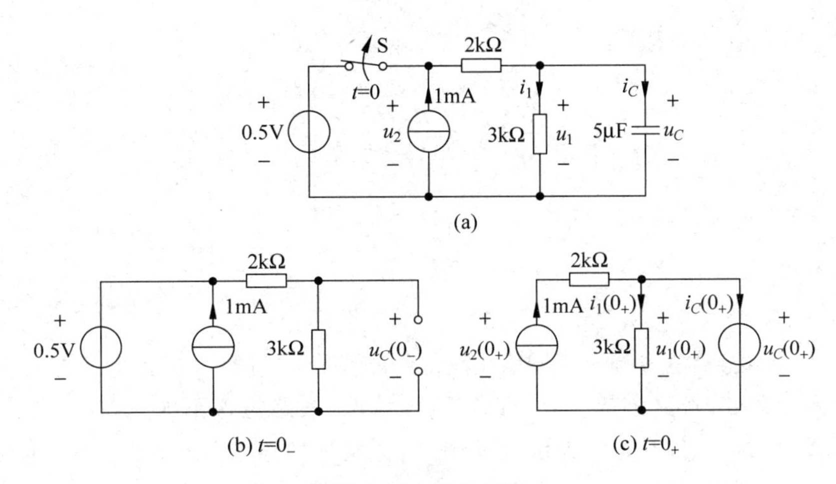

图 4-14 例 4-4 图

$$i_C(0_+) = 1 - 0.1 = 0.9\text{mA}$$

例 4-5 如图 4-15 所示的电路,在 $t<0$ 时开关闭合在"1",电路已处于稳态。当 $t=0$ 时开关闭合到"2",求 $t=0_+$ 时刻各元件电流与电压。

解 作出 $t=0_-$ 时的等效电路,其中电容开路,电感短路,如图 4-16 所示,可求得 $u_C(0_-)$和 $i_L(0_-)$。

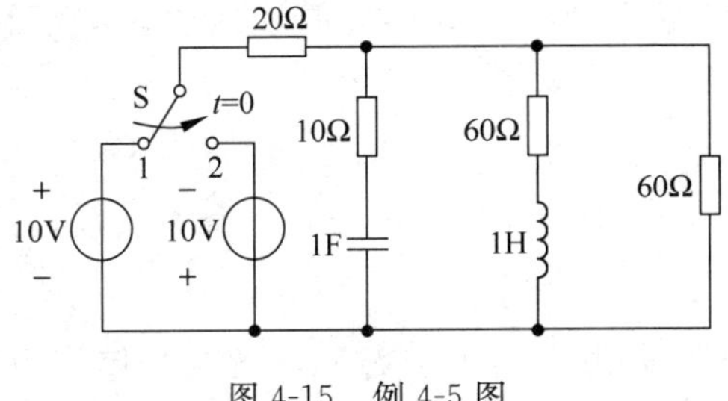

图 4-15 例 4-5 图

图 4-16 $t=0_-$ 时的等效电路

$$u_C(0_-) = \frac{\dfrac{60\times 60}{60+60}}{20+\dfrac{60\times 60}{60+60}} \times 10 = 6\text{V}$$

$$i_L(0_-) = \frac{6}{60} = 0.1\text{A}$$

根据换路定律得

$$u_C(0_+) = u_C(0_-) = 6\text{V}$$
$$i_L(0_+) = i_L(0_-) = 0.1\text{A}$$

作出 $t=0_+$ 时的等效电路,其中电容用电压源 $u_C(0_+)$代替,电感用电流源 $i_L(0_+)$代替,如图 4-17 所示。由节点方程

$$\left(\frac{1}{20}+\frac{1}{10}+\frac{1}{60}\right)u_1(0_+) = \frac{6}{10} - \frac{10}{20} - 0.1$$

得到

$$u_1(0_+)=0$$

于是

$$i_1(0_+)=0$$

$$u_L(0_+)=-60\times 0.1=-6\text{V}$$

$$i_C(0_+)=\frac{-6}{10}=-0.6\text{A}$$

所以

$$i_2(0_+)=-0.6+0.1=-0.5\text{A}$$

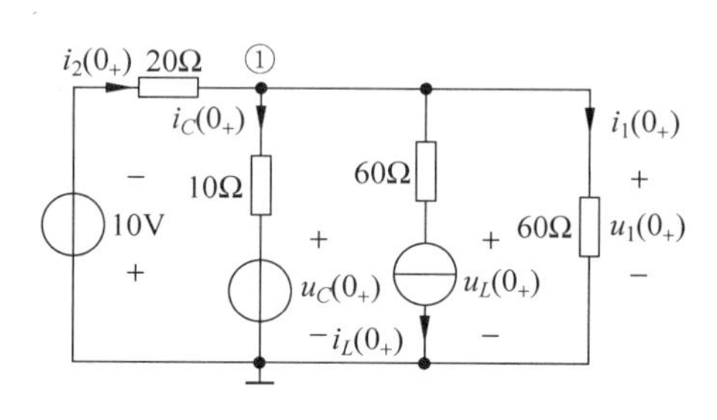

图 4-17　$t=0_+$ 时的等效电路

只要电路中不能给电容提供无限大电流，给电感提供无限大电压，那么电容电压和电感电流就不会发生跃变，换路定律成立。但有两种情况，换路定律不成立，存在仅由电容元件组成的回路或由电容元件与电压源组成的回路，在发生换路时，电容电压有可能发生跃变；或者与电路中某一节点关联的各支路都有电感元件或都有电流源与电感元件时，在电路换路时，可能使电感电流发生跃变。在电容电压或电感电流发生跃变时，可根据电荷守恒和磁通链守恒原理确定有关变量的初始值。

4.4　一阶电路的响应

一阶电路的响应是由初始状态和输入共同作用的结果。响应分解为零输入响应和零状态响应，而电路的完全响应等于零输入响应和零状态响应之和，这正是线性动态电路符合叠加性的体现。

4.4.1　一阶电路的零输入响应

零输入响应就是动态电路在没有外施激励时，由电路中动态元件的初始储能引起的响应。

首先讨论 RC 电路的零输入响应。在图 4-18(a)所示电路中，开关 S 闭合前，电容 C 已充电，其电压 $u_C(0)=U_0$，如图所示。开关闭合后，电容储存的能量将通过电阻以热能的形式释放出来。现把开关动作时刻定为起点($t=0$)。开关闭合后，即 $t\geqslant 0_+$ 时，根据 KVL 得

$$u_R(t)=u_C(t)$$

$$i(t)=\frac{u_R(t)}{R}=\frac{u_C(t)}{R}=-C\frac{\mathrm{d}u_C(t)}{\mathrm{d}(t)}$$

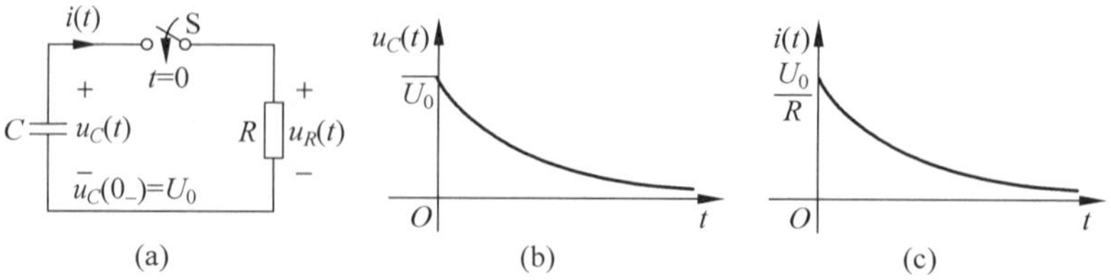

(a)　(b)　(c)

图 4-18　RC 电路

$$RC\frac{\mathrm{d}u_C}{\mathrm{d}t}+u_C=0$$

$$u_C(0_+)=U_0$$

由上面的方程可解得零输入响应

$$u_C(t)=U_0\mathrm{e}^{-\frac{t}{RC}}\quad t\geqslant 0$$

电路中的电流为

$$i(t)=-C\frac{\mathrm{d}u_C}{\mathrm{d}t}=\frac{U_0}{R}\mathrm{e}^{-\frac{t}{RC}}\quad t\geqslant 0$$

$$u_R(t)=u_C(t)=U_0\mathrm{e}^{-\frac{t}{RC}}\quad t\geqslant 0$$

从以上表达式可以看出，电压 $u_C(t)$、$u_R(t)$ 以及电流 $i(t)$ 都是按照同样指数规律衰减的。它们衰减的快慢取决于指数中 $\frac{1}{RC}$ 的大小。$u_C(t)$ 以及电流 $i(t)$ 的波形如图 4-18(b)和(c)所示。$s=-\frac{1}{RC}$ 是电路特征方程的特征根，仅取决于电路的结构和元件的参数，R 为从 C 两端看进去的等效电阻。当电阻的单位为 Ω，电容的单位为 F 时，RC 的单位为：$1\Omega\times1\mathrm{F}=\frac{1\mathrm{V}}{\mathrm{A}}\times\frac{1\mathrm{C}}{\mathrm{V}}=1\mathrm{s}$，称它为 RC 电路的时间常数，用 τ 表示。

可以看出电容电压以及电路中的所有变量都是从初态逐渐变化到零，这个变化过程就称为过渡过程，也叫暂态过程。τ 的大小反映了一阶电路过渡过程的进展速度，它是反映过渡过程特征的一个重要物理量。设电容电压为定值，若 R 不变，τ 越大，意味着 C 越大，则电路中储能越多，电路的过渡过程时间就越长；若 C 不变，τ 越大，意味着 R 越大，则电容充电(或放电)电流越小，电路的过渡过程时间就越长。可以计算得：$t=0$ 时，$u_C(0)=U_0\mathrm{e}^0=U_0$；$t=\tau$ 时，$u_C(\tau)=U_0\mathrm{e}^{-1}=0.368U_0$，衰减了 63.22%或衰减到初始值的 36.8%。$t=2\tau$ 和 $t=3\tau$ 时刻的电容电压值列于表 4-2 中。

表 4-2 不同时刻的电压值

t	0	τ	2τ	3τ	4τ	5τ	…	∞
$u_C(t)$	U_0	$0.368U_0$	$0.135U_0$	$0.05U_0$	$0.018U_0$	$0.0067U_0$	…	0

从上表可见，在理论上要经过无限长的时间 u_C 才能衰减为零的值。但工程上一般认为，暂态过程在经过 $3\tau\sim5\tau$ 时间后结束。所以说，时间常数决定着暂态过程存在的时间长短。

时间常数 τ 的大小，还可以从 u_C 或 i_C 的曲线上用几何方法求得。在图 4-19 中，电容电压 u_C 的曲线上任意一点 A，通过 A 点作切线 AC，则图中的次切距

$$BC=\frac{AB}{\tan\alpha}=\frac{u_C(t)}{-\left.\frac{\mathrm{d}u_C}{\mathrm{d}t}\right|_{t=t_0}}=\frac{U_0\mathrm{e}^{-\frac{t_0}{\tau}}}{\frac{1}{\tau}U_0\mathrm{e}^{-\frac{t_0}{\tau}}}=\tau$$

即在时间坐标上次切距的长度等于时间常数 τ。这说明曲线上任意一点，如果以该点斜率为固定变化率衰减，经过 τ 时间为零值。

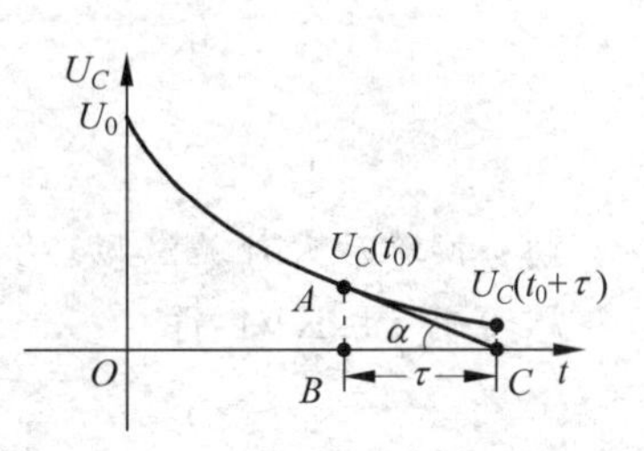

图 4-19 时间常数 τ 的几何意义

在放电过程中，电容不断放出能量为电阻所消耗；最后，原来储存在电容中的电场能量全部为电阻吸收而转换

成热能，即

$$W_R=\int_0^{\infty} i^2(t)R\mathrm{d}t=\int_0^{\infty}\left(\frac{U_0}{R}\mathrm{e}^{-\frac{t}{RC}}\right)^2 R\mathrm{d}t$$
$$=\frac{U_0^2}{R}\int_0^{\infty}\mathrm{e}^{-\frac{2t}{RC}}\mathrm{d}t=-\frac{1}{2}CU_0^2(\mathrm{e}^{-\frac{2t}{RC}})\big|_0^{\infty}$$
$$=\frac{1}{2}CU_0^2$$

例 4-6 图 4-20(a)所示电路中开关 S 原在位置 1，且电路已达到稳态。$t=0$ 开关由 1 合向 2，试求 $t\geqslant 0$ 时的电流 $i(t)$。

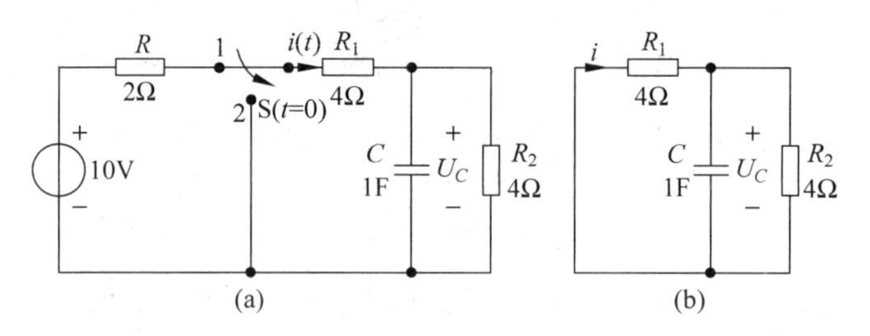

图 4-20 例 4-6 图

解 先求出电容的初始状态

$$u_C(0_-)=\frac{10\times 4}{2+4+4}=4\mathrm{V}$$
$$u_C(0_+)=u_C(0_-)=4\mathrm{V}$$

换路后，电路如图 4-20(b)所示，电容通过 R_1、R_2 放电，时间常数和电流、电压分别为

$$\tau=\frac{R_1R_2}{R_1+R_2}C=2\mathrm{s}$$
$$u_C=u_C(0_+)\mathrm{e}^{-\frac{t}{\tau}}=4\mathrm{e}^{-0.5t}\mathrm{V}\quad t\geqslant 0$$
$$i=-\frac{u_C(t)}{4}=-\mathrm{e}^{-0.5t}\mathrm{A}\quad t\geqslant 0$$

例 4-7 通过此例讨论 RL 电路的零输入响应。在图 4-21(a)所示的电路中，$t=0$ 时开关 S 闭合，已知 $i_L(0_-)=I_0$，求其零输入响应 $i_L(t)$ 和 $u_R(t)$。

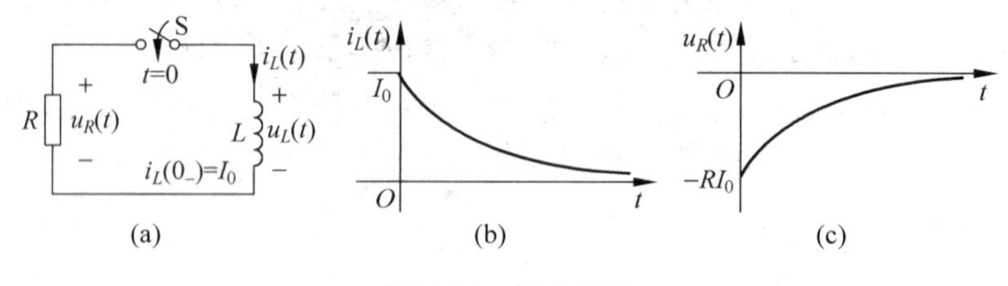

图 4-21 例 4-7 图

解：换路后无外施激励，响应均是零输入响应。

$t\geqslant 0$ 时，由 KVL 得

$$u_R(t)=u_L(t)$$

$$L\frac{\mathrm{d}i_L}{\mathrm{d}t}+Ri_L=0$$

$$i_L(0_+)=i_L(0_-)=I_0$$

解得

$$i_L(t)=I_0\mathrm{e}^{-\frac{R}{L}t}\quad t\geqslant 0$$

令 $\tau=\frac{L}{R}$，τ 称为 RL 电路的时间常数，R 为电感两端看进去的等效电阻，则

$$u_R(t)=u_L(t)=L\frac{\mathrm{d}i_L}{\mathrm{d}t}=-RI_0\mathrm{e}^{-\frac{t}{\tau}}\quad t\geqslant 0$$

$i_L(t)$和 $u_R(t)$的波形如图 4-21(b)和(c)所示。

例 4-8　图 4-22 所示是一台 300kW 汽轮发电机的励磁回路。已知励磁绕组的电阻 $R=0.189\Omega$，电感 $L=0.398\mathrm{H}$，直流电压 $U=35\mathrm{V}$。电压表的量程为 50V，内阻 $R_\mathrm{V}=5\mathrm{k}\Omega$。开关未断开时，电路中电流已恒定不变。在 $t=0$ 时，断开开关。求：(1) 电阻、电感回路的时间常数；(2) 电流 $i(t)$的初始值和开关断开后电流 $i(t)$的最终值；(3) 电流 $i(t)$和电压表处的电压 u_V；(4) 开关刚断开时，电压表处的电压。

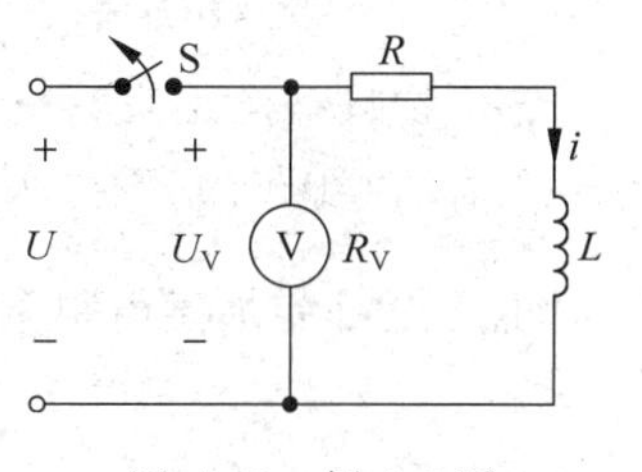

图 4-22　例 4-8 图

解　(1) 时间常数

$$\tau=\frac{L}{R+R_\mathrm{V}}=\frac{0.398}{0.189+5\times10^3}=79.6\mu\mathrm{s}$$

(2) 开关断开前，由于电流已恒定不变，电感 L 两端电压为零，故

$$i(0_+)=\frac{U}{R}=\frac{35}{0.189}=185.2\mathrm{A}$$

由于电感中电流不能跃变，电流的初始值 $i(0_+)=i(0_-)=185.2\mathrm{A}$。

(3) 按 $i=i(0_+)\mathrm{e}^{-\frac{t}{\tau}}$，可得

$$i=185.2\mathrm{e}^{-12\,560t}\mathrm{A}$$

电压表处的电压

$$u_\mathrm{V}=-R_\mathrm{V}i=-5\times10^3\times185.2\mathrm{e}^{-12\,560t}=-926\mathrm{e}^{-12\,560t}\mathrm{kV}$$

(4) 开关刚断开时，电压表处的电压

$$u_\mathrm{V}(0_+)=-926\mathrm{kV}$$

在这个时刻电压表要承受很高的电压，其绝对值将远大于直流电源的电压 U，而且初始瞬间的电流也很大，可能损坏电压表。由此可见，切断电感电流时必须考虑磁场能量的释放。如果磁场能量较大，而又必须在短时间内完成电流的切断，则必须考虑如何熄灭因此而出现的电弧(一般出现在开关处)的问题。

可以看到，零输入响应都是从它的初始值按指数规律变化到零。所以，只需求出初始值 $y(0_+)$和时间常数 τ，即可得到零输入响应。

$$y_{\mathrm{zi}}(t)=y(0_+)\mathrm{e}^{-\frac{t}{\tau}}\quad t\geqslant 0 \tag{4-33}$$

初始状态也可以作为电路的激励，从上式不难看出：若初始状态增加 m 倍，则零输入响应也相应地增大 m 倍。这种初始状态和零输入响应的正比关系称为零输入响应比例性，亦即零输入响应是初始状态的线性函数，简称零输入响应线性。

4.4.2 一阶电路的零状态响应

零状态响应就是电路在零初始状态下(动态元件初始储能为零)由外施激励引起的响应。下面来分析一个 RC 电路,电路如图 4-23 所示,输入直流电压源 U_S 在 $t=0$ 时接入,电容 C 无初始电压。根据 KVL 有

$$u_R = Ri$$

代入 $i=C\frac{\mathrm{d}u_C}{\mathrm{d}t}$ 得

$$\begin{cases} RC\dfrac{\mathrm{d}u_C}{\mathrm{d}t}+u_C=U_S \\ u_C(0_+)=0 \end{cases} \quad t\geqslant 0$$

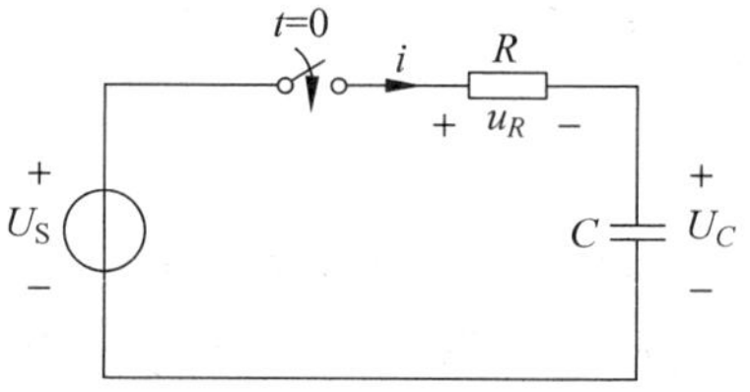

图 4-23 RC 电路

先从物理概念出发,分析开关闭合后 $u_C(t)$ 的变化趋势。由于电容的电压不能跃变,开关闭合前的一瞬间 $u_C(0_-)$ 既然为零,那么在刚闭合一瞬间 $u_C(0_+)$ 也必须为零,因此,在 $t=0_+$ 时电压全部施加于电阻两端,充电电流 $i(0_+)=\frac{U_S}{R}$,开始对电容充电,此时

$$\left.\frac{\mathrm{d}u_C(t)}{\mathrm{d}t}\right|_{t=0_+}=\frac{i_C(0_+)}{C}=\frac{i(0_+)}{C}=\frac{U_S}{CR}$$

这说明电容电压是上升的,且在 $t=0_+$ 时变化最大,电压上升最快,而且电容电压开始增加,充电电流随之减小,因为 $i(t)=\frac{u_R}{R}=\frac{U_S-u_C}{R}$;最后随着 u_C 的增大并接近 U_S,充电电流几乎为零,电容如同开路,$\frac{\mathrm{d}u_C}{\mathrm{d}t}\approx 0$,充电停止。因此,$u_C$ 变化的趋势是:先增长很快,随着 u_C 增长,增长越来越缓慢,最后趋于电压 U_S。当直流电路中各个元件的电压和电流都不随时间变化时,过渡过程结束,称电路进入直流稳态。

数学分析:由于方程为一阶非齐次微分方程,其解

$$u_C(t)=u_{Ch}(t)+u_{Cp}(t)$$

特征方程

$$RCs+1=0$$

特征根

$$s=-\frac{1}{RC}$$

齐次解

$$u_{Ch}(t)=k\mathrm{e}^{-\frac{1}{RC}t}$$

特解

$$u_{Cp}(t)=U_S$$

$$u_C(t)=k\mathrm{e}^{-\frac{1}{RC}t}+U_S$$

由初始条件定常数

$$u_C(0_+)=k+U_S=0$$

$$k = -U_S$$

$$u_C(t) = U_S(1 - e^{-\frac{t}{RC}}) = U_S(1 - e^{-\frac{t}{\tau}}) \quad t \geqslant 0$$

$$i(t) = C\frac{du_C}{dt} = \frac{U_S}{R}e^{-t/\tau} \quad t \geqslant 0$$

从 $u_C(t)$的解可以看出，它从零值开始按指数规律上升趋向于稳态值 U_S，其时间常数 τ 值为 RC，在 $t=5\tau$ 时，电容电压与其稳态值相差仅为稳态值 U_S 的 0.7%，一般可以认为已充电完毕，电路已达到稳态值，如图 4-24 所示。因此 τ 越小，电容电压达到稳态值就越快。

在充电过程中电阻消耗的总能量为

$$W = \int_0^\infty i^2 R\mathrm{d}t = \int_0^\infty \left(\frac{U_S}{R}e^{-t/\tau}\right)^2 R\mathrm{d}t = \frac{U_S^2}{R}\left(-\frac{RC}{2}\right)e^{-\frac{2}{RC}t}\Big|_0^\infty = \frac{1}{2}CU_S^2$$

从上式可见，不论电路中电容 C 和电阻 R 的数值为多少，在充电过程中，电流提供的能量只有一半转化成电场能量储存在电容中，另一半能量则为电阻所消耗，也就是说，充电效率只有 50%。

例 4-9　如图 4-25 所示的 RL 电路，$i_L(0_-)=0$，其电路输入情况：(1) $u_S(t)=U_S$；(2) $u_S(t)=U_m\cos(\omega t+\varphi_u)$，求 $i_L(t)$。

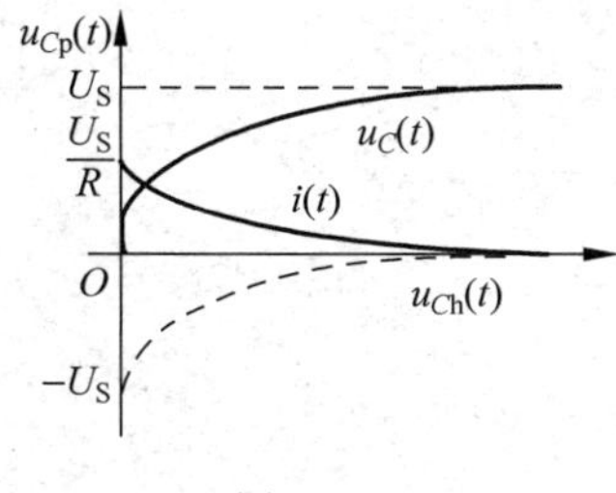

图　4-24

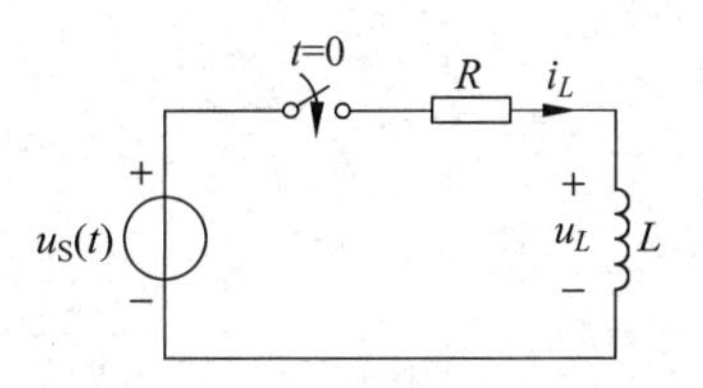

图 4-25　例 4-9 图

解　(1) 由电路得方程

$$L\frac{di_L}{dt} + Ri_L = U_S$$

$$i_L(t) = i_{Lh}(t) + i_{Lp}(t)$$

$$= ke^{-\frac{R}{L}t} + \frac{U_S}{R} \quad t \geqslant 0$$

由初始条件

$$i_L(0_+) = i_L(0_-) = 0$$

得

$$k = -\frac{U_S}{R}$$

$$i_L(t) = \frac{U_S}{R}(1 - e^{-\frac{R}{L}t}) \quad t \geqslant 0$$

(2) 当输入 $U_S(t)=U_m\cos(\omega t+\varphi_u)$时，原方程的齐次解 $i_{Lh}(t)$不变。

设特解

$$i_{Lp}(t) = I_m\cos(\omega t + \varphi_i) \quad t \geqslant 0$$

代入方程

$$-\omega L I_m \sin(\omega t+\varphi_i)+R I_m \cos(\omega t+\varphi_i)=U_m \cos(\omega t+\varphi_u)$$

整理得

$$\begin{aligned}&I_m[R\cos(\omega t+\varphi_i)-\omega L\sin(\omega t+\varphi_i)]\\&=I_m\sqrt{R^2+(\omega L)^2}\left(\frac{R\cos(\omega t+\varphi_i)}{\sqrt{R^2+(\omega L)^2}}-\frac{\omega L\sin(\omega t+\varphi_i)}{\sqrt{R^2+(\omega L)^2}}\right)\\&=U_m\cos(\omega t+\varphi_u)\end{aligned}$$

令

$$\frac{\omega L}{R}=\tan\varphi$$

得

$$\begin{aligned}&I_m\sqrt{R^2+(\omega L)^2}[\cos(\omega t+\varphi_i)\cos\varphi-\sin(\omega t+\varphi_i)\sin\varphi]\\&=I_m\sqrt{R^2+(\omega L)^2}\cos(\omega t+\varphi_i+\varphi)\\&=U_m\cos(\omega t+\varphi_u)\end{aligned}$$

故

$$\begin{aligned}&I_m=U_m/\sqrt{R^2+(\omega L)^2}\\&\varphi_i=\varphi_u-\varphi\\&i_{Lp}(t)=\frac{U_m}{\sqrt{R^2+(\omega L)^2}}\cos(\omega t+\varphi_u-\varphi)\end{aligned}$$

方程的通解为

$$i_L(t)=\frac{U_m}{\sqrt{R^2+(\omega L)^2}}\cos(\omega t+\varphi_u-\varphi)+k\mathrm{e}^{-\frac{R}{L}t}$$

代入初始条件

$$i_L(0_+)=i_L(0_-)=0$$

有

$$k=-\frac{U_m}{\sqrt{R^2+(\omega L)^2}}\cos(\varphi_u-\varphi)$$

因而电流 $i_L(t)$ 为

$$i_L(t)=\frac{U_m}{\sqrt{R^2+(\omega L)^2}}\cos(\omega t+\varphi_u-\varphi)-\frac{U_m}{\sqrt{R^2+(\omega L)^2}}\cos(\varphi_u-\varphi)\mathrm{e}^{-\frac{R}{L}t}\quad t\geqslant 0$$

上式表明：电感电流的特解是一个与激励频率相同的正弦函数，而齐次解则按指数规律衰减，最终趋于零。由上面的求解过程可以发现，正弦激励下电路的特解求解过程比较繁琐，在学习完“相量法”后这一过程将会得以简化。

当开关闭合时，若有 $\varphi_u=\varphi-\frac{\pi}{2}$，则

$$\begin{aligned}&k=-\frac{U_m}{\sqrt{R^2+(\omega L)^2}}\cos(\varphi_u-\varphi)=0\\&i_{Lh}(t)=0\\&i_L(t)=i_{Lp}(t)=\frac{U_m}{\sqrt{R^2+(\omega L)^2}}\cos\left(\omega t-\frac{\pi}{2}\right)\end{aligned}$$

故开关闭合后，电路中不发生过渡过程而立即进入稳定状态。$i_L(t)$的波形如图 4-26(a)所示。

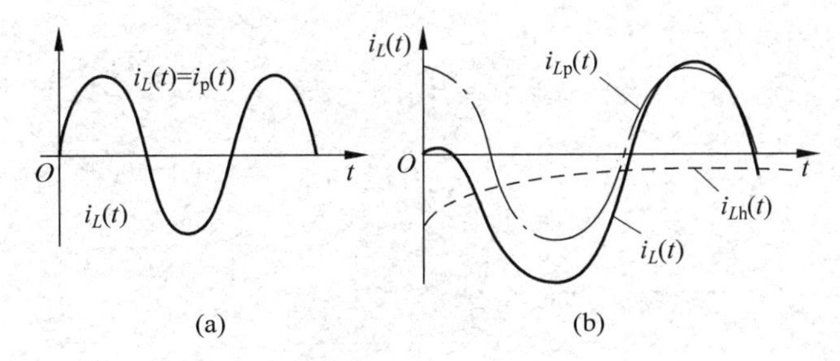

图 4-26　例 4-9 图

如果开关闭合时，有 $\varphi_u=\varphi$ 则有

$$k=-\frac{U_{\mathrm{m}}}{\sqrt{R^2+(\omega L)^2}}\cos(\varphi_u-\varphi)=-\frac{U_{\mathrm{m}}}{\sqrt{R^2+(\omega L)^2}}$$

即

$$i_{Lh}(t)=-\frac{U_{\mathrm{m}}}{\sqrt{R^2+(\omega L)^2}}\mathrm{e}^{-\frac{R}{L}t}$$

$$i_L(t)=\frac{U_{\mathrm{m}}}{\sqrt{R^2+(\omega L)^2}}(\cos\omega t-\mathrm{e}^{-\frac{R}{L}t})\quad t\geqslant 0$$

电流 $i_L(t)$的波形如图 4-26(b)所示。从上式和波形图可以看出，当电路的时间常数 τ 很大时，$i_{Lh}(t)$衰减极其缓慢，这种情况下接通电路后，电流的最大瞬时值的绝对值将接近稳态幅度的 2 倍。这种现象在某些实际电路中要加以考虑，防止设备因瞬时电流过大而损坏。

4.4.3 一阶电路的全响应

当一阶电路既有初始状态又有激励时，电路的响应称为全响应。

图 4-27 所示电路为已充电的电容经过电阻接到直流电压源 U_S，设电容原有电压为 U_0，开关 S 闭合后，根据 KVL 有

$$RC\frac{\mathrm{d}u_C}{\mathrm{d}t}+u_C=U_S$$

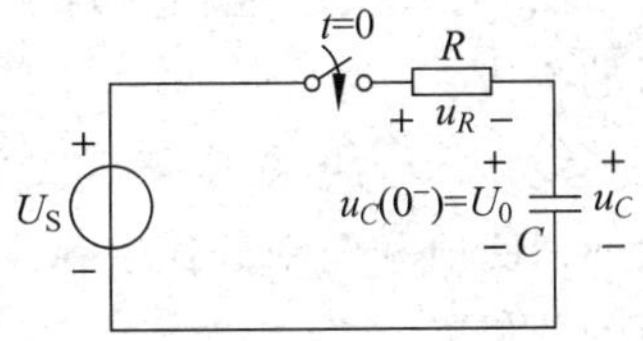

初始条件

$$u_C(0_+)=u_C(0_-)=U_0$$

方程的通解

$$u_C(t)=u_{Ch}(t)+u_{Cp}(t)$$

t=0　R　+ u_R −　U_S　+ $u_C(0^-)=U_0$ − C　+ u_C −

图　4-27

齐次解

$$u_{Ch}(t)=k\mathrm{e}^{-\frac{t}{\tau}}$$

其中，$\tau=RC$。

特解

$$u_{Cp}(t) = U_S$$

这也是电路在换路后电容电压达到的稳定状态。

全解

$$u_C(t) = U_S + k e^{-\frac{t}{\tau}}$$

由初始条件 $u_C(0_+)=U_0$ 得待定系数

$$k = U_0 - U_S$$

所以电容电压

$$u_C(t) = \underbrace{U_S}_{\substack{\text{强迫响应}\\\text{稳态响应}}} + \underbrace{(U_0 - U_S)e^{-\frac{t}{\tau}}}_{\substack{\text{固有响应}\\\text{暂态响应}}}$$

$$= \underbrace{u_C(0_+)e^{-\frac{t}{\tau}}}_{\text{零输入响应}} + \underbrace{U_S(1 - e^{-\frac{t}{\tau}})}_{\text{零状态响应}} \quad t \geqslant 0$$

从解的形式上可以把完全解分为固有响应和强迫响应。

强迫响应：受限于电路激励并与激励有相同的函数形式。

固有响应：它取决于电路结构和元件参数，是由系统本身的特性及特征根所决定的。

从电路的工作状态出发，可把完全解分解为暂态响应和稳态响应。

暂态响应：随着时间的推移而逐渐趋于零的那一部分响应。

稳态响应：随着时间的推移，趋近于一个定值或等幅振荡的那部分响应。

但在某些情况下，换路后不存在新的稳定状态，这种分解就没有了实际意义。例如电路的激励中含有 $e^{\alpha t}$ 且 $\alpha>0$ 时；再如当电路的时间常数 $\tau<0$ 时，此时电路处于过渡过程。从引起响应的激励出发，又可把完全解分解为零输入响应零状态响应。

4.4.4 一阶电路的三要素分析法

4.4.1 节和 4.4.2 节两节中分别求解了系统的零输入响应和系统的零状态响应，仔细观察其解的形式就会发现：无论是 RC 电路还是 RL 电路，也无论激励的形式如何，只要是直流激励源，一阶电路的响应都是按指数规律变化的；它们有各自的初始值和稳态值；同一个电路中所有的时间常数是一样的。由此得到求解一阶动态电路的一种简便方法——三要素法，有些文献也称为直觉法，它适用于求解直流和正弦激励作用下的一阶电路中任一支路的响应。

设 $f(t)$ 为电路中待求支路的电压或电流，并设 $f(0_+)$、$f(t)|_{t\to\infty}$ 分别表示该电路支路变量的初始值和强制分量(在直流和正弦激励下也即是稳态分量)，τ 表示时间常数，根据 4.4.3 节的分析有

$$f(t) = f(t)|_{t\to\infty} + k e^{-\frac{t}{\tau}} \quad t \geqslant 0 \tag{4-34}$$

将初始条件 $f(0_+)$ 代入上式，得积分常数 k，这里要注意直流激励时，$f(t)|_{t\to\infty}$ 是一个常数，就可以写成 $f(\infty)$，所以

$$k = f(0_+) - f(\infty)$$

而正弦激励时，$f(t)|_{t\to\infty}$ 即稳态值是随时间而变化的，如例 4-9 中可记为 $f_p(t)$

$$i_{Lp}(t)=I_m\cos(\omega t+\varphi_i)=\frac{U_m}{\sqrt{R^2+(\omega L)^2}}\cos(\omega t+\varphi_u-\varphi)$$

所以

$$f(0_+)=f_p(t)\Big|_{t=0_+}+k$$

$$k=f(0_+)-f_p^{(t)}\Big|_{t=0^+}$$

这样在直流激励下，待求支路变量为

$$f(t)=f(\infty)+[f(0_+)-f(\infty)]e^{-\frac{t}{\tau}}\quad t\geqslant 0 \tag{4-35}$$

在正弦激励下

$$f(t)=f_p(t)+\left(f(0_+)-f_p^{(t)}\Big|_{t=0^+}\right)e^{-\frac{t}{\tau}}\quad t\geqslant 0 \tag{4-36}$$

从上面的式子可以看出，只要求出以下三个要素，就可以写出待求的电压和电流。这三个要素如下：

$f(0_+)$——支路变量的初始值。求法在4.3.3节中讲过。

$f(t)|_{t\to\infty}$——支路变量的稳态分量。在直流激励下，电路达到新的稳态时电容相当于开路，电感相当于短路，电压或电流的稳态值也是一个直流量，是一个常数 $f(\infty)$；在正弦交流激励下，电路达到新的稳态时，电压或电流的稳态分量是正弦时间函数，也就是稳态值 $f_p(t)$。

τ——电路的时间常数。RC 电路的时间常数 $\tau=R_{eq}C$，RL 电路的时间常数 $\tau=L/R_{eq}$，R_{eq}是从动态元件两端看进去的戴维南等效电阻。

下面用三要素法求解一阶电路问题。

例 4-10 电路如图 4-28，(1)电感的初始状态 $i_L(0_-)=I_0$，输入为直流电压源 $u_S(t)=U_S$；(2)初始状态 $i_L(0_-)=0$ 输入正弦激励 $u_S(t)=U_m\cos(\omega t+\varphi_u)$，求 $i_L(t)$。

解 分别求三个要素

(1) $i_L(0_+)=i_L(0_-)=I_0$

$i_L(\infty)$为 $t\to\infty$ 时电路达到新的稳态，电感相当于短路，故

$$i_L(\infty)=\frac{U_S}{R}$$

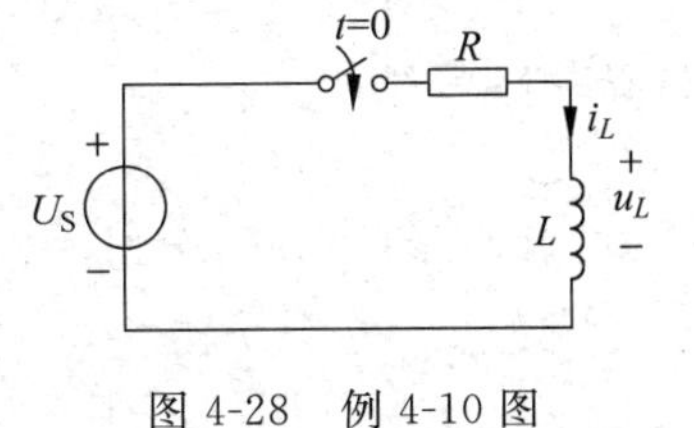

图 4-28 例 4-10 图

而

$$\tau=\frac{L}{R_{eq}}$$

其中，$R_{eq}=R$。

所以

$$i_L(t)=f(\infty)+[f(0_+)-f(\infty)]e^{-\frac{t}{\tau}}$$

$$=\frac{U_S}{R}+\left(I_0-\frac{U_S}{R}\right)e^{-\frac{t}{\tau}}\quad t\geqslant 0$$

(2) $i_L(0_+)=i_L(0_-)=0$

$i_L(t)|_{t\to\infty}=i_{Lp}(t)$就是原方程的特解，见例4-9，故

$$i_{Lp}(t)=\frac{U_m}{\sqrt{R^2+(\omega L)^2}}\cos(\omega t+\varphi_u-\varphi)$$

$$i_{Lp}(t)\mid_{t=0^+}=\frac{U_m}{\sqrt{R^2+(\omega L)^2}}\cos(\varphi_u-\varphi)$$

所以

$$i_L(t)=\frac{U_m}{\sqrt{R^2+(\omega L)^2}}\cos(\omega t+\varphi_u-\varphi)-\frac{U_m}{\sqrt{R^2+(\omega L)^2}}\cos(\varphi_u-\varphi)e^{-\frac{t}{\tau}}\quad t\geqslant 0$$

和前面例 4-9 的解相同。

例 4-11 如图 4-29(a)所示的电路，开关 S 闭合前电路已达到稳定状态。在 $t=0$ 时，开关闭合。求 $t\geqslant 0$ 时的电容电压 $u_C(t)$ 和电流 $i(t)$，并画出它们的波形。已知 $R_1=R_2=10\text{k}\Omega$，$R_3=20\text{k}\Omega$，$i_S=1\text{mA}$，$u_S=10\text{V}$，$C=10\mu\text{F}$。

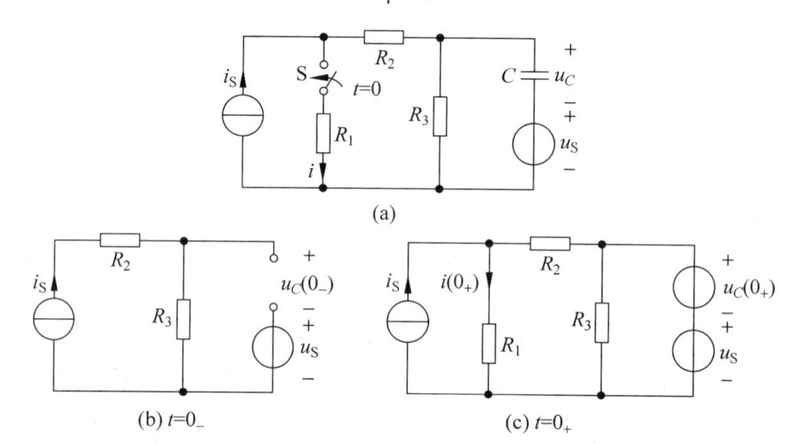

图 4-29 例 4-11 图

解 画 $t=0_-$ 时的等效电路，如图 4-29(b)所示，其中电容开路，则

$$u_C(0_-)=R_3 i_S-u_S=20\times 1-10=10\text{V}$$

根据换路定律

$$u_C(0_+)=u_C(0_-)=10\text{V}$$

$t=0_+$ 时的等效电路，如图 4-29(c)所示，其中电容用电压源 $u_C(0_+)$ 代替，则

$$\begin{aligned}i(0_+)&=\frac{R_2}{R_1+R_2}i_S+\frac{u_C(0_+)+u_S}{R_1+R_2}\\&=\frac{10}{10+10}\times 1+\frac{10+10}{10+10}\\&=1.5\text{mA}\end{aligned}$$

开关闭合后，电路达到稳态，电容开路，可以得到

$$i(\infty)=\frac{R_2+R_3}{R_1+R_2+R_3}i_S=\frac{10+20}{10+10+20}\times 1=0.75\text{mA}$$

$$u_C(\infty)=R_3[i_S-i(\infty)]-u_S=20\times(1-0.75)-10=-5\text{V}$$

电容两端的等效电阻为

$$R_{eq}=\frac{(R_1+R_2)R_3}{R_1+R_2+R_3}=\frac{(10+10)\times 20}{10+10+20}=10\text{k}\Omega$$

可得时间常数

$$\tau=R_{eq}C=10\times 10^3\times 10\times 10^{-6}=0.1\text{s}$$

将初始值、稳态值和时间常数代入式(4-35)，可得电路的响应为

$$u_C(t)=-5+(10+5)e^{-\frac{t}{0.1}}=-5+15e^{-10t}(\text{V})\quad t\geqslant 0$$

$$i(t)=0.75+(1.5-0.75)e^{-\frac{t}{0.1}}=0.75+0.75e^{-10t}(\text{mA})\quad t\geqslant 0$$

图4-30画出了 u_C 和 i 的波形。

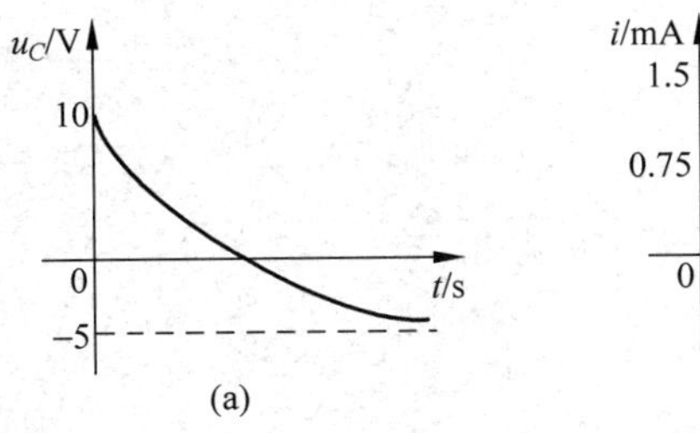

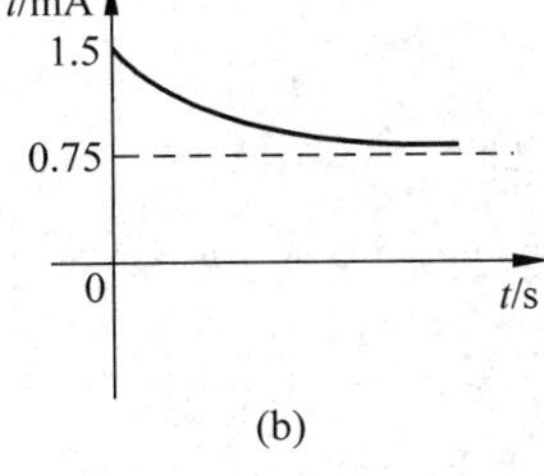

图4-30　例4-11波形

例4-12　如图4-31所示的电路，$t=0$ 时换路，已知 $u_C(0_+)=-2\text{V}$，受控源的控制系数为 g。(1)若 $g=0.5\text{S}$，求 $u_C(t)$；(2)若 $g=2\text{S}$，求 $u_C(t)$。

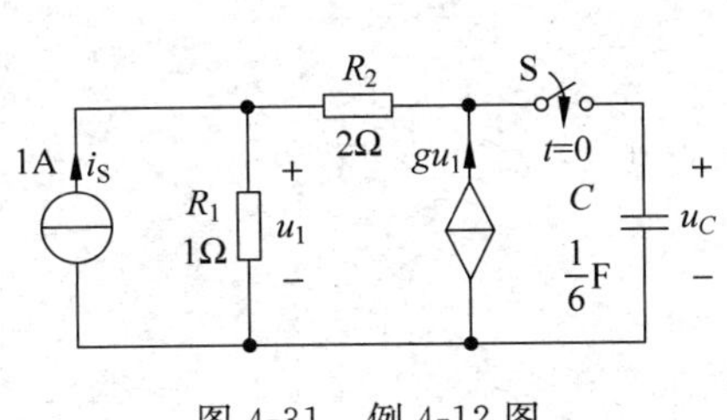

图4-31　例4-12图

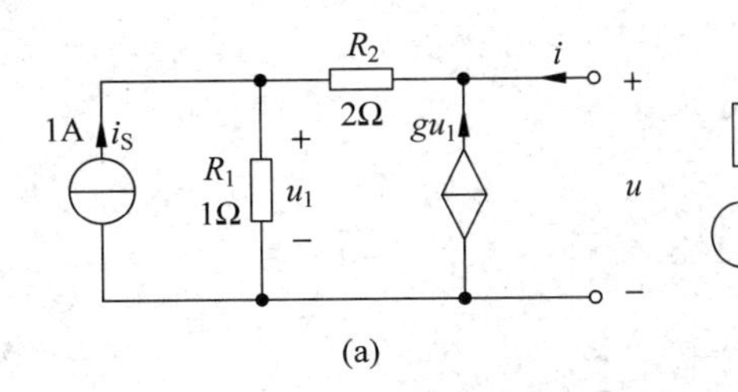

图4-32　例4-12等效电路

解　首先求出电容两端的戴维南等效电路，将电容断开，电路如图4-32(a)所示。写出端口伏安关系得

$$u=R_2(i+gu_1)+u_1=2i+(2g+1)u_1$$

而

$$u_1=R_1(i+gu_1+i_S)=i+gu_1+i_S$$

由上两式得

$$u=\frac{2g+1}{1-g}+\frac{3}{1-g}i=u_{oc}+R_{eq}i$$

其中

$$\begin{cases}u_{oc}=\dfrac{2g+1}{1-g}\\[2ex]R_{eq}=\dfrac{3}{1-g}\end{cases}$$

得戴维南等效电路如图4-32(b)所示。

(1) 当 $g=0.5\text{S}$ 时

$$u_{oc}=\frac{2\times0.5+1}{1-0.5}=4\text{V}$$

$$R_{eq} = \frac{3}{1-0.5} = 6\Omega$$

$$\tau = R_{eq}C = 6 \times \frac{1}{6} = 1\text{s}$$

由于

$$u_C(\infty) = 4\text{V}$$

$$u_C(0_+) = -2\text{V}$$

所以，电路的响应

$$u_C(t) = u_C(\infty) + [u_C(0_+) - u_C(\infty)]e^{-\frac{t}{\tau}} = 4 - 6e^{-t}(\text{V}) \quad t \geqslant 0$$

其波形如图 4-33(a)所示。

(2) 当 $g=2\text{S}$ 时

$$u_{oc} = \frac{2\times 2+1}{1-2} = -5\text{V}$$

$$R_{eq} = \frac{3}{1-2} = -3\Omega$$

$$\tau = R_{eq}C = -0.5\text{s}$$

$$u_C(\infty) = u_{oc} = -5\text{V}$$

由三要素公式得

$$u_C(t) = -5 + 3e^{2t}(\text{V}) \quad t \geqslant 0$$

其波形如图 4-33(b)所示。

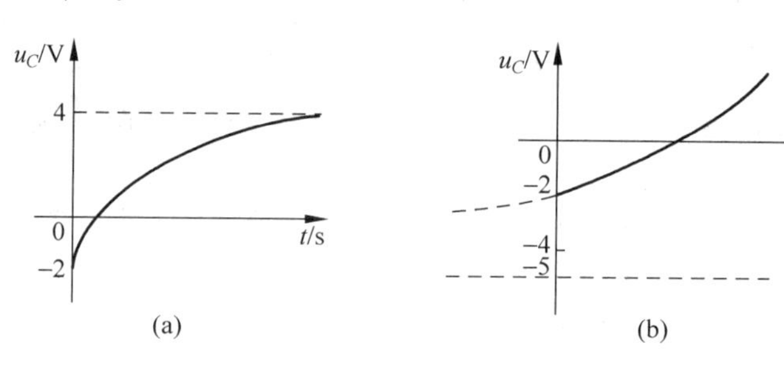

图 4-33 例 4-12 波形

由图 4-33(b)可见，响应电压 u_C 随时间 t 的增加而无限地增高，电路不能稳定工作，这在实际电路中是不可能的。因为实际电路元件都只能在额定电压、电流下工作，超出后就容易损坏；电路中不可能有无穷大的功率源，所以电流、电压响应也不可能为无限大。

4.5 二阶电路

包含两个独立的动态元件的电路称为二阶电路。这类电路可以用一个二阶微分方程或两个联立的一阶微分方程描述。本章将着重分析含电感和电容的二阶电路，和一阶电路不同，这类电路的响应可能出现振荡的形式。为了突出这一重要特点，本章首先从物理概念上阐明 LC 电路的零输入响应具有正弦振荡的形式，然后通过 RLC 串联电路说明二阶电路的一般分析方法以及固有频率(特征根)与固有响应形式的关系。

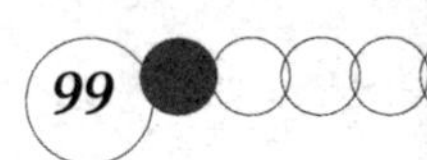

二阶电路的分析问题是求解二阶微分方程或一阶联立微分方程的问题。学习时应注意：电路微分方程的建立、特征根的重要意义、微分方程解答的物理含义等方面内容。

4.5.1 LC 电路中的正弦振荡

前面我们讨论过的一阶电路中只涉及一种储能——电场能量或是磁场能量，如果一个电路既能储存电场能量又能储存磁场能量，这样的电路会有什么特点？为了突出问题的实质，我们研究一个由电容和电感组成的电路的零输入响应。设电容的初始电压为 U_0，电感的初始电流为零。

显然，在初始时刻，能量全部储存于电容中，电感中没有储能。这时电路的电流虽然为零，但是电流的变化率却不为零，这是因为电感电压必须等于电容电压，电容电压不为零，电感电压也就不为零，而电感电压的存在，意味着 $\frac{\mathrm{d}i}{\mathrm{d}t}\neq 0$。因此电流将开始增长，原来储存于电容中的能量将发生转移。图 4-34(a)表示了初始时刻的情况。随着电容放电、电流增长，能量逐渐转移到电感的磁场中。当电容电压下降到零的瞬间，电感电压也为零，因而 $\frac{\mathrm{d}i}{\mathrm{d}t}=0$，电流达到最大值 I，如图 4-34(b)所示，此时储能全部转入到电感中。这时，虽然电容电压为零，但是它的变化率却不为零，这是因为电容中电流必须等于电感中的电流。同时，由于电感电流不能跃变，电路中的电流将从 I 逐渐减小，电容在这电流的作用下又被充电，只是电压的极性与以前不同。当电感中电流下降到零的瞬间，能量又再度全部储存于电容之中，电容电压又达到了 U_0，只是极性相反而已，如图 4-34(c)所示。以后，电容又开始放电，只是电流方向和上一次电容放电的方向相反，当电容电压再次下降到零的瞬间，能量又全部储存于电感中，电流又达到了最大值 I，如图 4-34(d)所示。接着，电容又在电流的作用下充电，当电流为零的瞬间，能量全部返回到电容，电容电压的大小和极性又和初始时刻一样，如图 4-34(e)所示。电路电能恢复到初始时刻的情况，这意味着上述过程将不断地重复进行。图 4-34 中电压、电流均用真实极性或真实方向表示。

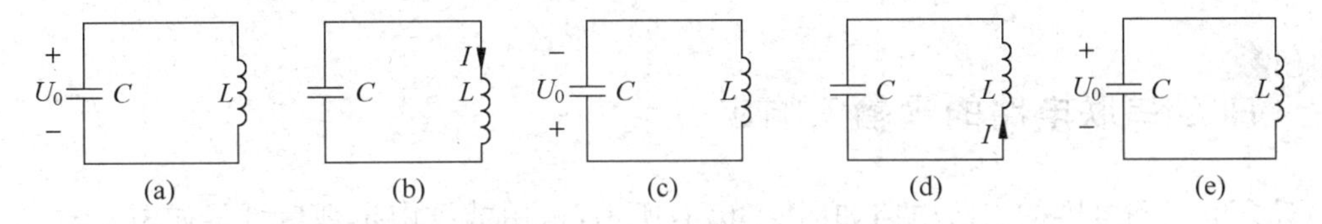

图 4-34 *LC* 电路中能量的振荡

由此可见，在由电容和电感两种不同的储能元件构成的电路中，随着储能在电场和磁场之间的往返转移，电路中的电流和电压将不断地改变大小和极性，形成周而复始的振荡。这种由初始储能维持的振荡是一种等幅振荡。不难想象，如果电路中存在电阻，那么，储能终将被电阻消耗殆尽，振荡就不可能是等幅的，而将是减幅的，即幅度将逐渐衰减而趋于零。这种振荡称为阻尼振荡或衰减振荡。如果电阻较大，储能在初次转移时大部分就可能被电阻所消耗，因而不可能发生储能在电场与磁场间的往返转移现象，电流、电压终将衰减为零，但不产生振荡，这就是一个既能储存电场能量又能储存磁场能量电路的特点。

例 4-13 设 LC 回路如图 4-35 所示，$L=1\text{H}$，$C=1\text{F}$，$u_C(0)=1\text{V}$，$i_L(0)=0$，求电容电压和电感电流。

解 根据元件的 VCR 可得

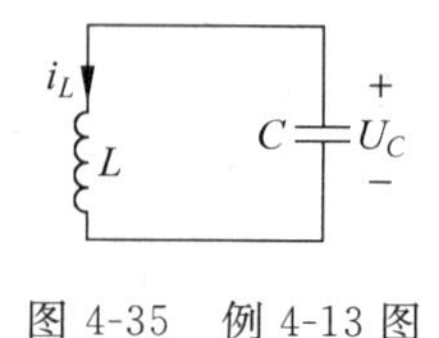

图 4-35 例 4-13 图

$$C\frac{\mathrm{d}u_C}{\mathrm{d}t}=-i_L \qquad L\frac{\mathrm{d}i_L}{\mathrm{d}t}=u_C$$

$$\frac{\mathrm{d}^2u_C}{\mathrm{d}t^2}+u_C=0$$

特征方程及解为

$$s^2+1=0 \quad s_{1,2}=\pm\mathrm{j}$$

齐次解

$$u_C(t)=K_1\cos t+K_2\sin t$$

代入

$$u_C(0)=1,\quad u'_C(0)=-i_L(0)=0$$

得

$$u_C(t)=\cos t \quad i_L(t)=\sin t \quad t\geqslant 0$$

显然，电容电压和电感电流都是等幅振荡，随时间按正弦方式变化。(注：任意电路变量有 $y(0)=y(0_+)$)。

LC 回路中的储能为

$$w(t)=\frac{1}{2}Li^2(t)+\frac{1}{2}Cu^2(t)=\frac{1}{2}\cos^2t+\frac{1}{2}\sin^2t=\frac{1}{2}\text{J}$$

正如分析的一样，储能在任何时刻为一常量，而且

$$w(0)=\frac{1}{2}Li^2(0)+\frac{1}{2}Cu^2(0)=\frac{1}{2}\text{J}$$

即对所有的 $t\geqslant 0$ 有

$$w(t)=w(0)$$

这就表明：储能不断在磁场和电场之间往返，永不消失。下面我们对 RLC 电路的零输入响应作数学分析时，还将对等幅振荡作定量的分析。

4.5.2 RLC 串联电路的零输入响应

设含电感和电容的二阶电路如图 4-36(a)所示，运用戴维南定理后可得如图 4-36(b)所示的 RLC 串联电路。

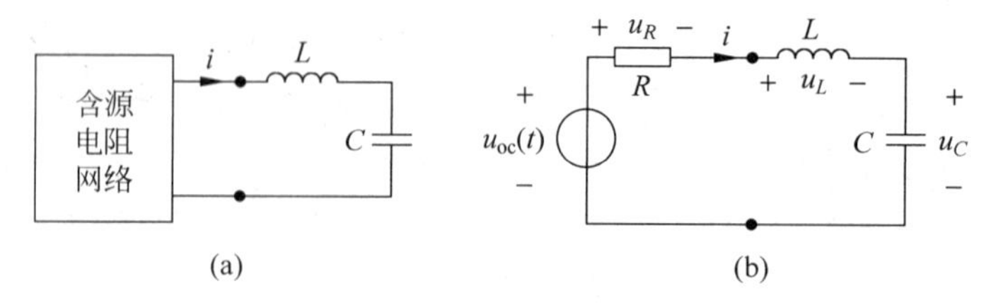

图 4-36 RLC 串联电路

根据 KVL 可得

$$LC\frac{d^2u_C}{dt^2}+RC\frac{du_C}{dt}+u_C=u_{oc}(t) \tag{4-37}$$

这是一个线性二阶常系数微分方程，未知量为 $u_C(t)$。为求出解答，必须知道两个初始条件，即 $u_C(0_+)$以及 $u'_C(0_+)$。$u_C(0_+)$即电容的初始状态，那么后一个初始条件又是怎样确定的呢？

$$u'_C(0)=\frac{du_C(t)}{dt}\bigg|_{t=0}=\frac{i(t)}{C}\bigg|_{t=0}=\frac{i(0)}{C} \tag{4-38}$$

知道了 $i(0_+)$就能确定 $u'_C(0_+)$。而 $i(0_+)$就是 $i_L(0_+)$，即电感的初始状态。在这里，我们再次见到：根据电路的初始状态 $u_C(0_+)$、$i_L(0_+)$和 $t\geqslant 0$ 时的电路的激励就可以完全确定 $t\geqslant 0$ 时的响应 $u_C(t)$。

本节我们只研究图 4-36 所示电路的零输入响应，也就是 $u_{oc}(t)=0$，得齐次方程

$$\frac{d^2u_C}{dt^2}+\frac{R}{L}\frac{du_C}{dt}+\frac{1}{LC}u_C=0 \tag{4-39}$$

求解这一方程，便可得到 $u_C(t)$。由微分方程理论可知，这一齐次方程解答的形式将视特征方程根的性质而定。式(4-39)的特征方程为

$$s^2+\frac{R}{L}s+\frac{1}{LC}=0 \tag{4-40}$$

这一方程有两个根，即

$$s_{1,2}=-\frac{R}{2L}\pm\sqrt{\left(\frac{R}{2L}\right)^2-\frac{1}{LC}} \tag{4-41}$$

特征根即电路的固有频率，它将确定零输入响应的形式。由于 R、L、C 数值不同，固有频率 s_1 和 s_2 可出现三种不同的情况：

(1) 当$\left(\frac{R}{2L}\right)^2>\frac{1}{LC}$时，$s_1$，$s_2$ 为不相等的负实数。

(2) 当$\left(\frac{R}{2L}\right)^2=\frac{1}{LC}$时，$s_1$，$s_2$ 为相等的负实数。

(3) 当$\left(\frac{R}{2L}\right)^2<\frac{1}{LC}$时，$s_1$，$s_2$ 为共轭复数，其实部为负数。

4.5.3 过阻尼情况

当$\left(\frac{R}{2L}\right)^2>\frac{1}{LC}$，亦即 $R^2>4\frac{L}{C}$时，齐次方程的解答可表示为

$$u_C(t)=K_1e^{s_1t}+K_2e^{s_2t} \tag{4-42}$$

其中，常数 K_1 和 K_2 由初始条件确定。由于 s_1 和 s_2 是不相等的负实数，故它们可表示为

$$s_1=-\alpha_1,\quad s_2=-\alpha_2$$

其中，$\alpha_{1,2}=\frac{R}{2L}\mp\sqrt{\left(\frac{R}{2L}\right)^2-\frac{1}{LC}}$，所以电容电压和电感电流为

$$u_C(t)=\frac{u_C(0)}{\alpha_2-\alpha_1}(\alpha_2e^{-\alpha_1t}-\alpha_1e^{-\alpha_2t})+\frac{i_L(0)}{(\alpha_2-\alpha_1)C}(e^{-\alpha_1t}-e^{-\alpha_2t}) \tag{4-43}$$

$$i_L(t)=\frac{u_C(0)\alpha_2\alpha_1 C}{\alpha_2-\alpha_1}(\mathrm{e}^{-\alpha_2 t}-\mathrm{e}^{-\alpha_1 t})+\frac{i_L(0)}{\alpha_2-\alpha_1}(\alpha_2\mathrm{e}^{-\alpha_2 t}-\alpha_1\mathrm{e}^{-\alpha_1 t}) \tag{4-44}$$

不论 $u_C(t)$ 还是 $i_L(t)$ 都是由随时间衰减的指数函数项来表示的，这表明电路的响应是非振荡性的。当 $u_C(0)=U_0$，$i_L(0)=0$ 时，由于 $\alpha_1<\alpha_2$，$\mathrm{e}^{-\alpha_2 t}$ 衰减得快，$\mathrm{e}^{-\alpha_1 t}$ 衰减得慢，式(4-44)表明 $i_L(t)$ 始终为负值，电流方向不变。电流始终为负值，也说明电容电压的变化率始终为负值，这就是说电容电压始终是单调地下降。因此，电容自始至终在放电，最后，电压、电流均趋于零，$u_C(t)$ 和 $i_L(t)$ 的波形如图 4-37 所示。由于电流的初始值和稳态值均为零，因此将在某一时刻 t_m 电流达到一个最大值，此时 $\frac{\mathrm{d}i_L}{\mathrm{d}t}=0$。

从物理意义上来说，初始时刻后电容通过电感、电阻放电，它的电场能量一部分转变为磁场能量储于电感之中，另一部分则为电阻所消耗。由于电阻比较大($R^2>4L/C$)，电阻消耗能量迅速。到 $t=t_\mathrm{m}$ 时电流达到最大值，以后磁场储能不再增加，并随着电流的下降而逐渐放出，连同继续放出的电场能量一起供给电阻的能量损失。因此，电容电压单调地下降，形成非振荡的放电过程。

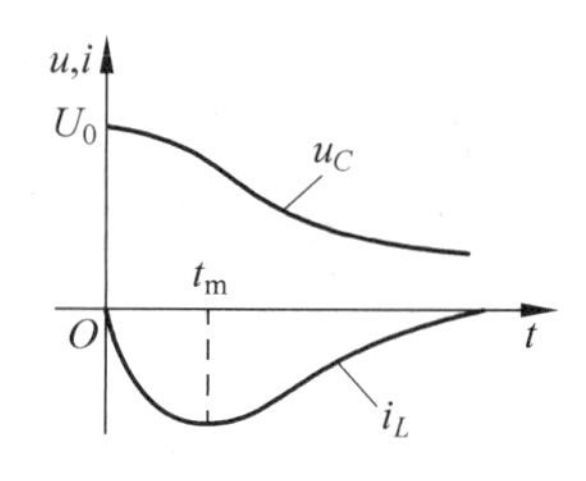

图 4-37 $u_C(0)=U_0$，$i_L(0)=0$ 时的非振荡响应

当 $u_C(0)=0$，$i_L(0)\neq0$ 时以及 $u_C(0)\neq0$，$i_L(0)\neq0$ 时，响应也都是非振荡性的。当电路中电阻较大，符合 $R^2>4L/C$ 这一条件时，响应便是非振荡性的，称为过阻尼情况。

4.5.4 临界阻尼情况

在图 4-36 所示电路中，如果 $\left(\frac{R}{2L}\right)^2=\frac{1}{LC}$，亦即 $R^2=4L/C$ 时，固有频率为相等的负实数

$$s_1=s_2=-\frac{R}{2L}=-\alpha$$

$$u_C(t)=K_1\mathrm{e}^{s_1 t}+K_2 t\mathrm{e}^{s_2 t} \tag{4-45}$$

其中，常数 K_1 和 K_2 由初始条件确定。电容电压和电感电流为

$$u_C(t)=u_C(0)(1+\alpha t)\mathrm{e}^{-\alpha t}+\frac{i_L(0)}{C}t\mathrm{e}^{-\alpha t} \tag{4-46}$$

$$i_L(t)=-u_C(0)\alpha^2 Ct\mathrm{e}^{-\alpha t}+i_L(0)(1-\alpha t)\mathrm{e}^{-\alpha t} \tag{4-47}$$

从式(4-46)、式(4-47)两式可以看出：电路的响应仍然是非振荡性的，但是如果电阻稍微减小以致 $R^2<4L/C$ 时，则响应将为振荡性的，如下节所述。因此，当符合 $R^2=4L/C$ 时，响应处于临近振荡的状态，称为临界阻尼情况。

4.5.5 欠阻尼情况

如果 $\left(\frac{R}{2L}\right)^2<\frac{1}{LC}$，亦即 $R^2<4L/C$，固有频率为共轭复数，可表示为

$$s_{1,2}=-\frac{R}{2L}\pm\sqrt{\left(\frac{R}{2L}\right)^2-\frac{1}{LC}}=-\frac{R}{2L}\pm \mathrm{j}\sqrt{\frac{1}{LC}-\left(\frac{R}{2L}\right)^2}$$
$$=-\alpha\pm \mathrm{j}\omega_d \tag{4-48}$$

其中

$$\alpha=\frac{R}{2L},\quad \omega_d=\sqrt{\frac{1}{LC}-\left(\frac{R}{2L}\right)^2}=\sqrt{\omega_0^2-\alpha^2} \tag{4-49}$$

其中，$\omega_0=\frac{1}{\sqrt{LC}}$。在这种情况下，齐次方程的解可表示为

$$u_C(t)=\mathrm{e}^{-\alpha t}(K_1\cos\omega_d t+K_2\sin\omega_d t) \tag{4-50}$$

为了便于反映响应的特点，我们可以把式(4-50)进一步写作

$$u_C(t)=K\mathrm{e}^{-\alpha t}\cos(\omega_d t+\theta) \tag{4-51}$$

其中

$$K=\sqrt{K_1^2+K_2^2},\quad \theta=-\arctan\frac{K_2}{K_1} \tag{4-52}$$

式(4-51)说明 $u_C(t)$是衰减振荡如图 4-38 所示。它的振幅 $K\mathrm{e}^{-\alpha t}$是随时间作指数衰减的。我们把 α 称为衰减系数，α 越大，衰减越快；ω_d 是衰减振荡的角频率，ω_d 越大，振荡周期越小，振荡加快。图中所示按指数规律衰减的虚线称为包络线。显然，如果 α 增大，包络线就衰减得更快些，也就表明振荡的振幅衰减更快。

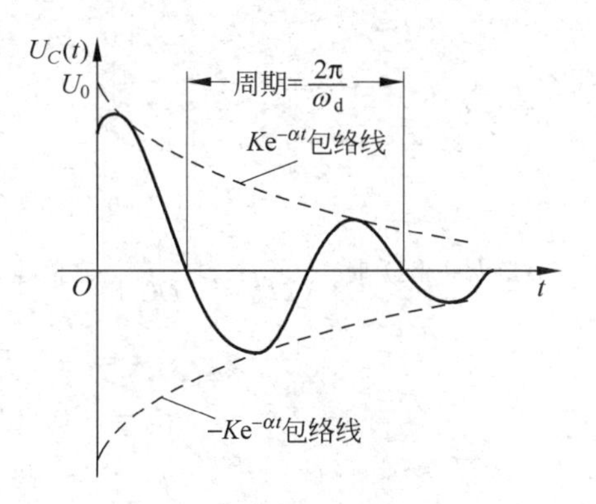

图 4-38　振荡性响应 $u_C(0)=U_0$

当电路中电阻较小、符合 $R^2<4L/C$ 这一条件时响应是振荡性的，称为欠阻尼情况，这时电路的固有频率 s 是复数，其实部 α 反映振幅的衰减情况，虚部 ω_d 即为振荡的角频率。

常数 K_1 和 K_2 可由初始条件确定，得电容电压和电感电流为

$$u_C(t)=u_C(0)\frac{\omega_0}{\omega_d}\mathrm{e}^{-\alpha t}\cos(\omega_d t-\theta)+\frac{i_L(0)}{\omega_d C}\mathrm{e}^{-\alpha t}\sin\omega_d t \tag{4-53}$$

$$i_L(t)=-u_C(0)\frac{\omega_0^2 C}{\omega_d}\mathrm{e}^{-\alpha t}\sin\omega_d t+i_L(0)\frac{\omega_0}{\omega_d}\mathrm{e}^{-\alpha t}\cos(\omega_d t+\theta) \tag{4-54}$$

其中

$$\omega_0=\sqrt{\alpha^2+\omega_d^2}$$

$$\theta=\arctan\frac{\alpha}{\omega_d}=\arcsin\frac{\alpha}{\omega_0}$$

当电路中电阻为零，亦即在如 4.5.1 节所述的 LC 电路，这时，由式(4-48)可得

$$\alpha=0,\quad \omega_d=\omega_0=\frac{1}{\sqrt{LC}}$$

$$u_C(t)=u_C(0)\cos\omega_0 t+\frac{i_L(0)}{\omega_0 C}\sin\omega_0 t \tag{4-55}$$

$$i_L(t) = -u_C(0)\omega_0 C\sin\omega_0 t + i_L(0)\cos\omega_0 t \tag{4-56}$$

上式表明，这时的响应是等幅振荡，其振荡角频率为 ω_0。我们根据式(4-55)、式(4-56)得出这样的结论，即对所有 $t\geqslant 0$，总有

$$w(t) = \frac{1}{2}Cu_C^2(t) + \frac{1}{2}Li_L^2(t) = \frac{1}{2}Cu_C^2(0) + \frac{1}{2}Li_L^2(0) = w(0)$$

亦即，任何时刻 LC 电路储能总等于初始时刻的储能，能量不断往返与电场与磁场之间，永不消失。

显然，响应为等幅振荡时，电路的固有频率 s 为虚数，其值为 ω_0。ω_0 称为电路的谐振角频率。这也叫无阻尼情况。

例 4-14 图 4-36(b)所示电路中，$C=1\text{F}$，$L=1\text{H}$，$u_C(0)=0$，$i_L(0)=1\text{A}$；$t\geqslant 0$ 时，$u_{oc}(t)=0$，试求 $u_C(t)$。其中，(1)$R=3\Omega$，(2)$R=2\Omega$，(3)$R=1\Omega$。

解 电路方程如式(4-39)

$$s_{1,2} = -\frac{R}{2L} \pm \sqrt{\left(\frac{R}{2L}\right)^2 - \frac{1}{LC}}$$

或

$$s_{1,2} = -\frac{R}{2L} \pm \mathrm{j}\sqrt{\frac{1}{LC} - \left(\frac{R}{2L}\right)^2}$$

当 $R=3\Omega$ 时，$\left(\frac{R}{2L}\right)^2 > \frac{1}{LC}$，属于过阻尼。

$$s_{1,2} = -1.5 \pm \sqrt{(1.5)^2 - 1}$$
$$s_1 = -0.382,\quad s_2 = -2.618$$
$$u_C(t) = K_1 e^{s_1 t} + K_2 e^{s_2 t}$$
$$u_C(0) = K_1 + K_2 = 0$$
$$u_C'(0) = s_1 K_1 + s_2 K_2 = \frac{i_L(0)}{C} = 1$$

由此可得

$$K_1 = 0.447,\quad K_2 = -0.447$$

故得

$$u_C(t) = 0.447e^{-0.382t} - 0.447e^{-2.618t}(\text{V}) \quad t \geqslant 0$$

当 $R=2\Omega$ 时，$\left(\frac{R}{2L}\right)^2 = \frac{1}{LC}$ 属于临界阻尼。

$$u_C(t) = K_1 e^{s_1 t} + K_2 t e^{s_2 t},\quad s_{1,2} = -1$$

$$u_C(0) = K_1 = 0,\quad u_C'(0) = s_1 K_1 + K_2 = \frac{i_L(0)}{C} = 1$$

由此可得

$$K_1 = 0,\quad K_2 = 1$$

故得

$$u_C(t) = te^{-t}(\text{V}) \quad t \geqslant 0$$

当 $R=1\Omega$ 时，$\left(\frac{R}{2L}\right)^2<\frac{1}{LC}$，属于欠阻尼。

$$s_{1,2}=-\frac{R}{2L}\pm \mathrm{j}\sqrt{\frac{1}{LC}-\left(\frac{R}{2L}\right)^2}=-\frac{1}{2}\pm \mathrm{j}\frac{\sqrt{3}}{2}$$

即

$$\alpha=\frac{1}{2},\quad \omega_\mathrm{d}=\frac{\sqrt{3}}{2}$$

$$u_C(t)=\mathrm{e}^{-\alpha t}(K_1\cos\omega_\mathrm{d}t+K_2\sin\omega_\mathrm{d}t)$$

$$u_C(0)=K_1=0,\quad u'_C(0)=-\alpha K_1+\omega_\mathrm{d}K_2=\frac{i_L(0)}{C}=1$$

由此可得

$$K_1=0,\quad K_2=\frac{1}{\omega_\mathrm{d}}=\frac{2}{\sqrt{3}}$$

故得

$$u_C(t)=\frac{2}{\sqrt{3}}\mathrm{e}^{-\frac{1}{2}t}\sin\frac{\sqrt{3}}{2}t(\mathrm{V})\quad t\geqslant 0$$

综合以上几节所述，电路零输入响应的性质取决于电路的固有频率 s。固有频率可以是复数、实数或虚数，从而决定了响应为衰减振荡过程、非振荡过程或等幅振荡过程。我们可以认为固有频率是复频率，只有实部或虚部的情况只是它的特殊情况。一阶网络的固有频率 $s=-\frac{1}{\tau}$，亦即一阶网络的固有频率是负实数，表明零输入响应是按指数规律衰减的非振荡过程。在网络理论中，固有频率是一个很重要的概念。

4.5.6 直流 RLC 串联电路的完全响应

如果在图 4-36(b)电路中，$u_{oc}(t)=U_\mathrm{S}(t\geqslant 0)$，则由式(4-37)可得电路的微分方程为

$$LC\frac{\mathrm{d}^2u_C}{\mathrm{d}t^2}+RC\frac{\mathrm{d}u_C}{\mathrm{d}t}+u_C=U_\mathrm{S}\tag{4-57}$$

其特征方程仍如式(4-40)所示。根据固有频率的三种不同情况，式(4-57)的齐次方程解答形式仍分别如式(4-42)、式(4-45)、式(4-50)三式所示，但其中的常数 K_1 和 K_2 需在求得式(4-57)的特解，从而得到非齐次方程式(4-57)的通解后方可确定。

满足式(4-57)的特解是 $u_{Cp}=U_\mathrm{S}(t\geqslant 0)$。因此，若以固有频率为两个不相等实数的情况为例，电路的完全响应可表示为

$$u_C(t)=K_1\mathrm{e}^{s_1t}+K_2\mathrm{e}^{s_2t}+U_\mathrm{S}\quad t\geqslant 0\tag{4-58}$$

显然，常数 U_S 不会影响完全响应的形式，同零输入响应一样，响应的性质取决于电路的固有频率 s。

例 4-15　电路如图 4-36(b)所示，已知 $R^2<4\frac{L}{C}$。直流电压 $u_{oc}(t)=U_\mathrm{S}$ 于 $t=0$ 时作用于电路，试求 $u_C(t)$，并绘出波形图。设电路为零初始状态。

解 $R^2<4\dfrac{L}{C}$，电路属于欠阻尼情况。

$$s_{1,2}=-\frac{R}{2L}\pm\sqrt{\left(\frac{R}{2L}\right)^2-\frac{1}{LC}}=-\frac{R}{2L}\pm\mathrm{j}\sqrt{\frac{1}{LC}-\left(\frac{R}{2L}\right)^2}=-\alpha\pm\mathrm{j}\omega_\mathrm{d}$$

$$u_C(t)=\mathrm{e}^{-\alpha t}(K_1\cos\omega_\mathrm{d}t+K_2\sin\omega_\mathrm{d}t)+U_\mathrm{S}$$

$$u_C(0)=K_1+U_\mathrm{S}=0$$

$$u'_C(0)=-\alpha K_1+\omega_\mathrm{d}K_2=0$$

故得

$$K_1=-U_\mathrm{S},\quad K_2=-U_\mathrm{S}\frac{\alpha}{\omega_\mathrm{d}}$$

因此

$$u_C(t)=-U_\mathrm{S}\mathrm{e}^{-\alpha t}\left(\cos\omega_\mathrm{d}t+\frac{\alpha}{\omega_\mathrm{d}}\sin\omega_\mathrm{d}t\right)+U_\mathrm{S}$$

$$=U_\mathrm{S}\left[1-\mathrm{e}^{-\alpha t}\frac{\omega_0}{\omega_\mathrm{d}}\cos(\omega_\mathrm{d}-\theta)\right]\quad t\geqslant0$$

其中

$$\theta=\arctan\frac{\alpha}{\omega_\mathrm{d}}$$

波形图如图 4-39 所示。电容电压在上下作衰减振荡后趋于稳定。电压上升超过所呈现的突出部分，称为“上冲”，或“正峰突”。

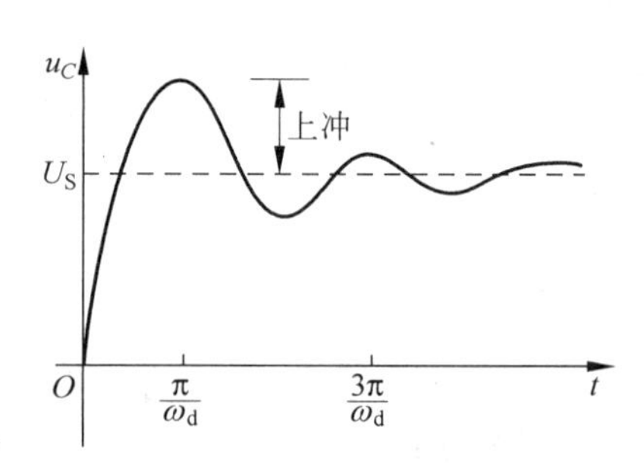

图 4-39　例 4-15 图

4.5.7 GCL 并联电路的分析

设含电感和电容的二阶电路如图 4-40(a)所示，运用诺顿定理后可得如图 4-40(b)所示的 GCL 并联电路。

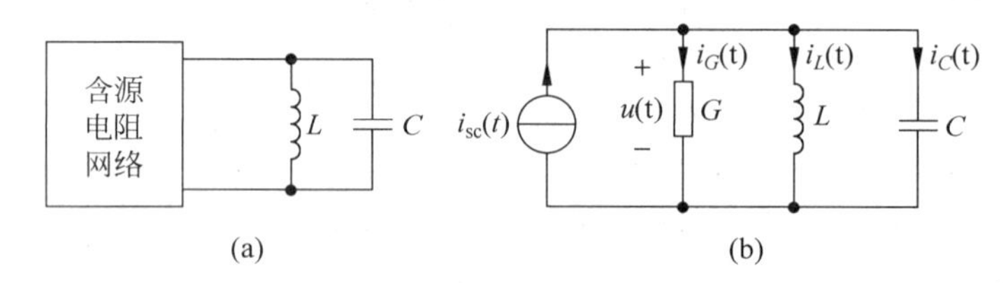

图 4-40　GCL 并联电路

根据 KCL 得

$$LC\frac{\mathrm{d}^2i_L}{\mathrm{d}t^2}+GL\frac{\mathrm{d}i_L}{\mathrm{d}t}+i_L=i_\mathrm{sc}(t)\quad t\geqslant0\tag{4-59}$$

解这一非齐次二阶微分方程便可求得 $i_L(t)$。

如果我们把式(4-59)和 RLC 串联电路的方程式(4-37)作一对比我们就会发现：把串联电路方程中的 u_C 换以 i_L，L 换以 C，C 换以 L，R 换以 G，u_oc 换以 i_sc 就会得到并联电路的方程。这就是说 RLC 串联电路和 GCL 并联电路是具有对偶性质的电路。因此，如果我们遵照上述的更换法则，不难从已有的串联电路解答得到并联电路的解答，十分方便。

例 4-16 如图 4-40(b)所示，$L=1\text{H}$，$C=1\text{F}$，$i_{sc}(t)=1\text{A}$，$t\geqslant 0$，$u_C(0)=0$，$i_L(0)=0$，求 $i_L(t)$。若(1)$G=10\text{S}$；(2)$G=2\text{S}$；(3)$G=1/10\text{S}$。

解 电路方程如式(4-59)所示，其中 $i_{sc}(t)=1\text{A}$。

$$s_{1,2}=-\frac{G}{2C}\pm\sqrt{\left(\frac{G}{2C}\right)^2-\frac{1}{LC}}$$

或

$$s_{1,2}=-\frac{G}{2C}\pm \mathrm{j}\sqrt{\frac{1}{LC}-\left(\frac{G}{2C}\right)^2}$$

(1) 当 $G=10\text{S}$ 时，$\left(\frac{G}{2C}\right)^2>\frac{1}{LC}$，属于过阻尼。

$$\begin{aligned}
s_{1,2}&=-5\pm\sqrt{25-1}=-5\pm 2\sqrt{6}\\
i_L(t)&=K_1\mathrm{e}^{s_1t}+K_2\mathrm{e}^{s_2t}+1\\
i_L(0)&=K_1+K_2+1=0\\
i'_L(0)&=s_1K_1+s_2K_2=\frac{u_C(0)}{L}=0
\end{aligned}$$

由此可得

$$K_1=-\frac{5+2\sqrt{6}}{4\sqrt{6}},\quad K_2=\frac{5-2\sqrt{6}}{4\sqrt{6}}$$

故得

$$i_L(t)=1+\frac{1}{4\sqrt{6}}\left[(5-2\sqrt{6})\mathrm{e}^{-(5+2\sqrt{6})t}-(5+2\sqrt{6})\mathrm{e}^{-(5-2\sqrt{6})t}\right](\text{A})\quad t\geqslant 0$$

(2) 当 $G=2\text{S}$ 时，$\left(\frac{G}{2C}\right)^2=\frac{1}{LC}$，属于临界阻尼。

$$i_L(t)=K_1\mathrm{e}^{s_1t}+K_2t\mathrm{e}^{s_2t}+1,\quad s_{1,2}=-1$$

$$i_L(0)=K_1+1=0,\quad i'_L(0)=s_1K_1+K_2=\frac{u_C(0)}{L}=0$$

由此可得

$$K_1=-1,\quad K_2=-1$$

故得

$$i_L(t)=[1-(1+t)\mathrm{e}^{-t}](\text{A})\quad t\geqslant 0$$

(3) 当 $G=1/10\text{S}$ 时，$\left(\frac{G}{2C}\right)^2<\frac{1}{LC}$，属于欠阻尼。

$$i_L(t)=\mathrm{e}^{-\alpha t}(K_1\cos\omega_{\mathrm{d}}t+K_2\sin\omega_{\mathrm{d}}t)+1$$

$$s_{1,2}=-\frac{G}{2C}\pm \mathrm{j}\sqrt{\frac{1}{LC}-\left(\frac{G}{2C}\right)^2}\approx-0.05+\mathrm{j}$$

即 $\alpha=0.05$，$\omega_{\mathrm{d}}=1$。

$$i_L(0)=K_1+1=0,\quad i'_L(0)=-\alpha K_1+\omega_{\mathrm{d}}K_2=\frac{u_C(0)}{L}=0$$

由此可得

$$K_1 = -1,\quad K_2 = -\frac{\alpha}{\omega_d} = -0.05$$

故得

$$i_L(t) = [1 - e^{-0.05t}(\cos t + 0.05\sin t)] \approx (1 - e^{-0.05t}\cos t](A)\quad t \geqslant 0$$

三种情况的波形图如图 4-41 所示。

对于不是 RLC 串联,或者 GCL 并联的一般的二阶电路,我们也可以根据元件的 VCR 关系以及基尔霍夫定律列出微分方程,根据特征根判断电路的固有响应的形式。如果有激励存在,可以根据激励的形式设出特解,写出通解的形式,最后根据电路的初始状态得到电路的全响应。

例 4-17 以 $i_L(t)$ 为变量列出图 4-42 所示电路的方程,并且判断固有响应的形式。

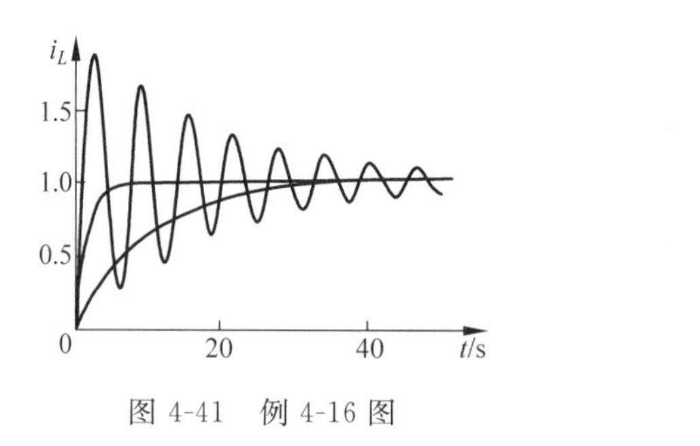

图 4-41 例 4-16 图

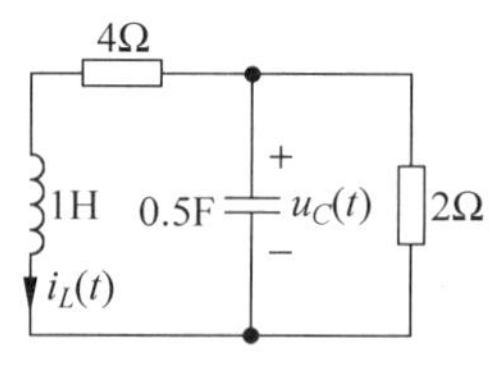

图 4-42 例 4-17 图

解 根据 KVL 得

$$u_C(t) = 4i_L(t) + \frac{di_L(t)}{dt}$$

根据 KCL 得

$$i_L(t) + 0.5\frac{du_C(t)}{dt} + \frac{u_C(t)}{2} = 0$$

联立以上二式得

$$\frac{di_L^2(t)}{dt^2} + 5\frac{di_L(t)}{dt} + 6i_L(t) = 0$$

特征方程

$$s^2 + 5s + 6 = 0$$

特征根

$$s_1 = -2,\quad s_2 = -3$$

由于特征根是不相等的两个负数,故电路是过阻尼,固有响应是非振荡衰减的形式。

习题4

4-1 (1) 1μF 电容的端电压为 $100\cos(1000t)$V,试求 $i(t)$。u,i 波形是否相同?最大值、最小值是否发生在同一时刻?

(2) 10μF 电容的电流为 $10e^{-100t}$mA,若 $u(0)=-10$V,试求 $u(t),t>0$。

4-2 一个 0.25F 的电容 C,在电流、电压方向关联时其 $u_C(t)=4\cos 2t$(V),$-\infty<t<\infty$,求其 $i_C(t)$。粗略画出 $u_C(t)$和 $i_C(t)$的波形,电容的最大储能是多少?

4-3 如图题 4-3(a)所示,电流波形如图题 4-3(b)所示,设 $u_C(0)=0$,试求 $t=1$s,2s,4s

时的电压值，并计算该时刻储能。

4-4　当 $C=2\mu F$ 时，在 $u_C(t)$ 和 $i_C(t)$ 方向关联下，电压 $u_C(t)$ 的波形如图题 4-4 所示。

(1) 求 $i_C(t)$；

(2) 求电容电荷 $q(t)$；

(3) 求电容吸收的功率 $p(t)$。

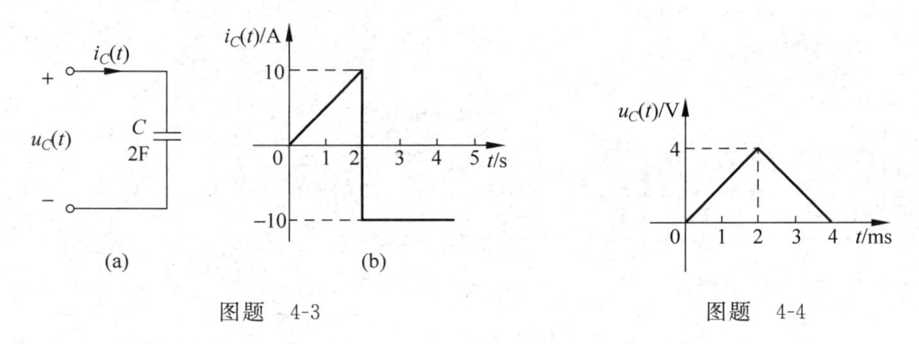

图题　4-3　　　　图题　4-4

4-5　一个电感，其 $L=1H$，在 $u_L(t)$ 和 $i_L(t)$ 方向关联时，其电流为 $i_L(t)=5(1-e^{-2t})A$，$t\geqslant0$。求 $t\geqslant0$ 时的端电压 $u_L(t)$；粗略画出 $u_L(t)$ 和 $i_L(t)$ 的波形；计算 L 的最大储能。

4-6　一个电感，其 $L=1H$，如通入它的电流为 $i_L(t)=4\sin(5t)A$，$-\infty<t<\infty$，求方向与 $i_L(t)$ 关联的电压 $u_L(t)$，粗略画出 $u_L(t)$ 和 $i_L(t)$ 的波形。

4-7　已知显像管偏转线圈中的周期性电流如图题 4-7 所示。又知线圈电感 $L=0.01H$，线圈电阻很小而忽略不计，求电感两端电压波形。

4-8　一个电感 $L=4H$，其端电压 $u_L(t)$ 的波形如图题 4-8 所示。若 $i_L(0)=0$，求方向与 $u_L(t)$ 关联的 $i_L(t)$，并画出波形图。

4-9　如图题 4-9 所示的电路中，已知 $u=5+2e^{-2t}(V)$，$t\geqslant0$，$i=1+2e^{-2t}(A)$，$t\geqslant0$，求电阻 R 和电容 C。

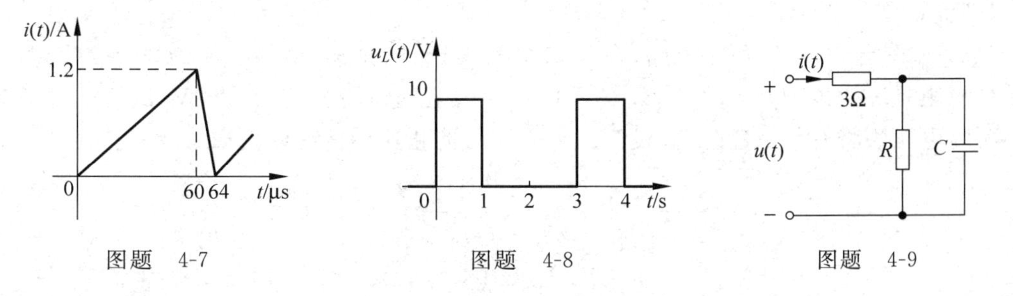

图题　4-7　　　　图题　4-8　　　　图题　4-9

4-10　如图题 4-10 所示，二端网络 N 中只含一个电阻和一个电感，其端钮电压 u 及电流 i 波形如图中所示。

(1) 试确定 R 与 L 是如何连接的；

(2) 求 R、L 值。

4-11　已知图题 4-11 所示电路有一个电阻、一个电容、一个电感组成。

$$i(t)=10e^{-t}-20e^{-2t}(A),\quad t\geqslant0;\qquad u_1(t)=-5e^{-t}+20e^{-2t}(V),\quad t\geqslant0$$

若在 $t=0$ 时，电路的总储能为 25J，试求 R、L、C 的值。

4-12　列出图题 4-12 所示两电路中 $i_L(t)$ 的微分方程（其中 $u_S(t)$ 为换路后的激励）。

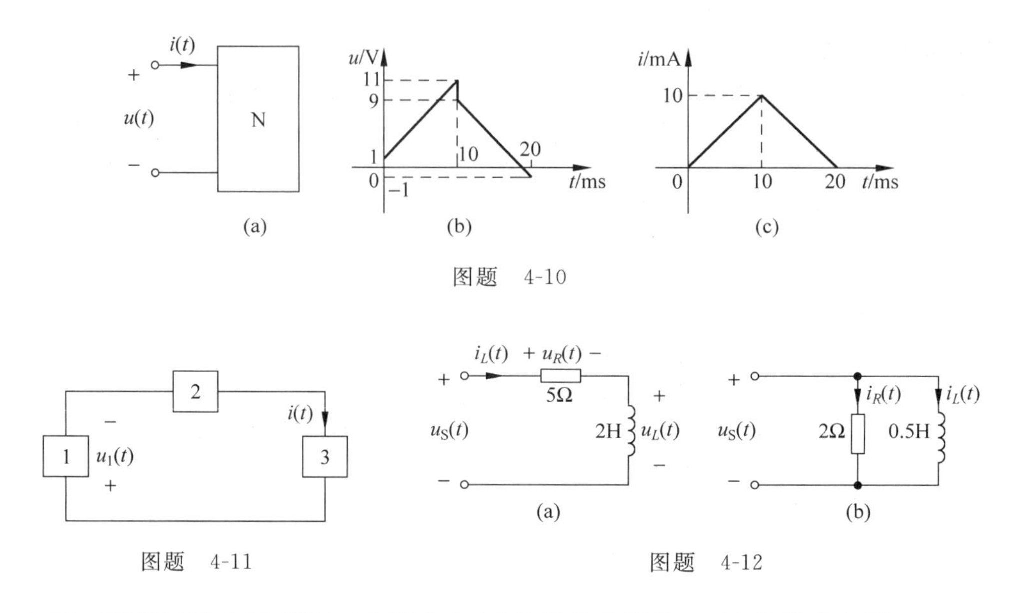

图题 4-10

图题 4-11

图题 4-12

4-13 列出图题 4-13 所示三电路中 $i_L(t)$的微分方程和 $u_C(t)$的微分方程。

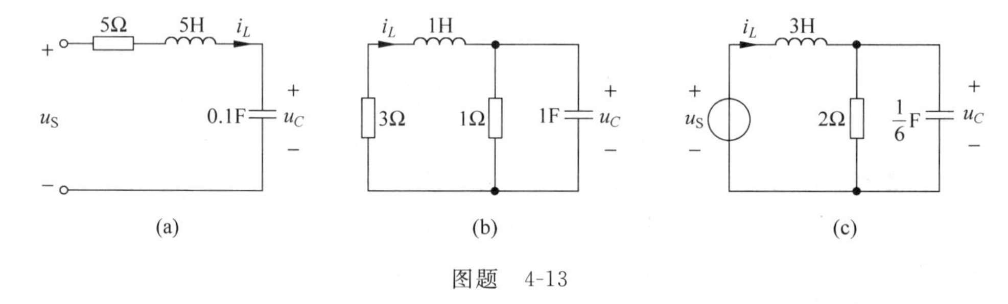

图题 4-13

4-14 (1) 如图题 4-14(a)所示的 RL 电路，开关断开切断电源瞬间开关将出现电弧，试加以解释。

(2) 如图题 4-14(b)所示电路，在 $t=0$ 时开关断开，试求 $i(t)$，$t>0$，$i(0)=2\text{A}$；若图中 20kΩ 电阻是一用以测量 $t<0$ 时 u_{ab}的电压表的内阻，电压表量程为 300V，试说明开关断开的瞬间，电压表将有什么危险，并设计一种方案来防止这种情况的出现。

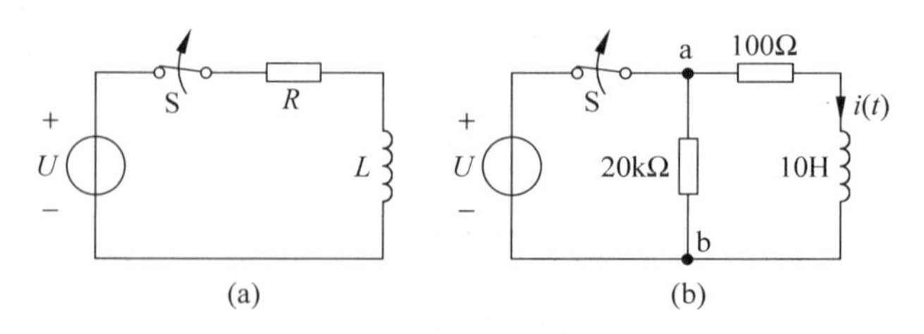

图题 4-14

4-15 如图题 4.15 所示电路，求 $u_C(t)$(换路前电路处于稳态 $u_C(0_-)=0$)。分别写出 $u_C(t)$的稳态响应，暂态响应，零输入响应和零状态响应。

4-16 如图题 4.16 所示电路，$t<0$ 时电路已稳定。$t=0$ 时开关由 1 扳向 2，列出求 $u_C(t)$的微分方程，并求 $t\geqslant 0$ 时的零输入响应 $u_C(t)$，画出其波形图。

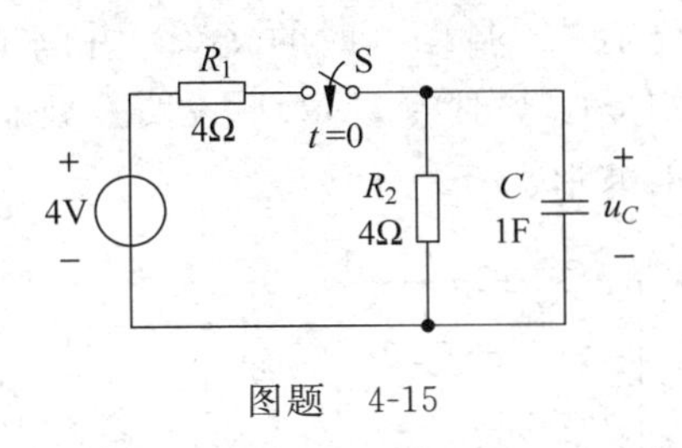

图题 4-15

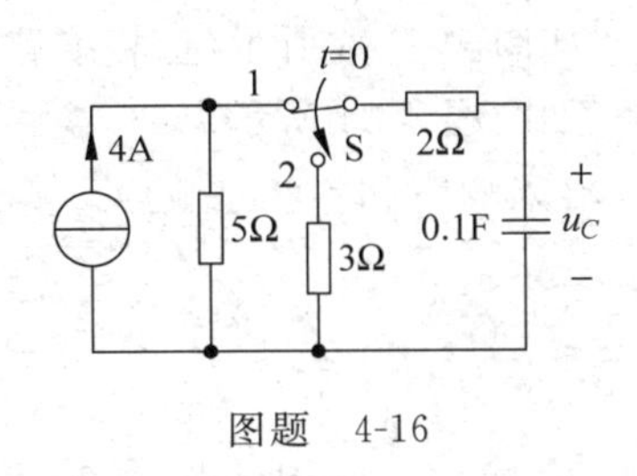

图题 4-16

4-17 如图题4-17所示电路，$t<0$ 时电路已稳定。$t=0$ 时开关闭合，列出求 $i_L(t)$ 的微分方程，并求 $t\geqslant 0$ 时的零状态响应 $i_L(t)$，画出其波形图。

4-18 如图题4-18所示电路，换路前电路处于稳态，$t=0$ 时开关S由1闭合到2，求初始值 $i_L(0_+)$，$u_L(0_+)$ 和稳态值 $i_L(\infty)$，$u_L(\infty)$ 以及电路的时间常数 τ。

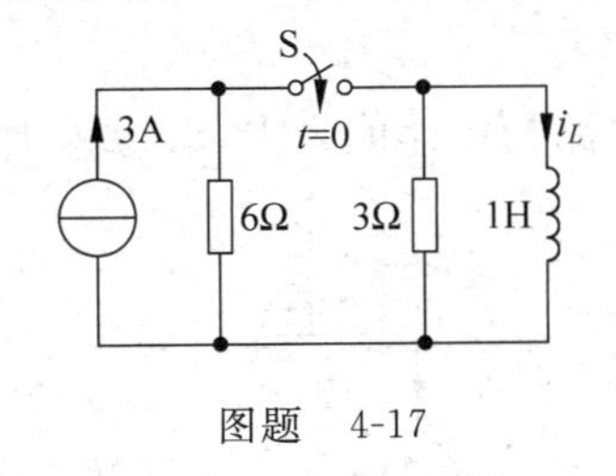

图题 4-17

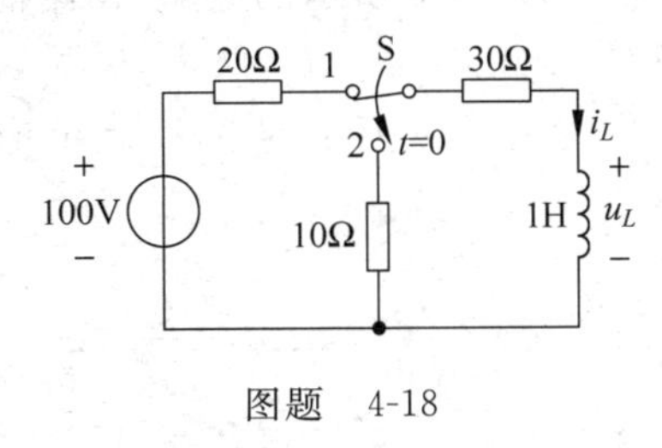

图题 4-18

4-19 如图题4-19所示电路，$t=0$ 时换路，换路前电路已处于稳态。(1)求初始值 $u_C(0_+)$，$i_L(0_+)$，$i_C(0_+)$，$i_R(0_+)$；(2)求稳态响应 $u_C(\infty)$，$i_L(\infty)$，$i_R(\infty)$。

4-20 如图题4-20所示电路，在 $t=0$ 时换路，$t<0$ 时电路处于稳态。(1)求初始值 $i_L(0_+)$，$u_L(0_+)$，$i(0_+)$ 和 $i_C(0_+)$；(2)求稳态响应 $i_L(\infty)$，$i(\infty)$ 和 $u_C(\infty)$。

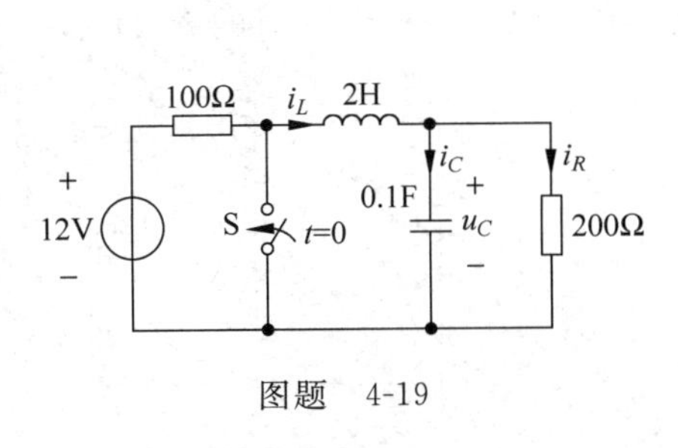

图题 4-19

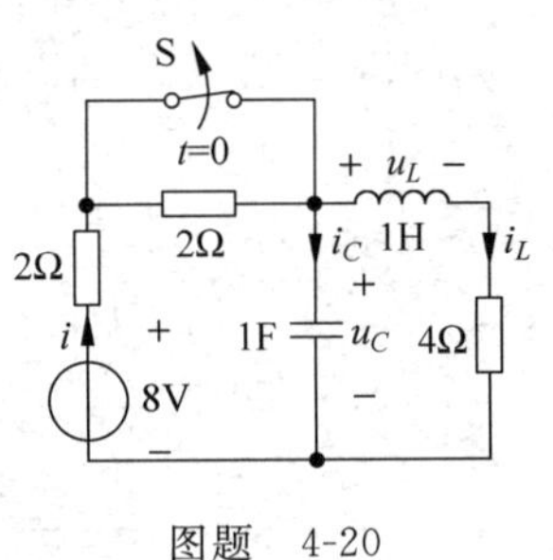

图题 4-20

4-21 如图题4-21所示电路，在 $t=0$ 时开关S由断开到闭合，闭合前电路已处于稳态。(1)求 $u_C(0_+)$，$u_R(0_+)$，$i_C(0_+)$ 和 $i_L(0_+)$；(2)求 $u_C(\infty)$，$i_L(\infty)$，$u_R(\infty)$。

4-22 如图题4-22所示的电路，在 $t=0$ 时换路，换路前电路已稳定。求 $t\geqslant 0$ 时的 $i_L(t)$ 和 $u(t)$，并画出其波形。

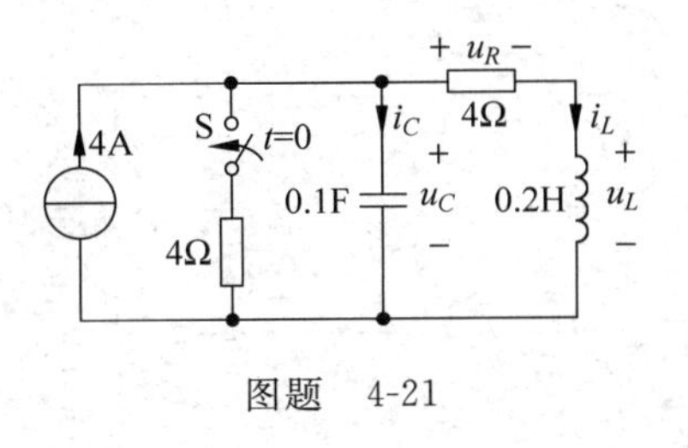

图题 4-21

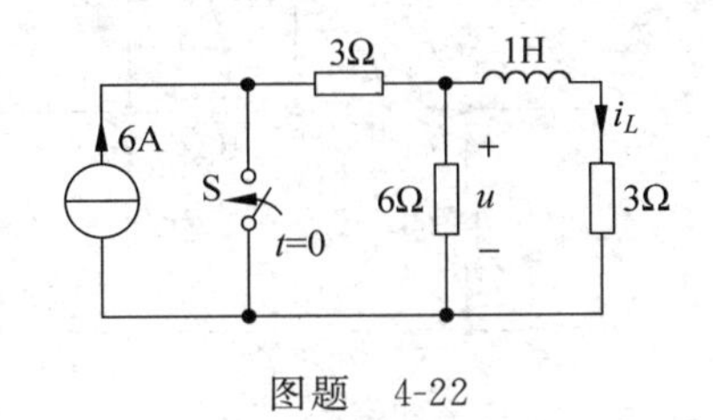

图题 4-22

4-23 如图题 4-23 所示电路，换路前电路处于稳态，求 $t \geqslant 0$ 时的 $u_C(t)$，并画出其波形。

4-24 如图题 4-24 所示电路，换路前已稳定，求 $t \geqslant 0$ 时的 $u_C(t)$。说明其暂态响应、稳态响应、零输入响应和零状态响应。并画出它们的波形。

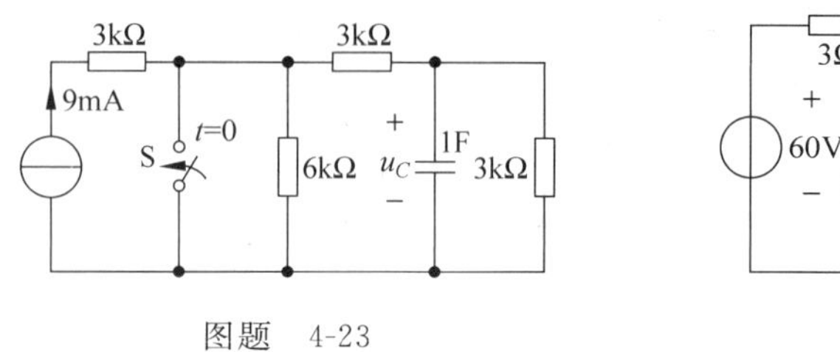

图题 4-23

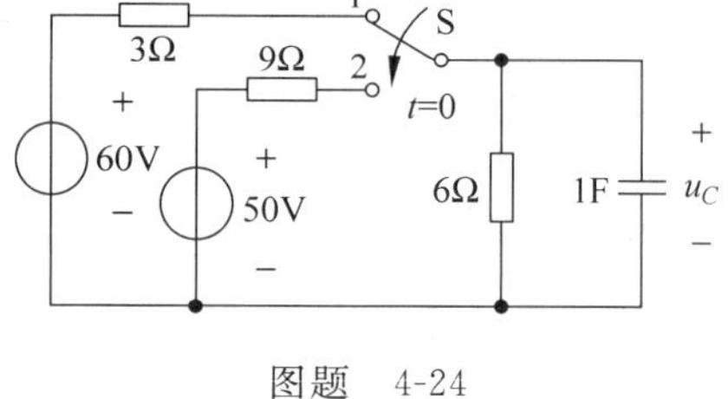

图题 4-24

4-25 如图题 4-25 所示的电路，换路前电路已处于稳态，求 $i_L(t)$ 和 $u(t)$。指明其零状态响应和零输入响应。

4-26 如图题 4-26 所示的电路，$t=0$ 时换路，设电路初始储能为零，求 $t \geqslant 0$ 时的 $u_C(t)$，画出其波形。

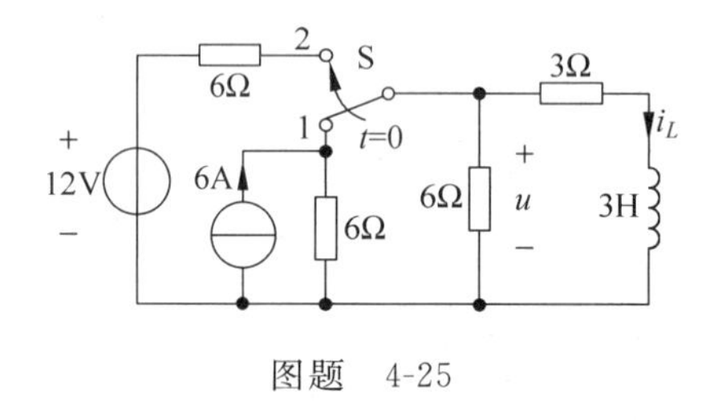

图题 4-25

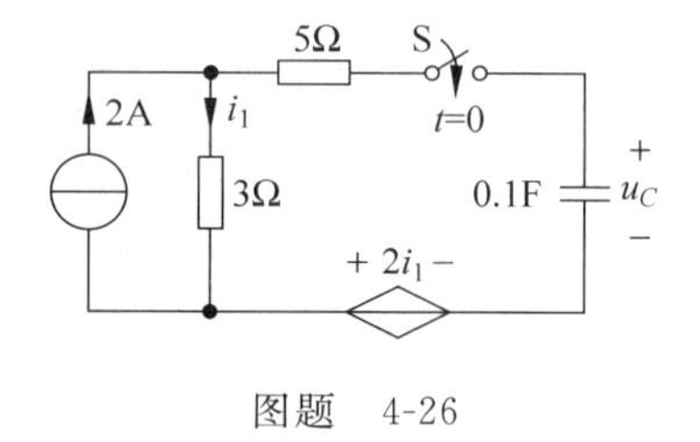

图题 4-26

4-27 如图题 4-27 所示的电路，$t=0$ 时换路，设电路的初始状态为零，求 $t \geqslant 0$ 时的 $i_L(t)$。

4-28 如图题 4-28 所示的电路，设电路初始储能为零，求 $t \geqslant 0$ 时的 $i_1(t)$。

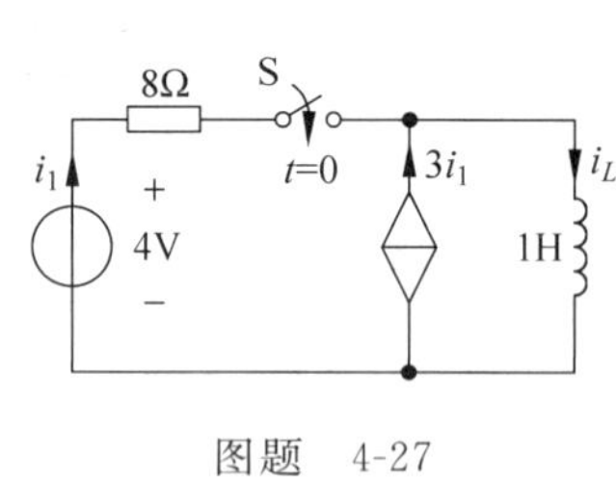

图题 4-27

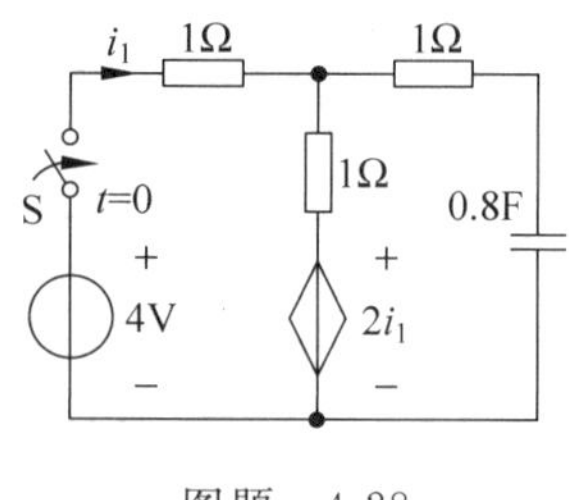

图题 4-28

4-29 如图题 4-29 所示的电路，电路处于稳态中发生换路，求 $t \geqslant 0$ 时的 $i_L(t)$ 和 $u_L(t)$。

4-30 如图题 4-30 所示的电路，电路处于稳态时发生换路，求 $t \geqslant 0$ 时的 $i_L(t)$ 和 $u(t)$。

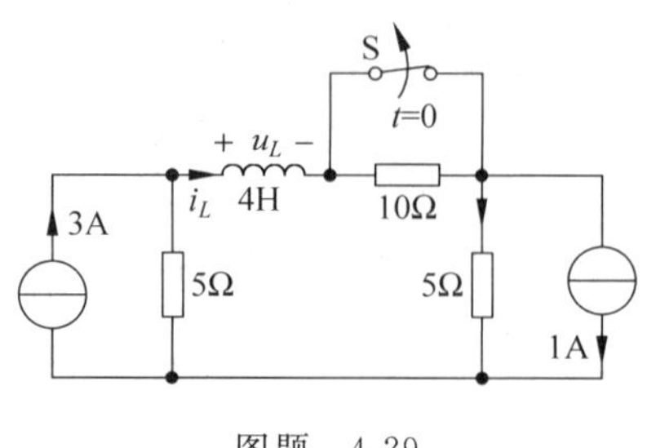

图题 4-29

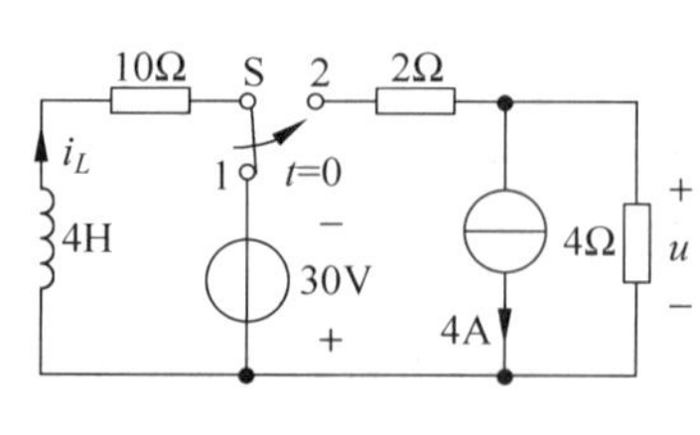

图题 4-30

4-31　如图题 4-31 所示的电路，电路处于稳态时发生换路，求 $t \geqslant 0$ 时的 $i_C(t)$ 和 $u_L(t)$。

4-32　如图题 4-32 所示电路，已知 $u_C(0_-)=0$，$i_L(0_-)=0$，求 $t \geqslant 0$ 时的 $i(t)$ 和 $u(t)$。

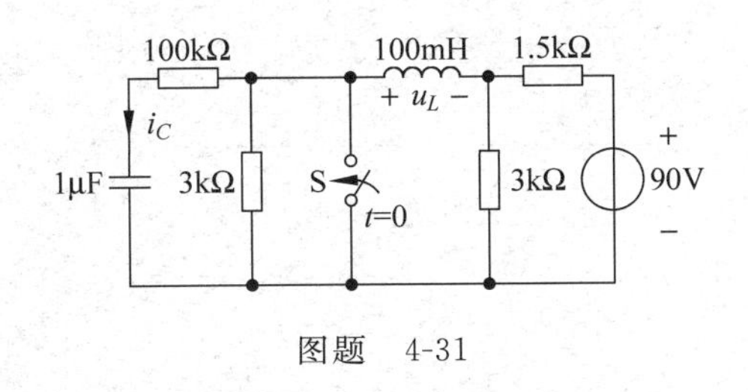

图题　4-31

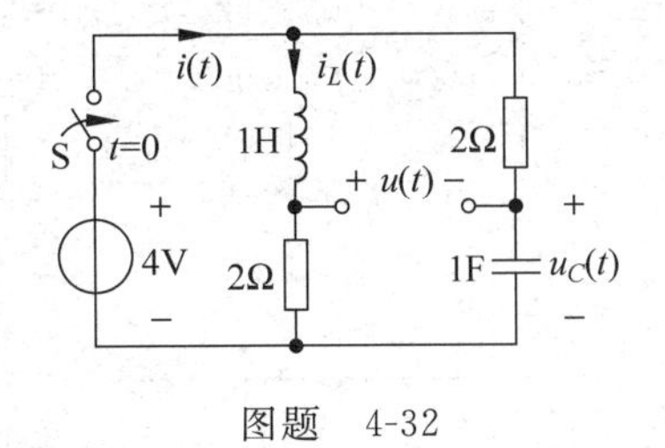

图题　4-32

4-33　如图题 4-29 所示的电路，电路处于稳态时发生换路，求 $t \geqslant 0$ 时的 $i_L(t)$ 的零输入响应、零状态响应和完全响应。

4-34　如图题 4-30 所示的电路，电路处于稳态时发生换路，求 $t \geqslant 0$ 时的 $i_L(t)$ 的零输入响应、零状态响应和完全响应。

4-35　如图题 4-35 所示的电路，已知 $t=0$ 时第一次换路（开关闭合）处于稳态时，$t=10\text{s}$ 时发生第二次换路（开关又断开），用三要素法求 $t \geqslant 0$ 时的 $u_C(t)$，并画出波形。

4-36　如图题 4-36 所示的电路，$t<0$ 时开关 S 接于"1"，电路已是稳态。$t=0$ 时开关 S 接于"2"，在 $t=2\text{s}$ 时，开关 S 接到"3"。用三要素法求 $t \geqslant 0$ 时的 $u_C(t)$。

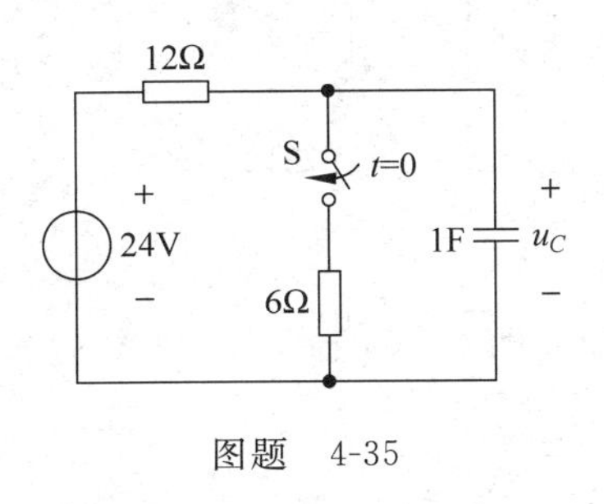

图题　4-35

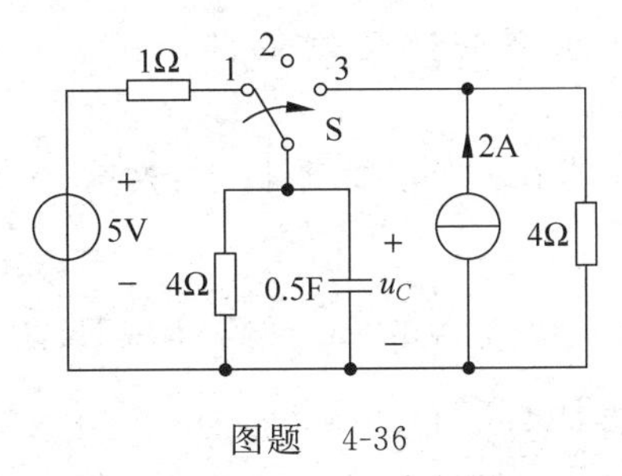

图题　4-36

4-37　如图题 4-37 所示的电路，已知 $u_1(0_-)=10\text{V}$，$u_2(0_-)=0$。(1)求 $t \geqslant 0$ 时的 $u_1(t)$ 和 $u_2(t)$，并画出波形；(2)计算在 $t \geqslant 0$ 时电阻吸收的能量。

4-38　如图题 4-38 所示的电路，求 $t \geqslant 0$ 时的零状态响应 $u_R(t)$ 和 $i_L(t)$。注 $\varepsilon(t)=\begin{cases}1, & t>0\\0, & t<0\end{cases}$

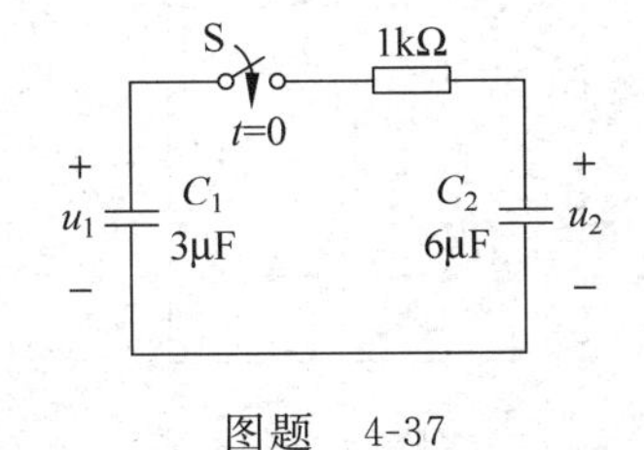

图题　4-37

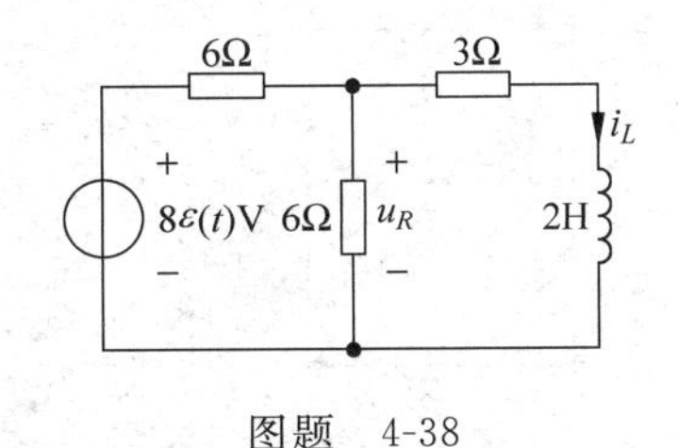

图题　4-38

4-39　如图题 4-39 所示电路，求 $t \geqslant 0$ 时的零状态响应 $i(t)$ 和 $i_L(t)$。

4-40　如图题 4-40 所示电路，若以 u_C 为输出，求零状态响应。

4-41　如图题 4-41 所示的电路，已知 $i_S(t)=2\sqrt{2}\cos 2t\text{A}$，$t \geqslant 0$，求 $u_C(t)$ 的零状态响应。

4-42　如图题 4-42 所示的电路，已知 $u_S(t)=10\sqrt{2}\cos t\text{V}$，$t \geqslant 0$，求 $i_L(t)$ 的零状态响应。

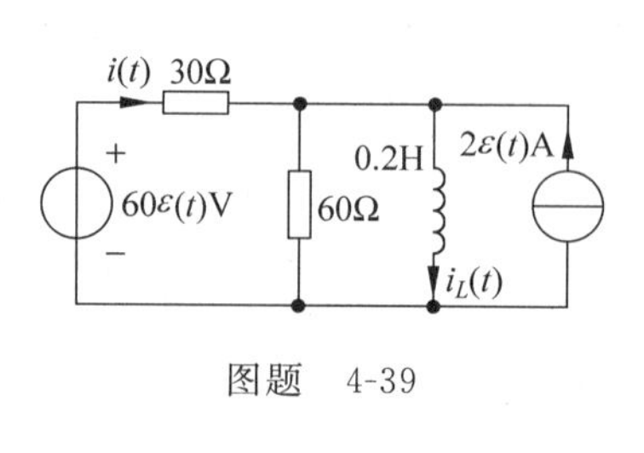

图题 4-39

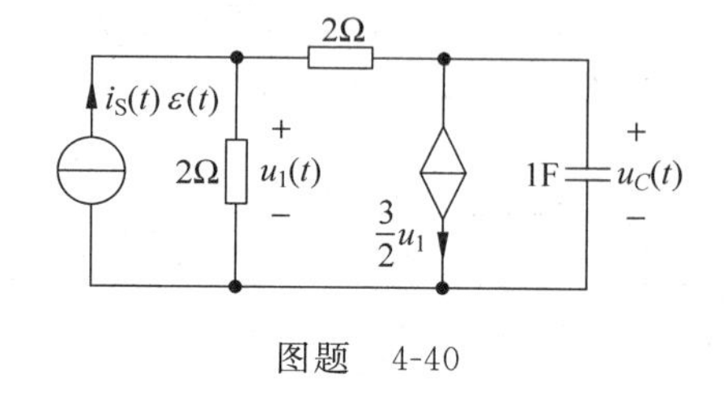

图题 4-40

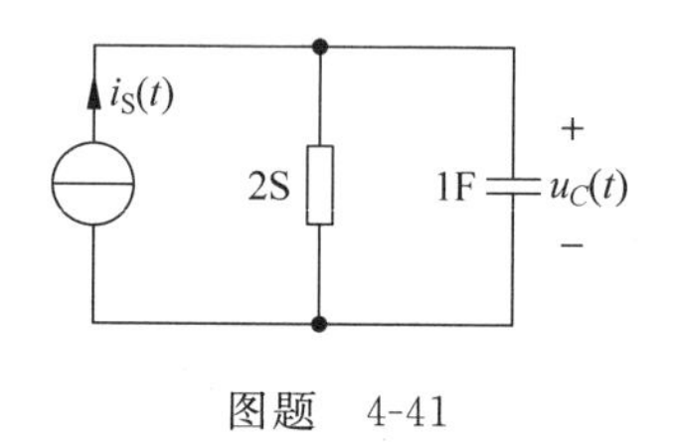

图题 4-41

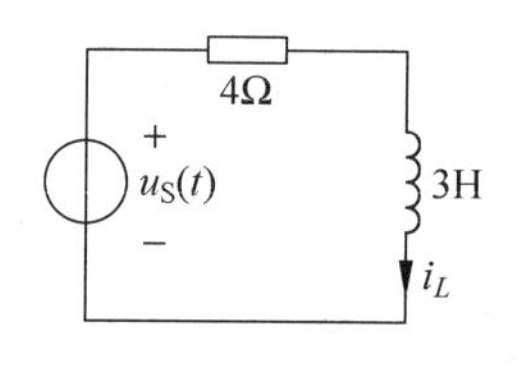

图题 4-42

4-43 在如图题 4-43 所示的电路中，网络 N_R 内只含有电阻 R，两电压源的电压单位是伏特(V)。当 $u_S(t)=2\cos t\varepsilon(t)$ 时，全响应为 $u_C(t)=1-3e^{-t}+\sqrt{2}\cos(t-45°)$(V)，$t\geqslant 0$。

(1) 求在同样初始条件下，当 $u_S(t)=0$ 时的 $u_C(t)$；

(2) 求在同样初始条件下，两个电源都为零时的 $u_C(t)$。

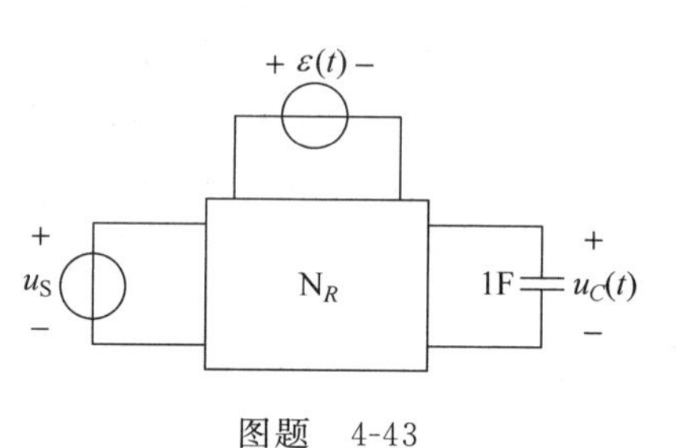

图题 4-43

4-44 无电源的 LC 回路，$L=2\text{H}$，$C=0.2\text{F}$。已知 $i(0_+)=0$，$\left.\frac{di}{dt}\right|_{0_+}=10\text{A/s}$，在某时刻电容的储能为 10J，试计算该时刻的电流是多少？

4-45 电路如图题 4-45 所示，由 $t=0$ 至 $t=1\text{s}$ 期间开关与 a 接通。在 $t=1\text{s}$ 时，开关接至 b。已知 $u_C(0_+)=10\text{V}$ 以及 $t\leqslant 1\text{s}$ 时，$i_L=0$，试计算 $u_C(t)$，$t>0$，并绘出波形图。

4-46 电路如图题 4-46 所示，开关在 $t=0$ 时打开，打开前电路已处于稳态，求 $u_C(t)$，$i_L(t)$。

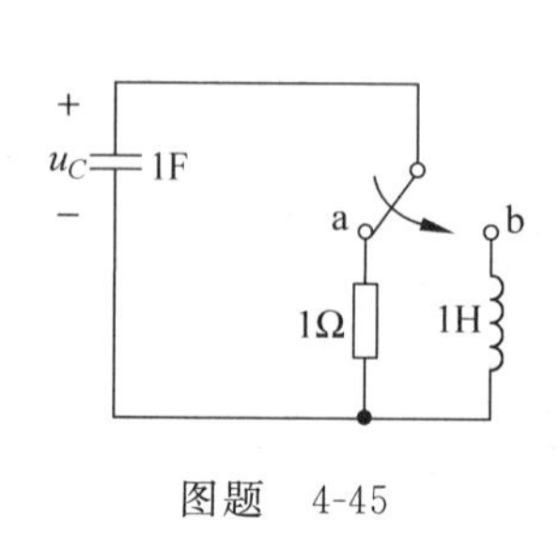

图题 4-45

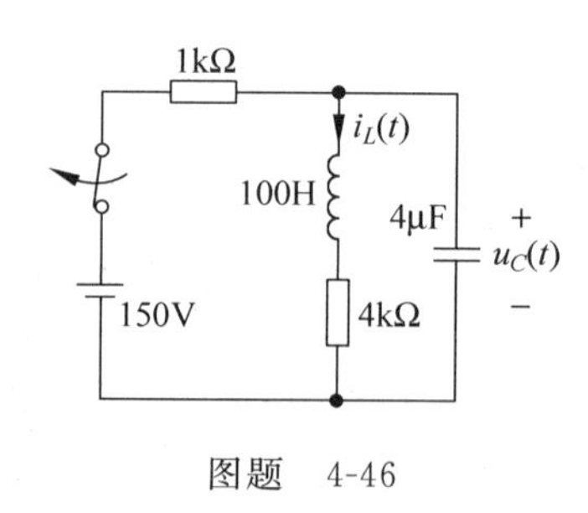

图题 4-46

4-47 电路如图题 4-47 所示，已知初始状态 $i_L(0)=0$，$u_C(0)=5\text{V}$。

(1) 求 $i_L(t)$，$0\leqslant t\leqslant 1$；

(2) 在 $t=1\text{s}$ 时，开关闭合，求 $t>1\text{s}$ 时的 $i_L(t)$。

4-48　图题 4-48 所示电路中 $R_1=0.5\Omega$，$R_2=1\Omega$，$L=0.5\text{H}$，$C=1\text{F}$。求特征方程并讨论固有响应形式与 A 的关系。

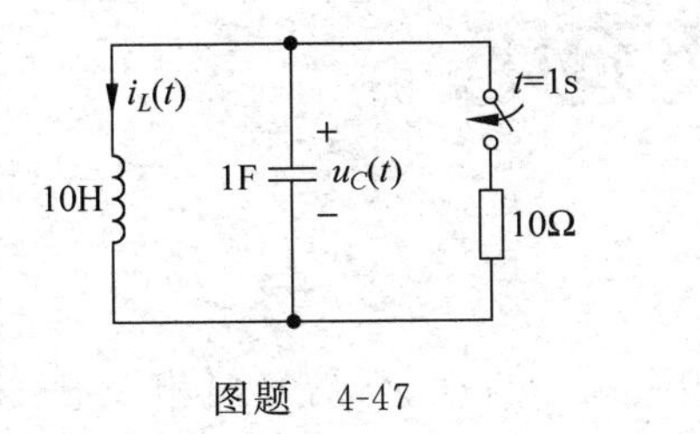

图题　4-47

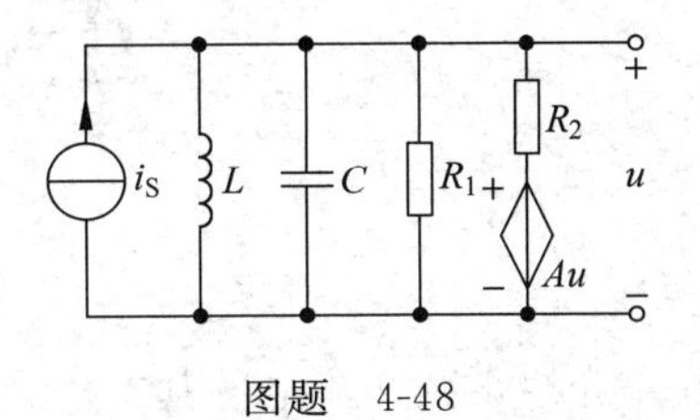

图题　4-48

第5章 正弦交流电

本章首先介绍正弦交流电的基本概念及其相量表示方法，然后导出相量形式的基尔霍夫定律和相量形式的元件电压电流约束，在此基础之上，将第2章直流电阻电路分析的各种方法和定理，推广到正弦交流电路的稳态分析，引入阻抗、导纳、频率特性、谐振以及各种功率的概念，最后简要介绍了三相电的一些知识。

5.1 引　　言

按正弦规律变化的电压和电流称为正弦信号或正弦交流电。在正弦信号激励下，电路中各处电压电流均按正弦规律周期性变化的电路，称为正弦交流电路，简称交流电路。如果电路中含有动态元件，则称为交流动态电路。

线性电路的正弦稳态响应，之所以能够引起人们的极大重视，主要原因如下：

(1) 正弦信号比较容易产生和获得。一般发电厂发出的都是正弦交流电；在科学研究和工程技术中，许多电器设备和仪器(例如实验室所用仪器)都是以正弦波为基本信号；通信中的载波信号广泛使用正弦信号。在一些大量使用直流电的场合，也往往是将交流电整流而得到直流电。

(2) 正弦交流电在传输和使用方面有着很大的优点。交流电可通过变压器任意变换电压，便于远距离高压输送电能；交流电机较之直流电机结构简单，成本低，性能好，运行可靠，维修方便。

(3) 正弦信号在数学上容易进行分析和运算。正弦信号经过各种运算(加减，积分，微分等)后仍为正弦信号，可以借助相量简化分析；而且复杂的非正弦周期信号，可以通过傅里叶(Fourier)级数展开成一系列不同频率的正弦信号之和，在一定条件下仍可设法按交流电路处理。

在正弦信号激励下线性电路的稳态响应分析，不仅是电路理论的重要课题，而且在许多后续课程(电子技术、通信、自动控制等)中，尽管其传输的信号不是正弦信号，但也广泛采用正弦信号作为分析模型，学会正弦交流电的分析方法具有很重要的实际意义。

5.2 正 弦 信 号

5.2.1 正弦量的三要素

凡满足 $f(t)=f(t+nT)$，$-\infty<t<\infty$，$n=0,\pm 1,\pm 2,\cdots$ 的函数称为周期函数。若自

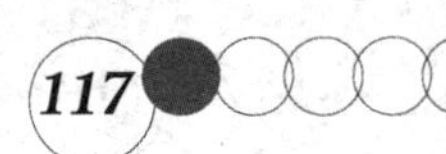

变量 t 为时间，则重复一次所需的时间 T 称为周期函数的重复周期，简称周期，以秒(s)为基本单位；每单位时间重复的次数称为频率，用符号 f 表示，即 $f=1/T$，以赫兹(Hz)为基本单位。例如，我国工业用正弦交流电的频率(简称工频)为50Hz，周期是0.02s。当频率值较高时往往用千赫(kHz)或兆赫(MHz)为单位，相应的周期则以毫秒(ms)、微秒(μs)等为单位。

正弦信号是按正弦规律变化的周期函数，其数学表达既可以用正弦函数表示，也可以用余弦函数表示，本书统一采用余弦函数，遇到正弦函数可用 $\sin\varphi=\cos\left(\varphi-\frac{\pi}{2}\right)$ 进行转换。图5-1所示波形可用数学表达式表示为

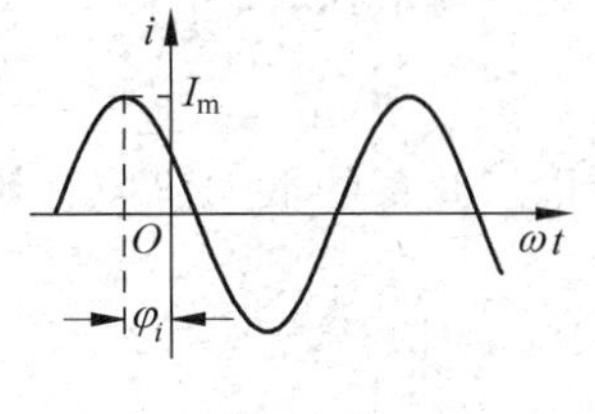

图　5-1

$$i=I_m\cos(\omega t+\varphi_i) \tag{5-1}$$

其中，i 称为瞬时值，也可用 $i(t)$ 表示；最大值 I_m 称为振幅；$(\omega t+\varphi_i)$ 称为相位角或相位；ω 称为角频率或角速度，是相位角的变化率，即 $\omega=\frac{d(\omega t+\varphi_i)}{dt}$，其单位为弧度/秒(rad/s)，$\omega$ 与 f 和 T 的关系为 $\omega=2\pi f=\frac{2\pi}{T}$；$\varphi_i$ 称为初相角或初相，它是相位角在 $t=0$ 时的值，φ_i 可正可负，决定于波形计时起点位置的选取。由式(5-1)定义的初相是多值的，各初相之间相差 2π。为唯一确定正弦量的初相角，通常约定初相在主值区间(即 $|\varphi_i|\leqslant\pi$)内取值。

可以看出，i 的大小和正负是随时间变化的。如果 i 表示电路的电流，则其大小表示 t 时刻电流值的大小，其正负表示实际电流方向与参考方向的关系，正号表示同向，异号表示反向。

正弦量可以由频率 f(或周期 T)、振幅 I_m 和初相位 φ_i 来确定，这三个数称为正弦量的三要素，它们反映了正弦量随时间变化的全貌。

正弦量的瞬时值和振幅虽然能够表示正弦量的大小，但是在工程上测量它们多采用有效值的概念。所谓正弦量的**有效值**是指这样一个对应的直流量，该直流量在时间 T 内的能量效应与一个以 T 为周期的正弦量在同样时间内的能量效应相等。

考虑周期为 T 的电流信号 $i(t)$ 通过电阻 R，其在一个周期内所产生的热量为

$$Q_i=\int_0^T i^2(t)R\mathrm{d}t$$

直流电流 I 在相同的时间内通过同一电阻 R 产生的热量为

$$Q_I=I^2RT$$

如果令周期电流 $i(t)$ 与该直流电流 I 在一个周期内所产生的热量相等，则有

$$I^2RT=\int_0^T i^2(t)R\mathrm{d}t$$

所以周期电流 $i(t)$ 的有效值定义为

$$I=\sqrt{\frac{1}{T}\int_0^T i^2(t)\mathrm{d}t} \tag{5-2}$$

可以看出，周期信号的有效值等于它的瞬时值的平方在一个周期内积分的平均值再开方，因此有效值又称为方均根值，式(5-2)适用于所有周期信号。特别的，当周期信号为正弦电流信号时，例如 $i(t)=I_m\cos(\omega t+\varphi_i)$，可得

$$I=\sqrt{\frac{1}{T}\int_0^T I_m^2\cos^2(\omega t+\varphi_i)\mathrm{d}t}=\sqrt{\frac{1}{2T}I_m^2\int_0^T[1+\cos2(\omega t+\varphi_i)]\mathrm{d}t}=\frac{1}{\sqrt{2}}I_m$$

即

$$I=\frac{1}{\sqrt{2}}I_m \quad 或 \quad I_m=\sqrt{2}I \tag{5-3}$$

对于正弦电压,同样有

$$U_m=\sqrt{2}U \tag{5-4}$$

所以正弦量的最大值与有效值之间有固定的$\sqrt{2}$倍关系,正弦交流电流、电压还可描述为

$$i=\sqrt{2}I\cos(\omega t+\varphi_i)$$

$$u=\sqrt{2}U\cos(\omega t+\varphi_u)$$

因此有效值、角频率和初相位也称为正弦量的三要素。

在工程上,一般所说的正弦量的大小均是指它的有效值,我们日常说的交流电压220V、380V就是指有效值。另外,万用表测出的读数、工程中使用的交流电气设备铭牌上的额定电压、额定电流也都是有效值。

注意:在本书中,瞬时值用小写,例 $i,i(t),u,u(t)$,不发生混淆时可不用显式写出自变量 t;最大值、有效值均为正值,用大写字母表示,例如 U,U_m,I,I_m,最大值加下标 m。

5.2.2 相位差

在正弦交流电路的分析中,经常会遇到比较两个同频率正弦量之间相位的问题,需要计算它们之间的相位差。所谓**相位差**,就是两正弦量的相位之差。设任意两个同频率的正弦量 i_1,i_2,即

$$i_1=I_{m1}\cos(\omega t+\varphi_1)$$

$$i_2=I_{m2}\cos(\omega t+\varphi_2)$$

则 i_1、i_2 之间的相位差为

$$\varphi_{12}=(\omega t+\varphi_1)-(\omega t+\varphi_2)=\varphi_1-\varphi_2 \tag{5-5}$$

上式表明两个同频率正弦量相位差在任意时刻都是与时间 t 无关的常量,等于它们的初相之差,不同初相位的正弦波形如图5-2所示。相位差 φ_{12} 反映出在同一时刻两电流 i_1 与 i_2 之间的相位关系。

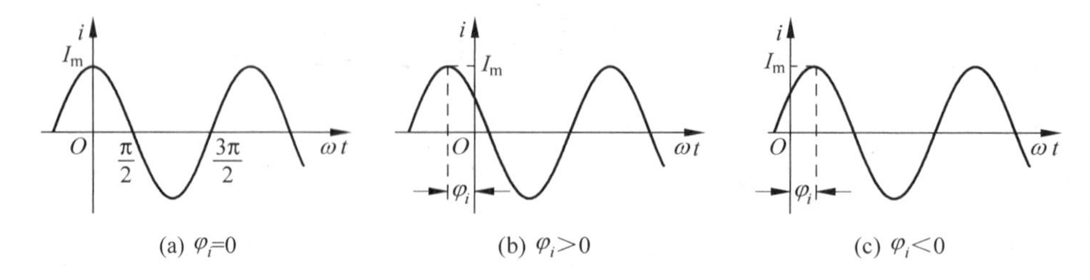

图5-2 不同初相位情况下的正弦波形

当 $\varphi_{12}=\varphi_1-\varphi_2>0$ 时,则称电流 i_1 超前电流 i_2,超前的角度为 φ_{12},说明电流 i_1 比电流 i_2 先到达正的最大值,其波形如图5-3(a)所示。当 $\varphi_{12}=\varphi_1-\varphi_2<0$ 时,则称电流 i_1

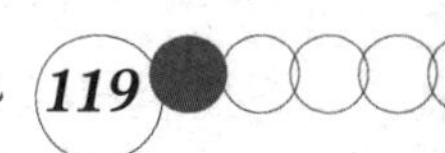

滞后电流 i_2，滞后的角度为 $|\varphi_{12}|$，说明电流 i_2 比电流 i_1 先到达正的最大值，其波形如图 5-3(b)所示。

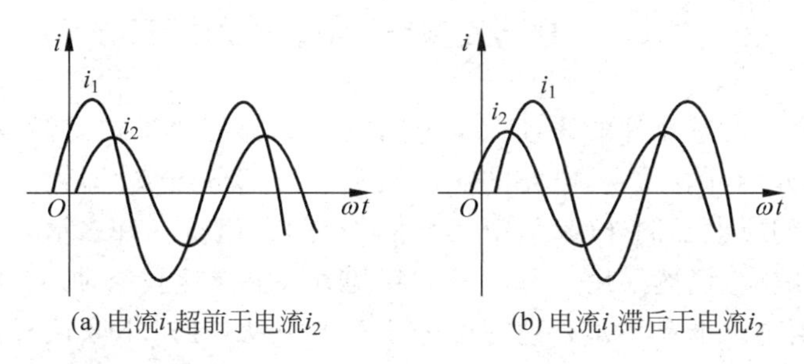

图 5-3　具有相位差的波形

超前和滞后是相对的，例如，对于图 5-3(a)，我们也可以说电流 i_2 超前电流 i_1，超前的角度为 $2\pi-\varphi_{12}$，为统一起见，通常规定相位差 $|\varphi_{12}|\leqslant\pi$，相位差超过 π 时，可通过加减 2π 的整数倍来化简。

注意：相比较的正弦量必须"三同"，即同频、同名、同号。同频即频率相同；同名即函数名相同，同为余弦函数或正弦函数，建议将正弦函数转换为余弦函数；同号即余弦前面的数值正负号相同，建议化为正值。

例 5-1　已知：$u_1=100\cos(\omega t+60°)\text{V}$，$u_2=50\cos(\omega t+10°)\text{V}$，$u_3=50\sin(\omega t-150°)\text{V}$，$u_4=-60\cos(\omega t+30°)\text{V}$，试求 u_1 与 u_2，u_3，u_4 的相位差，并指明它们超前或滞后的关系。

解　要比较相位，必须三同，即同频同名同号，为此需将 u_3，u_4 改写为

$$u_3=50\sin(\omega t-150°)=50\cos(\omega t-150°-90°)=50\cos(\omega t+120°)\text{V}$$

$$u_4=-60\cos(\omega t+30°)=60\cos(\omega t+30°-180°)=60\cos(\omega t-150°)\text{V}$$

$$\varphi_{12}=60°-10°=50° \quad (u_1\ 超前\ u_2\ 为\ 50°)$$

$$\varphi_{13}=60°-120°=-60° \quad (u_1\ 滞后\ u_3\ 为\ 60°)$$

$$\varphi_{14}=60°-(-150°)=210°$$

取主值区间得

$$\varphi_{14}=-360°+210°=-150° \quad (u_1\ 滞后\ u_4\ 为\ 150°)$$

同频率正弦量的相位差有几种特殊的情况。如果相位差 $\varphi_{12}=0$，则称电流 i_1 与电流 i_2 同相，如图 5-4(a)所示；如果相位差 $\varphi_{12}=\pm\dfrac{\pi}{2}$，则称电流 i_1 与电流 i_2 正交，如图 5-4(b)所示；如果相位差 $\varphi_{12}=\pm\pi$，则称电流 i_1 与电流 i_2 反相，如图 5-4(c)所示。

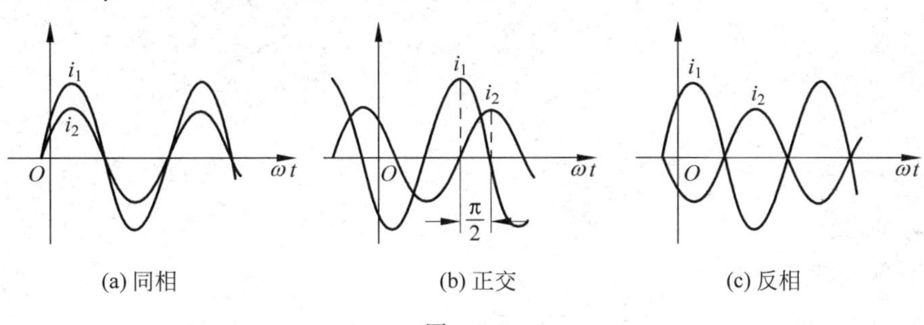

图　5-4

需要特别指出的是角频率不相同的两个正弦量间的相位差不是常数，它是时间的函数。

5.3 正弦量的相量表示

从理论上讲，含有动态元件的线性稳定电路的响应都可通过列写微分方程的方法进行求解。从第 4 章的分析可以发现，电路的响应通常由两部分组成，即暂态响应和稳态响应，对正弦激励信号的响应也不例外(参见第 4 章例 4-10)。但是在许多情况下，电路分析更关注电路的正弦稳态响应，仍然采用列写微分方程的方法显然比较繁琐，对于比较复杂的高阶电路，求解将更加困难。本章将避开列写微分方程的方法，针对正弦信号的特点，引入一种新的方法——相量法，以简化分析计算。由于相量多用复数表示，相量的运算即为复数的运算，在讨论之前，先复习一下复数的运算。

5.3.1 复数及其四则运算

1. 复数的表示

1) 代数形式

$$\dot{A} = a + \mathrm{j}b \tag{5-6}$$

其中，a 为实部，b 为虚部，$\mathrm{j}=\sqrt{-1}$。

$$a = \mathrm{Re}[\dot{A}] = \mathrm{Re}[a + \mathrm{j}b]$$

$$b = \mathrm{Im}[\dot{A}] = \mathrm{Im}[a + \mathrm{j}b]$$

式中，$\mathrm{Re}[\dot{A}]$表示取复数$\dot{A}$的实部，$\mathrm{Im}[\dot{A}]$表示取复数$\dot{A}$的虚部。

任何一个复数都可以表示在复平面上。所谓复平面是指横轴表示复数的实部、纵轴表示复数的虚部的一个平面。横轴叫实轴，记作“+1”；纵轴叫虚轴，记作“+j”。如$\dot{A}=3+\mathrm{j}2$，$\dot{B}=-2-\mathrm{j}2$，表示在复平面上如图 5-5 所示。

复数$\dot{A}$的共轭记做$\dot{A}^*$，二者的关系如图 5-6 所示，如$\dot{A}=a+\mathrm{j}b$，则$\dot{A}^*=a-\mathrm{j}b$。

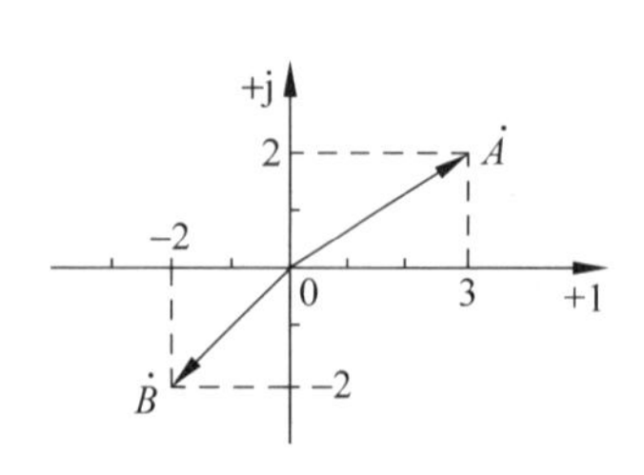

图 5-5 复平面与复数

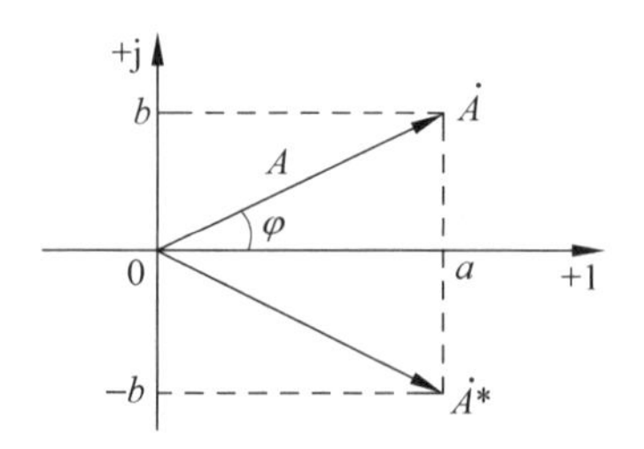

图 5-6 复数及其共轭

2) 指数形式

根据图 5-6 的关系知

$$A = \sqrt{a^2 + b^2}, \quad \varphi = \arctan\frac{b}{a}$$

$$a = A\cos\varphi \quad b = A\sin\varphi$$

式中，角 φ 在四象限内取值，一般取主值区间 $|\varphi| \leqslant \pi$。

所以

$$\dot{A} = A\cos\varphi + \mathrm{j}A\sin\varphi = A(\cos\varphi + \mathrm{j}\sin\varphi) \tag{5-7}$$

由欧拉公式

$$\mathrm{e}^{\mathrm{j}\varphi} = \cos\varphi + \mathrm{j}\sin\varphi$$

得

$$\dot{A} = A\mathrm{e}^{\mathrm{j}\varphi} \tag{5-8}$$

即为复数的指数形式，其中 A 称为复数的模，φ 称为复数的相角。

3）极坐标形式

工程上常把复数写成极坐标形式

$$\dot{A} = A\underline{/\varphi} \tag{5-9}$$

以上三种复数的表达形式完全相等，即

$$\dot{A} = a + \mathrm{j}b = A\mathrm{e}^{\mathrm{j}\varphi} = A\underline{/\varphi}$$

2. 复数的四则运算

设 $\dot{A}_1 = a_1 + \mathrm{j}b_1 = A_1\mathrm{e}^{\mathrm{j}\varphi_1} = A_1\underline{/\varphi_1}$，$\dot{A}_2 = a_2 + \mathrm{j}b_2 = A_2\mathrm{e}^{\mathrm{j}\varphi_2} = A_2\underline{/\varphi_2}$，若复数相等，即 $\dot{A}_1 = \dot{A}_2$ 时，则 $a_1 = a_2$，$b_1 = b_2$；$A_1 = A_2$，$\varphi_1 = \varphi_2$。

若 $\dot{A} = a + \mathrm{j}b = A\mathrm{e}^{\mathrm{j}\varphi} = A\underline{/\varphi}$，则其共轭复数 $\dot{A}^* = a - \mathrm{j}b = A\mathrm{e}^{-\mathrm{j}\varphi} = A\underline{/-\varphi}$。

1）加减法：代数形式运算简便

$$\dot{A}_1 \pm \dot{A}_2 = (a_1 \pm a_2) + \mathrm{j}(b_1 \pm b_2)$$

2）乘除法：指数或极坐标形式运算简便

$$\dot{A}_1 \cdot \dot{A}_2 = (a_1a_2 - b_1b_2) + \mathrm{j}(a_1b_2 + a_2b_1)$$

$$\frac{\dot{A}_1}{\dot{A}_2} = \frac{a_1 + \mathrm{j}b_1}{a_2 + \mathrm{j}b_2} = \frac{(a_1a_2 + b_1b_2) - \mathrm{j}(a_1b_2 - a_2b_1)}{a_2^2 + b_2^2}$$

$$\dot{A}_1 \cdot \dot{A}_2 = A_1A_2\mathrm{e}^{\mathrm{j}(\varphi_1+\varphi_2)} = A_1A_2\underline{/(\varphi_1 + \varphi_2)}$$

$$\frac{\dot{A}_1}{\dot{A}_2} = \frac{A_1}{A_2}\mathrm{e}^{\mathrm{j}(\varphi_1-\varphi_2)} = \frac{A_1}{A_2}\underline{/(\varphi_1 - \varphi_2)}$$

5.3.2 相量与相量图

线性电路对于正弦激励的响应，在电路达到稳态时，都是与激励频率相同的正弦量。一个正弦量可由它的振幅、角频率和初相这三个要素唯一地确定，激励的频率通常是已知的，因此要求出响应，只需求出其振幅(或有效值)和初相即可。相量法就是利用这一特点，用相量(复数)表示正弦量的振幅(或有效值)和初相，将电路微分方程转换为复数代数方程，从而大大简化正弦稳态电路的分析计算。由欧拉公式

$$U_m e^{j(\omega t+\varphi_u)} = U_m\cos(\omega t+\varphi_u) + jU_m\sin(\omega t+\varphi_u)$$

正弦电压

$$\begin{aligned} u &= U_m\cos(\omega t+\varphi_u) = \mathrm{Re}[U_m e^{j(\omega t+\varphi_u)}] \\ &= \mathrm{Re}[U_m e^{j\varphi_u}\cdot e^{j\omega t}] = \mathrm{Re}[\sqrt{2}U e^{j\varphi_u}\cdot e^{j\omega t}] \\ &= \mathrm{Re}[\dot{U}_m e^{j\omega t}] = \mathrm{Re}[\sqrt{2}\,\dot{U} e^{j\omega t}] \end{aligned}$$

其中，$\dot{U}_m = U_m e^{j\varphi_u} = U_m \angle\varphi_u$，由最大值和初相构成，定义为正弦量 u 的振幅相量；$\dot{U} = U e^{j\varphi_u} = U\angle\varphi_u$，由有效值和初相构成，定义为正弦量 u 的有效值相量。$\dot{U}_m$ 与$\dot{U}$的关系为$\dot{U}_m = \sqrt{2}\dot{U}$。电路分析中经常使用的是有效值相量。

相量反映了正弦量的两个重要的要素，如果角频率 ω 已知，则由相量可写出正弦量的瞬时值；当然，若正弦量的瞬时值已知，也可以由瞬时值写出相量。但必须注意：瞬时值 u 与$\dot{U}$是一一对应的关系，不是相等关系。正弦量 u 是时间 t 的函数，而相量$\dot{U}$是一个复常数，故相量不等于正弦量，正弦量也不等于相量，即

$$\dot{U} \neq u, \quad \dot{U}_m \neq u$$

若 $u_1 = u_2$ 为同频率的正弦量，$\dot{U}_1$、$\dot{U}_2$ 为其对应的相量，则

$$u_1 = u_2 \quad \Leftrightarrow \quad \dot{U}_1 = \dot{U}_2$$

将相量画在复平面上即称为**相量图**，如图 5-7 所示即为$\dot{U}$的相量图。利用相量图可以直观地比较各正弦量的相位关系，进行矢量图形运算，简化正弦稳态电路的分析过程。

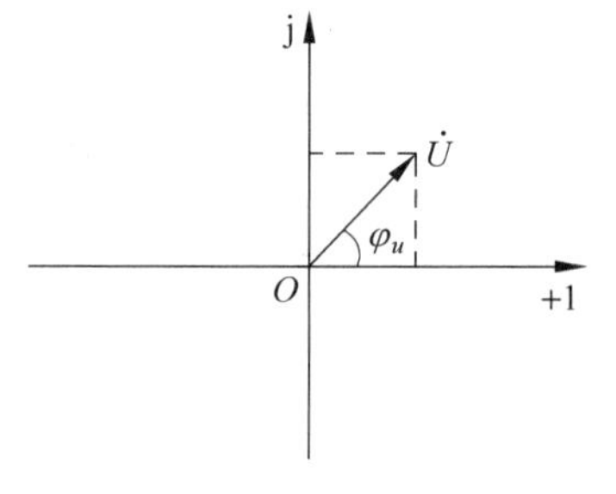

图 5-7 相量图

例 5-2 已知：$i_1 = 10\cos(314t+45°)$A，$i_2 = -10\cos(314t+30°)$A，$i_3 = 10\sin(314t+45°)$A。试写出它们对应的有效值相量，并画相量图。

解 要画相量图，也必须同频同名同号，为此需将 i_2、i_3 改写为

$$i_2 = -10\cos(314t+30°) = 10\cos(314t+30°-180°) = 10\cos(314t-150°)\text{A}$$

$$i_3 = 10\sin(314t+45°) = 10\cos(314t+45°-90°) = 10\cos(314t-45°)\text{A}$$

所以有效值相量为

$$\dot{I}_1 = \frac{10}{\sqrt{2}}\angle 45° = 5\sqrt{2}\angle 45° = 5 + j5$$

$$\dot{I}_2 = 5\sqrt{2}\angle -150° = -\frac{5\sqrt{6}}{2} - j\frac{5\sqrt{2}}{2}$$

$$\dot{I}_3 = 5\sqrt{2}\angle -45° = 5 - j5$$

相量图如图 5-8 所示。

相量的性质

性质 1 若$\dot{A}_1$、$\dot{A}_2$ 为任意两个相量，则

$$\mathrm{Re}[\dot{A}_1+\dot{A}_2]=\mathrm{Re}[\dot{A}_1]+\mathrm{Re}[\dot{A}_2]$$

若 α 为任意实数,则

$$\mathrm{Re}[\alpha\dot{A}_1]=\alpha\mathrm{Re}[\dot{A}_1]$$

若 α_1 和 α_2 为任意两个实数,则

$$\mathrm{Re}[\alpha_1\dot{A}_1+\alpha_2\dot{A}_2]=\alpha_1\mathrm{Re}[\dot{A}_1]+\alpha_2\mathrm{Re}[\dot{A}_2]$$

性质 2 如果 $\dot{A}=\dot{B}$,则对于任意角频率 ω,有 $\mathrm{Re}[\dot{A}\mathrm{e}^{\mathrm{j}\omega t}]=\mathrm{Re}[\dot{B}\mathrm{e}^{\mathrm{j}\omega t}]$;同样,如果对于所有 t,$\mathrm{Re}[\dot{A}\mathrm{e}^{\mathrm{j}\omega t}]=\mathrm{Re}[\dot{B}\mathrm{e}^{\mathrm{j}\omega t}]$,则 $\dot{A}=\dot{B}$。

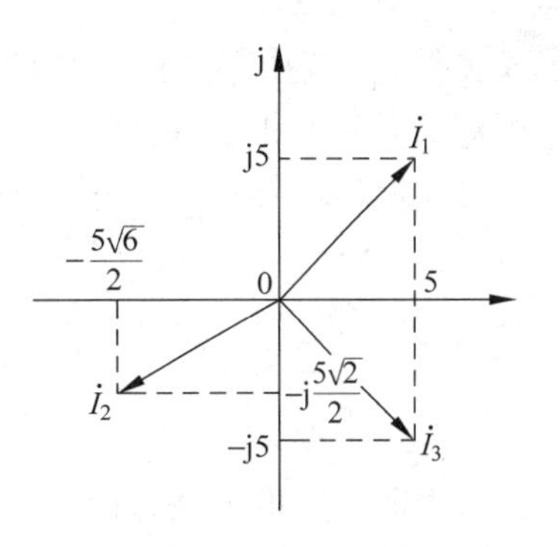

图 5-8 例 5-2 图

本性质前一结论证明简单,不再具体推导。关于后一结论证明如下:

因为对于所有 t 均有 $\mathrm{Re}[\dot{A}\mathrm{e}^{\mathrm{j}\omega t}]=\mathrm{Re}[\dot{B}\mathrm{e}^{\mathrm{j}\omega t}]$,令 $t=0$,得 $\mathrm{Re}[\dot{A}]=\mathrm{Re}[\dot{B}]$,即 $\dot{A}$,$\dot{B}$ 实部相等。令 $t=\frac{\pi}{2\omega}$ 时,得 $\mathrm{Re}[\mathrm{j}\dot{A}]=\mathrm{Re}[\mathrm{j}\dot{B}]$,即 $\dot{A}$,$\dot{B}$ 虚部相等;根据复数相等的条件,$\dot{A}=\dot{B}$。

5.4 基尔霍夫定律的相量形式

借助于相量法分析正弦稳态响应时,主要问题归结为求解以电流相量或电压相量为未知量的相量代数方程,为此,需要研究在电路的任意节点上各支路电流相量间的关系,以及在电路的任意回路中各支路电压相量间的关系,这就是本节将要讨论的基尔霍夫定律的相量形式。

对任意时刻,连接集中参数电路任意一个节点的 b 条支路满足 KCL 的时域形式

$$\sum_{k=1}^{b}i_k=0$$

在正弦稳态电路中,各支路响应都是与激励同频率的正弦时间函数,设正弦电流

$$i_k=\sqrt{2}I_k\cos(\omega t+\varphi_k)\leftrightarrow\dot{I}_k=I_k\angle\varphi_k$$

即

$$i_k=\sqrt{2}I_k\cos(\omega t+\varphi_k)=\mathrm{Re}[\sqrt{2}\dot{I}_k\mathrm{e}^{\mathrm{j}\omega t}]$$

则

$$\sum_{k=1}^{b}i_k=\sum_{k=1}^{b}\mathrm{Re}[\sqrt{2}\dot{I}_k\mathrm{e}^{\mathrm{j}\omega t}]=\mathrm{Re}\left[\sum_{k=1}^{b}\sqrt{2}\dot{I}_k\mathrm{e}^{\mathrm{j}\omega t}\right]=\sqrt{2}\mathrm{Re}\left[\left(\sum_{k=1}^{b}\dot{I}_k\right)\mathrm{e}^{\mathrm{j}\omega t}\right]=0$$

由于上式在任意时刻 t 均为零,所以必有

$$\sum_{k=1}^{b}\dot{I}_k=0 \tag{5-10}$$

实际上,由相量性质 2,不难证明,基尔霍夫定律的时域形式与相量形式是等价的。式(5-10)即基尔霍夫电流定律(KCL)的相量形式。

也可以使用最大值相量形式

$$\sum_{k=1}^{b}\dot{I}_{mk}=0 \tag{5-11}$$

上式表明：在集中参数的正弦稳态电路中，流出(或流入)任意节点的各支路电流相量(最大值相量或有效值相量)的代数和为零。

同理，可以导出基尔霍夫电压定律(KVL)的相量形式

$$\sum_{k=1}^{b} \dot{U}_k = 0 \tag{5-12}$$

$$\sum_{k=1}^{b} \dot{U}_{mk} = 0 \tag{5-13}$$

它表明：在集中参数的正弦稳态电路中，沿任意回路环行一周，其各支路电压相量(最大值相量或有效值相量)的代数和为零。

注意：基尔霍夫定律的相量形式中各项必须是相量，各电流有效值(或振幅)之间不存在KCL，同样各电压有效值(或振幅)之间不存在KVL，即

$$\sum_{k=1}^{b} I_k \neq 0, \quad \sum_{k=1}^{b} U_k \neq 0$$

5.5 阻抗与导纳

任意复杂电路都可以看成是由单一元件组合而成，所以本节首先讨论交流电路中单一元件的电压电流关系的相量形式。

5.5.1 电阻元件

对于电阻元件，设

$$u_R(t) = U_{Rm}\cos(\omega t + \varphi_u) = \sqrt{2}U_R\cos(\omega t + \varphi_u) = \mathrm{Re}[\sqrt{2}\,\dot{U}_R \mathrm{e}^{\mathrm{j}\omega t}]$$

$$i_R(t) = I_{Rm}\cos(\omega t + \varphi_i) = \sqrt{2}I_R\cos(\omega t + \varphi_i) = \mathrm{Re}[\sqrt{2}\,\dot{I}_R \mathrm{e}^{\mathrm{j}\omega t}]$$

其中，$\dot{U}_R = U_R \angle \varphi_u$，$\dot{I}_R = I_R \angle \varphi_i$。

对于线性电阻R，其时域关系满足

$$u_R(t) = Ri_R(t)$$

$$\mathrm{Re}[\sqrt{2}\,\dot{U}_R \mathrm{e}^{\mathrm{j}\omega t}] = R \cdot \mathrm{Re}[\sqrt{2}\,\dot{I}_R \mathrm{e}^{\mathrm{j}\omega t}]$$

因为上式对任意t均成立，则

$$\dot{U}_R = \dot{I}_R R \tag{5-14}$$

此即电阻元件伏安关系(VCR)的相量形式，也就是电阻元件的相量模型。

式(5-14)表明：有效值关系

$$U_R = I_R R \tag{5-15}$$

相位关系

$$\varphi_u = \varphi_i \tag{5-16}$$

即电阻电压与电流同相。这一关系也可从图5-9(c)相位图、图5-10时域波形图看出。

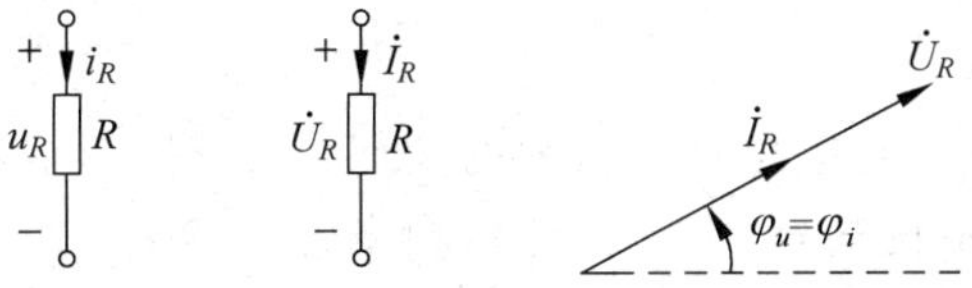

(a) 时域模型 (b) 相量模型 (c) 相位图

图 5-9 电阻元件电流、电压相位图

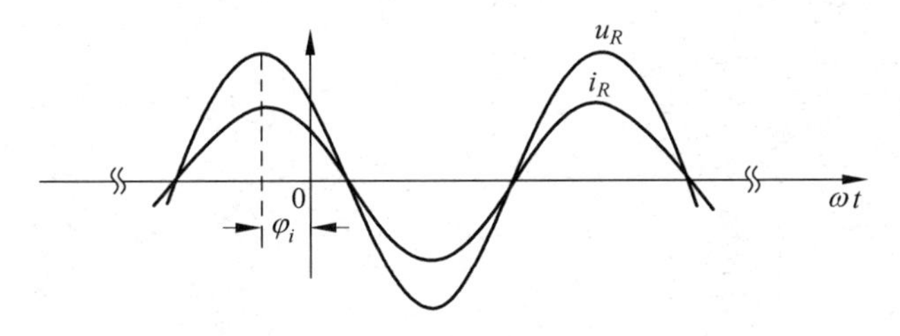

图 5-10 电阻支路电压与电流同相

5.5.2 电容元件

对于电容元件，设

$$u_C(t)=U_{Cm}\cos(\omega t+\varphi_u)=\sqrt{2}U_C\cos(\omega t+\varphi_u)=\mathrm{Re}[\sqrt{2}\,\dot{U}_C\mathrm{e}^{\mathrm{j}\omega t}]$$

$$i_C(t)=I_{Cm}\cos(\omega t+\varphi_i)=\sqrt{2}I_C\cos(\omega t+\varphi_i)=\mathrm{Re}[\sqrt{2}\,\dot{I}_C\mathrm{e}^{\mathrm{j}\omega t}]$$

其中，$\dot{U}_C=U_C\angle\varphi_u$，$\dot{I}_C=I_C\angle\varphi_i$。

对于线性电容 C，其时域关系满足

$$i_C(t)=C\frac{\mathrm{d}u_C(t)}{\mathrm{d}t}$$

$$\mathrm{Re}[\sqrt{2}\,\dot{I}_C\mathrm{e}^{\mathrm{j}\omega t}]=C\frac{\mathrm{dRe}[\sqrt{2}\,\dot{U}_C\mathrm{e}^{\mathrm{j}\omega t}]}{\mathrm{d}t}=\mathrm{Re}[\mathrm{j}\omega C\sqrt{2}\,\dot{U}_C\mathrm{e}^{\mathrm{j}\omega t}]$$

因为上式对任意 t 均成立，所以

$$\dot{I}_C=\mathrm{j}\omega C\dot{U}_C=\omega C\dot{U}_C\mathrm{e}^{\mathrm{j}\frac{\pi}{2}}$$

或

$$\dot{U}_C=\frac{1}{\mathrm{j}\omega C}\dot{I}_C=\frac{1}{\omega C}\dot{I}_C\mathrm{e}^{-\mathrm{j}\frac{\pi}{2}} \tag{5-17}$$

此即电容元件伏安关系(VCR)的相量形式，也就是电容元件的相量模型。

式(5-17)表明：有效值关系

$$U_C=\frac{1}{\omega C}I_C \tag{5-18}$$

相位关系

$$\varphi_u=\varphi_i-\frac{\pi}{2} \tag{5-19}$$

通常定义 $X_C=-\dfrac{1}{\omega C}=-\dfrac{1}{2\pi fC}$为电容的容抗(capacitive reactance)，这是正弦交流电路中的一个导出参数，数值与电阻具有相同的量纲，它反映了电容对正弦电流抵抗能力的强弱，负号表示容性。X_C 不仅与 C 有关而且与频率 ω 有关。当 C 值一定时，对一定的电压 U_C 来说，频率越高则 I_C 越大，也就是说电流越容易通过；频率越低，则 I_C 越小，电流越难通过。当 $\omega=0$ 时电容相当于开路，这正好符合电容通高频阻低频、通交流隔直流的特性。

式(5-19)表明电容电压滞后电流 90°或$\dfrac{\pi}{2}$。这一关系也可从图 5-11(c)相位图、图 5-12 时域波形图看出。

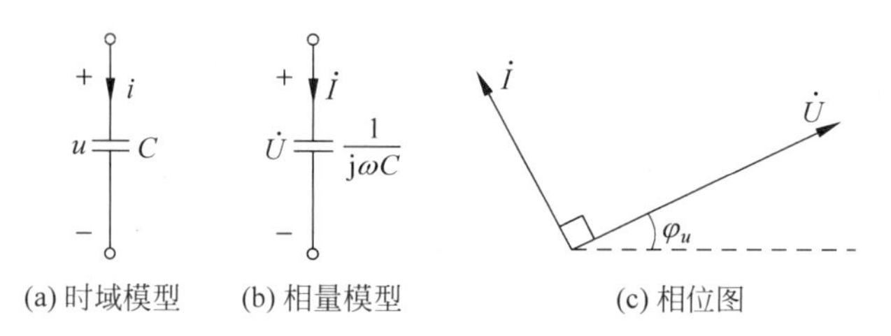

图 5-11 电容元件电流、电压相位图

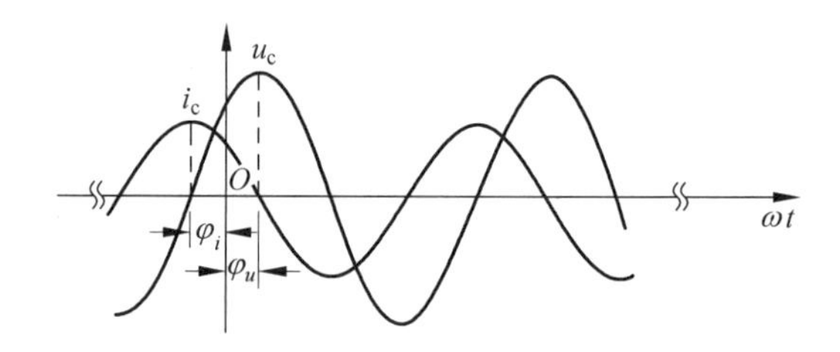

图 5-12 电容支路电压滞后电流 90°或$\dfrac{\pi}{2}$

5.5.3 电感元件

对于线性电感元件，设

$$u_L(t)=U_{Lm}\cos(\omega t+\varphi_u)=\sqrt{2}U_L\cos(\omega t+\varphi_u)=\mathrm{Re}[\sqrt{2}\,\dot{U}_L\mathrm{e}^{\mathrm{j}\omega t}]$$

$$i_L(t)=I_{Lm}\cos(\omega t+\varphi_i)=\sqrt{2}I_L\cos(\omega t+\varphi_i)=\mathrm{Re}[\sqrt{2}\,\dot{I}_L\mathrm{e}^{\mathrm{j}\omega t}]$$

其中，$\dot{U}_L=U_L\angle\varphi_u$，$\dot{I}_L=I_L\angle\varphi_i$。

对于线性电感 L，其时域关系满足

$$u_L(t)=L\frac{\mathrm{d}i_L(t)}{\mathrm{d}t}$$

$$\mathrm{Re}[\sqrt{2}\,\dot{U}_L\mathrm{e}^{\mathrm{j}\omega t}]=L\frac{\mathrm{dRe}[\sqrt{2}\,\dot{I}_L\mathrm{e}^{\mathrm{j}\omega t}]}{\mathrm{d}t}=\mathrm{Re}[\mathrm{j}\omega L\sqrt{2}\,\dot{I}_L\mathrm{e}^{\mathrm{j}\omega t}]$$

因为上式对任意 t 均成立，所以

$$\dot{U}_L=\mathrm{j}\omega L\dot{I}_L=\omega L\dot{I}_L\mathrm{e}^{\mathrm{j}\frac{\pi}{2}} \tag{5-20}$$

此即电感元件伏安关系(VCR)的相量形式,也就是电感元件的相量模型。

式(5-20)表明:有效值关系

$$U_L = \omega L I_L \tag{5-21}$$

相位关系

$$\varphi_u = \varphi_i + \frac{\pi}{2} \tag{5-22}$$

通常定义 $X_L=\omega L=2\pi fL$ 为电感的感抗(inductive reactance),它与电阻具有相同的量纲,它反映了电感对正弦电流抵抗能力的强弱,正号表示感性。X_L 不仅与 L 有关而且与频率 ω 有关。当 L 值一定时,对一定的电压 U_L 来说,频率越高则 I_L 越小,也就是说电流越难通过;频率越低,则 I_L 越大,电流越容易通过。当 $\omega=0$ 时电感相当于短路,这正好符合电感通低频阻高频、通直流阻交流的特性。

式(5-22)表明电感电压超前电流 90°或$\frac{\pi}{2}$。这一关系也可从图 5-13(c)相位图、图 5-14 时域波形图看出。

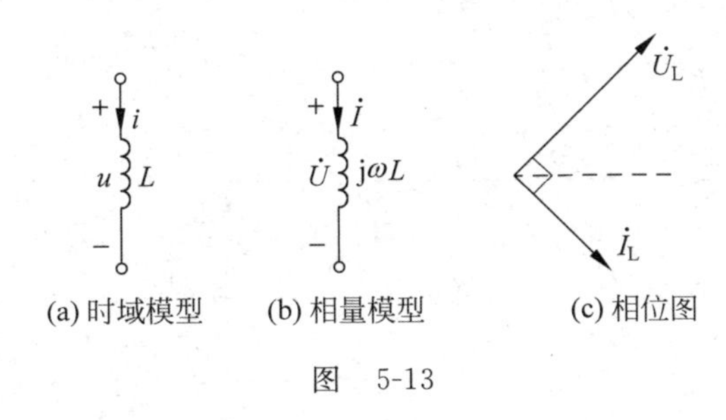

(a) 时域模型　(b) 相量模型　(c) 相位图

图 5-13

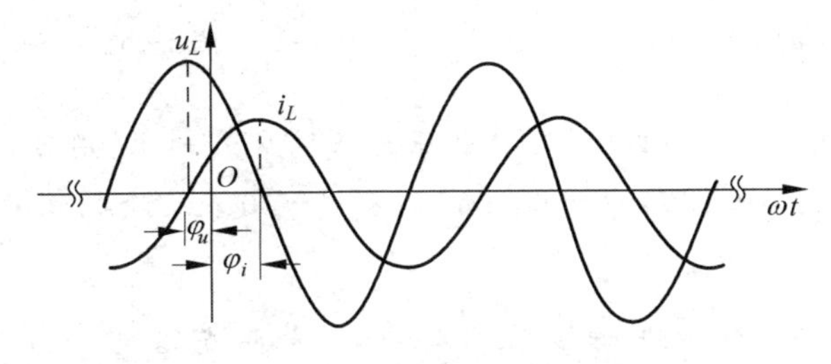

图 5-14 电感支路电流滞后电压 90°或$\frac{\pi}{2}$

例 5-3 图 5-15 所示电路,开关在 $t=0$ 时闭合,闭合前电路无储能,$i(0)=0$,$u_S=U_m\cos\omega t$,求 $t>0$ 的稳态响应 i。

解 由图 5-15,保持电路结构不变,各元件用其电路相量模型表示,各电压电流用其相量表示,可画出原电路的相量模型如图 5-16 所示。

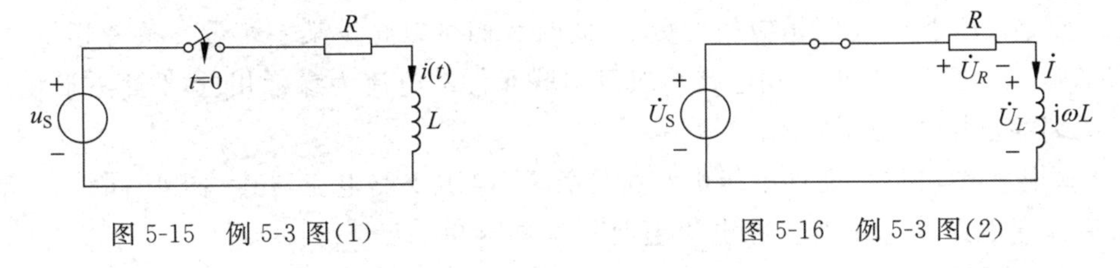

图 5-15 例 5-3 图(1)　　图 5-16 例 5-3 图(2)

由 KVL 得

$$\dot{U}_S = \dot{U}_R + \dot{U}_L$$

因为

$$\dot{U}_S = \frac{U_m}{\sqrt{2}}\angle 0°, \quad \dot{U}_R = \dot{I}R, \quad \dot{U}_L = \dot{I}\cdot j\omega L$$

所以

$$\frac{U_m}{\sqrt{2}}\angle 0° = \dot{I}R + \dot{I}\cdot j\omega L$$

$$\dot{I} = \frac{\frac{U_m}{\sqrt{2}}\angle 0°}{R + j\omega L} = \frac{U_m}{\sqrt{2(R^2 + (\omega L)^2)}}\angle -\arctan\frac{\omega L}{R}$$

其稳态响应为

$$i(t) = \frac{U_m}{\sqrt{R^2 + \omega^2 L^2}}\cos\left(\omega t - \arctan\frac{\omega L}{R}\right), \quad t > 0$$

电路的相量图如图 5-17 所示。

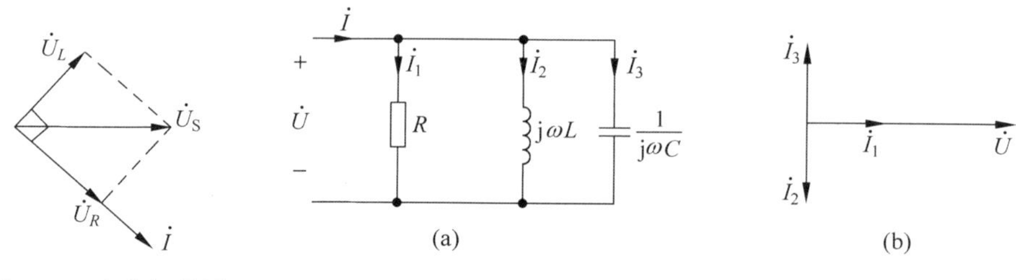

图 5-17 电路相量图

图 5-18 例 5-4 图

例 5-4 电路如图 5-18(a)所示，端口电压为正弦交流电源，用万用表交流档测得电阻电流为 5A，电感电流为 6A，电容电流为 6A，如果用万用表交流档测端口电流 I，测得读数是多少？

解 此题可用相量图分析法。设$\dot{U}$ 为参考相量，电阻支路电流与其端电压同相，$\dot{I}_1 = I_1\angle 0° = 5\angle 0°$；电感支路电流滞后其端电压 90°，$\dot{I}_2 = I_2\angle -90° = 6\angle -90°$；电容支路电流超前其端电压 90°，$\dot{I}_3 = I_3\angle 90° = 6\angle 90°$；故 $\dot{I} = \dot{I}_1 + \dot{I}_2 + \dot{I}_3 = \dot{I}_1\angle 0° = 5\angle 0°$。做相量图如图 5-18(b) 所示，可得 $I = I_1 = 5$A，端口总电流为 5A。

注意：

(1) 万用表测出的读数为有效值，不是 $I \neq I_1 + I_2 + I_3$，而是 $\dot{I} = \dot{I}_1 + \dot{I}_2 + \dot{I}_3$。

(2) 此题没有告诉我们相应的相量值，此时我们可以先设某一相量为参考相量，则其他相量即可确定。通常，对于串联电路一般设串联元件的电流为参考相量，对于并联电路设并联元件两端的电压为参考相量。

(3) 画相量图可根据元件电压电流相位关系，电阻支路电流与其端电压同相，电感支路电流滞后其端电压 90°，电容支路电流超前其端电压 90°。

5.5.4 阻抗与导纳

由三种基本元件的电压电流关系的相量形式

$$\dot{U}_R = \dot{I}_R R \quad \dot{U}_C = \frac{1}{\mathrm{j}\omega C}\dot{I}_C = \mathrm{j}X_C\dot{I}_C \quad \dot{U}_L = \mathrm{j}\omega L\dot{I}_L = \mathrm{j}X_L\dot{I}_L$$

可以发现,三种元件电压相量与电流相量之比为一个复数。为统一表示,我们引入无源二端网络阻抗的概念,如图 5-19 所示。

定义

$$Z = \frac{\dot{U}}{\dot{I}} \tag{5-23}$$

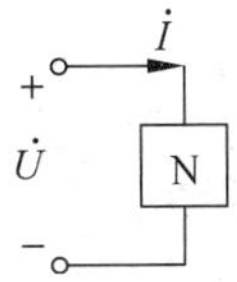

为二端网络 N 的阻抗,单位为欧姆(Ω)。

$\dot{I}$ + $\dot{U}$ − N

图 5-19

定义

$$Y = \frac{\dot{I}}{\dot{U}} \tag{5-24}$$

为二端网络 N 的导纳。单位为西门子(S)。式(5-23)、式(5-24)称为**相量形式的欧姆定律**。

对于同一二端网络,其阻抗与导纳互为倒数,即 $Y=1/Z$。如设$\dot{U}=U\angle\varphi_u$,$\dot{I}=I\angle\varphi_i$,$Z=|Z|\angle\theta_z$,则

$$|Z| = \frac{U}{I} \tag{5-25}$$

称为阻抗模。

$$\theta_z = \varphi_u - \varphi_i \tag{5-26}$$

称为阻抗角。

这样,电阻的阻抗为 $Z=R$,电容的阻抗为 $Z=\frac{1}{\mathrm{j}\omega C}$,电感的阻抗为 $Z=\mathrm{j}\omega L$。

如果将复阻抗 Z 写成代数式 $Z=R+\mathrm{j}X$,将复导纳写成代数式 $Y=G+\mathrm{j}B$,则实数 R 称作 Z 的电阻部分,实数 X 称作 Z 的电抗部分;实数 G 称作 Y 的电导部分,实数 B 称作 Y 的电纳部分。

需要注意:一般情况下,$G\neq\frac{1}{R}$,$B\neq\frac{1}{X}$,而是满足下式

$$G = \frac{R}{R^2+X^2} \qquad B = -\frac{X}{R^2+X^2}$$

$$R = \frac{G}{G^2+B^2} \qquad X = -\frac{B}{G^2+B^2}$$

阻抗的模、幅角(阻抗角)都是由元件参数和电源频率决定的,与电路上作用的电压、电流的大小无关。当电抗 $X>0$,即 $X_L+X_C>0$ 时,阻抗角大于零,电压超前电流,电路呈感性,称为感性电路;当电抗 $X<0$,即 $X_L+X_C<0$ 时,阻抗角小于零,电压滞后电流,电路呈容性,称为容性电路;当电抗 $X=0$,即 $X_L+X_C=0$ 时,阻抗角等于零,电压与电流同相,电路呈纯阻性。

5.6 正弦稳态电路的相量分析法

5.6.1 简单串并联

阻抗的串并联与纯电阻的串并联分析一致，阻抗的串联等效于一个阻抗，如图 5-20 所示，等效阻抗值为各串联阻抗值之和

$$Z = Z_1 + Z_2 + \cdots + Z_n \tag{5-27}$$

阻抗的并联等效于一个阻抗，如图 5-21 所示，其等效阻抗的倒数(导纳)为各并联阻抗的倒数之和

$$Y = Y_1 + Y_2 + \cdots + Y_n \tag{5-28}$$

或

$$\frac{1}{Z} = \frac{1}{Z_1} + \frac{1}{Z_2} + \cdots + \frac{1}{Z_n} \tag{5-29}$$

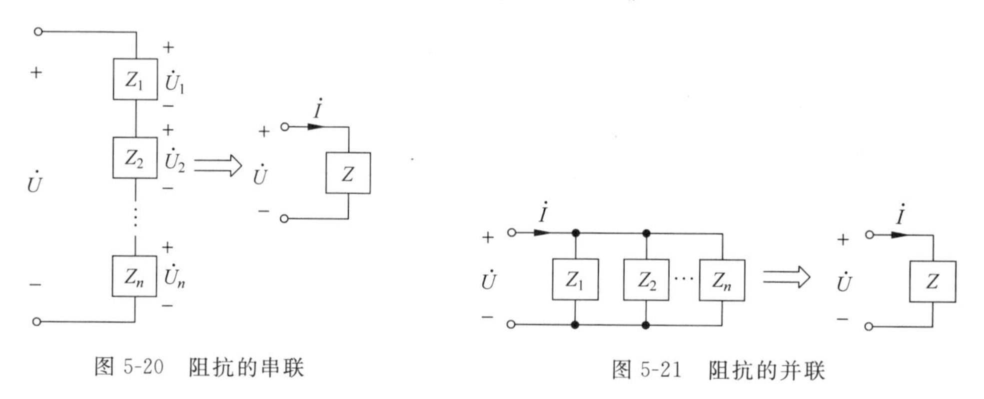

图 5-20 阻抗的串联

图 5-21 阻抗的并联

5.6.2 复杂电路分析

用于正弦稳态电路分析的基本定律(相量形式的 KCL、KVL 和欧姆定律)，与用于直流电阻电路分析的基本定律的形式完全相同，只要注意直流电量与相量、电阻与阻抗、电导与导纳的对应情况，换句话说，只要注意这种分析是对电路的相量模型进行即可，直流电阻电路的各种分析方法及定理(网孔分析法、节点分析法、叠加定理、戴维南定理以及诺顿定理)都无需改变形式就可以应用于正弦稳态电路的分析中。

关于电路的相量模型，严格地说应当包含两方面的内容：其一，电路中所有正弦量(包括正弦电源和各支路电压电流等)都用它们对应的相量代替；其二，所有的电路元件都用它们的相量模型代替，即电阻 R 用 R 代替，电容 C 用 $\frac{1}{\mathrm{j}\omega C}$ 代替，电感 L 用 $\mathrm{j}\omega L$ 代替。这样，就可由原来的时域电路模型得出其对应的相量电路模型(频域模型)。下面通过一些例题来说明正弦稳态电路的相量分析法。

例 5-5 在图 5-22(a)所示电路中，电压源 $u_S(t)=10\sqrt{2}\cos 1\,000t(\mathrm{V})$，求 $i_1(t)$和 $i_2(t)$。

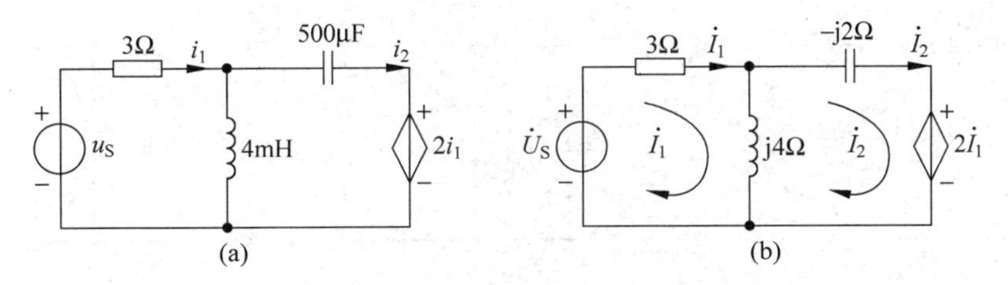

图 5-22 例 5-5 图

解 作原电路相量模型如图 5-22(b)所示，其中$\dot{U}_S=10\angle 0^\circ$，用网孔分析法列写电路方程如下

$$\begin{cases}(3+\mathrm{j}4)\dot{I}_1-\mathrm{j}4\dot{I}_2=10\angle 0^\circ\\ -\mathrm{j}4\dot{I}_1+(-\mathrm{j}2+\mathrm{j}4)\dot{I}_2=-2\dot{I}_1\end{cases}$$

解方程得

$$\begin{cases}\dot{I}_1=\dfrac{10}{7-\mathrm{j}4}=1.24\angle 29.7^\circ\mathrm{A}\\ \dot{I}_2=\dfrac{20+\mathrm{j}30}{13}=2.77\angle 56.3^\circ\mathrm{A}\end{cases}$$

$$i_1(t)=1.75\cos(1\,000t+29.7^\circ)$$

$$i_2(t)=3.92\cos(1\,000t+56.3^\circ)$$

例 5-6 电路的相量模型如图 5-23 所示。试列出节点电压方程。

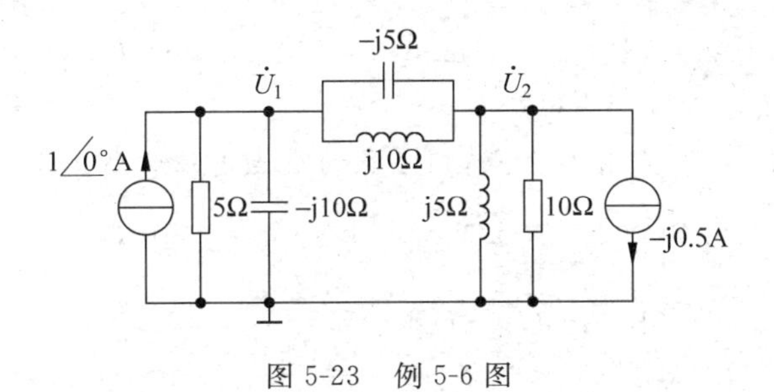

图 5-23 例 5-6 图

解 观察法列写节点方程为

$$\begin{cases}\left(\dfrac{1}{5}+\dfrac{1}{-\mathrm{j}10}+\dfrac{1}{\mathrm{j}10}+\dfrac{1}{-\mathrm{j}5}\right)\dot{U}_1-\left(\dfrac{1}{-\mathrm{j}5}+\dfrac{1}{\mathrm{j}10}\right)\dot{U}_2=1\angle 0^\circ\\ -\left(\dfrac{1}{-\mathrm{j}5}+\dfrac{1}{\mathrm{j}10}\right)\dot{U}_1+\left(\dfrac{1}{10}+\dfrac{1}{\mathrm{j}5}+\dfrac{1}{\mathrm{j}10}+\dfrac{1}{-\mathrm{j}5}\right)\dot{U}_2=-(-\mathrm{j}0.5)\end{cases}$$

整理得

$$\begin{cases}(2+\mathrm{j}2)\dot{U}_1-\mathrm{j}\dot{U}_2=10\angle 0^\circ\\ -\mathrm{j}\dot{U}_1+(1-\mathrm{j})\dot{U}_2=\mathrm{j}5\end{cases}$$

例 5-7 试求图 5-24(a)所示电路的输入阻抗 Z。

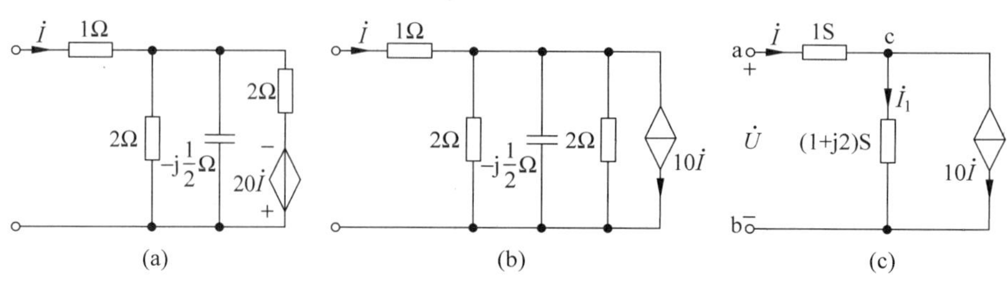

图 5-24 例 5-7 图

解 图 5-24 (a)所示单口网络含有受控源,因此要用外加电源法求 Z。画出图 5-24(a)的等效电路如图 5-24(b)所示,化简后如图 5-24(c)所示,图 5-24(c)中无源元件为导纳。设输入电压为$\dot{U}$。

(1) 用观察法求端口的 VCR。

$$\dot{I}_1 = \dot{I} - 10\dot{I} = -9\dot{I}$$

$$\dot{U} = \frac{\dot{I}}{1} + \frac{\dot{I}_1}{1+j2} = \dot{I} - \frac{9\dot{I}}{1+j2}$$

输入阻抗 $Z=\frac{\dot{U}}{\dot{I}}$,为便于计算,可令$\dot{I}=1A$,于是

$$Z=\left.\frac{\dot{U}}{\dot{I}}\right|_{\dot{I}=1} = \dot{U} = \left[1-\frac{9(1-2j)}{5}\right]$$

$$=(1-1.8+j3.6)=(-0.8+j3.6)\Omega$$

(2) 用节点电压法求端口的 VCR。

图 5-24(c)电路中,以 b 点为参考点,列 c 点的节点电压方程如下

$$\begin{cases}(1+1+j2)\dot{U}_c - 1\times\dot{U}_a = -10\dot{I} \\ \dot{I} = 1(\dot{U}_a - \dot{U}_c)\end{cases}$$

解方程得

$$\dot{U}_a = \frac{-8+j2}{1+j2}\dot{I}$$

$$Z=\frac{\dot{U}}{\dot{I}}=\frac{\dot{U}_a}{\dot{I}}=\frac{-8+j2}{1+j2}=\frac{(-8+j2)(1-j2)}{5}=(-0.8+j3.6)\Omega$$

此例中所求阻抗的电阻分量为负值,这是因为电路内含有受控源的缘故。

例 5-8 电路如图 5-25(a)所示,$Z_1=10\Omega$,$Z_2=5\angle 45^\circ\ \Omega$,$\dot{U}_S=100\angle 0^\circ\ V$,$\dot{I}_S=5\angle 0^\circ\ A$。试求图 5-25(a)的戴维南等效电路。

解 作图 5-25(a)的戴维南等效电路如图 5-25(b)所示。

(1) $\dot{U}_0=\dot{U}_{oc}$:由图 5-25(a)$\dot{I}=0$,重画电路如图 5-25(c)所示。由观察法得

$$\dot{U}_0 = \dot{U}_{oc} = -Z_2\dot{I}_S + \dot{U}_S = (-5\angle 45^\circ \times 5 + 100) = 89.09\angle -11.45^\circ V$$

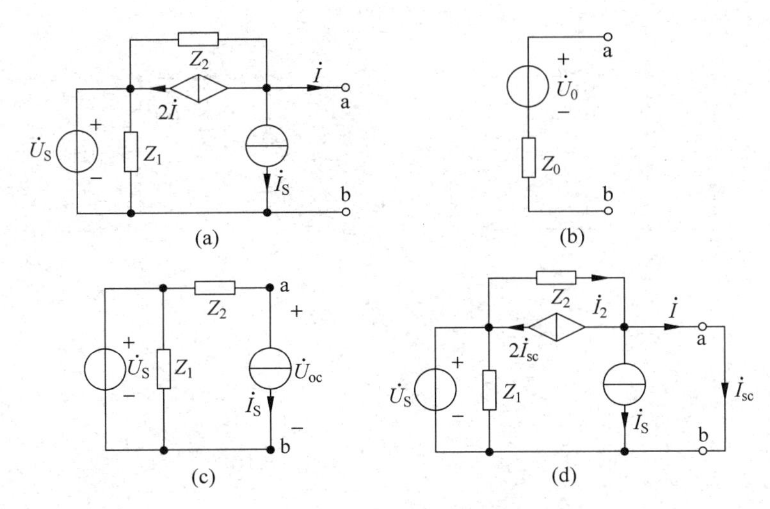

图 5-25　例 5-8 图

(2) 求 Z_0：用开路电压短路电流法求 Z_0。由图 5-25(a)短路 a,b 端，重画电路如图 5-25(d)所示。

令 $\dot{I}_2=\dfrac{\dot{U}_S}{Z_2}$，对受控源右端节点列写 KCL 方程

$$2\dot{I}_{sc}+\dot{I}_{sc}+\dot{I}_S=\dot{I}_2$$

$$3\dot{I}_{sc}=\frac{\dot{U}_S}{Z_2}-\dot{I}_S=\frac{100}{5\angle 45^\circ}-5=16.84\angle -57.12^\circ$$

$$\dot{I}_{sc}=5.613\angle -57.12^\circ \text{A}$$

$$Z_0=\frac{\dot{U}_{oc}}{\dot{I}_{sc}}=\frac{89.09\angle -11.45^\circ}{5.613\angle -57.12^\circ}=15.87\angle 45.67^\circ=(11.09+\text{j}11.35)\Omega$$

5.7　正弦交流电路的频率特性

5.7.1　频率特性的概念

截至目前，我们讨论的都是单一频率正弦激励下电路的稳态响应，在含有电感、电容的交流电路中，电容的容抗和电感的感抗都是频率的函数，当正弦激励的频率变化时，电路的阻抗一般也将作相应的变化，其响应也会随之而变化。本节我们讨论电路的正弦稳态响应随频率变化的关系，即电路的频率特性，也称频率响应。

例 5-9　如图 5-26(a)所示电路，图中电流源 $i_S(t)=\cos t+\cos 10t+\cos 100t(\text{mA})$，试计算稳态响应 $v_o(t)$。

解　输入电流源是三个不同频率正弦信号之和，其负载为线性非时变电路，因此可以利用叠加定理来求响应。

首先求电路对 $\cos t$ 的响应。对 $\omega=1$ 画电路的相量模型如图 5-26(b)所示，由节点分析

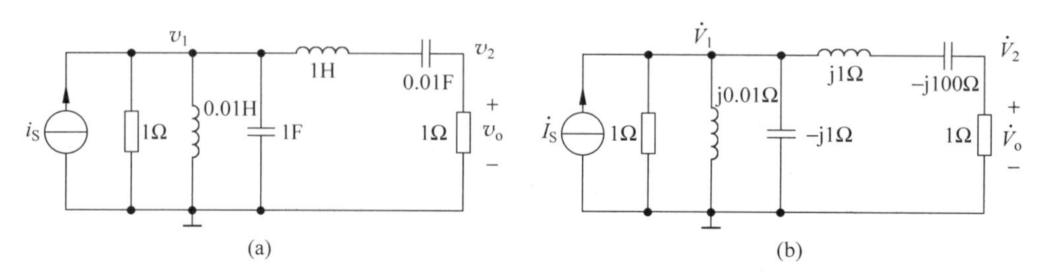

图 5-26　例 5-9 图

法得

$$\begin{cases}\left(1+\mathrm{j}1+\dfrac{1}{\mathrm{j}0.01}+\dfrac{1}{\mathrm{j}1-\mathrm{j}100}\right)\dot{V}_1-\dfrac{1}{\mathrm{j}1-\mathrm{j}100}\dot{V}_2=\dot{I}_S\\ -\dfrac{1}{\mathrm{j}1-\mathrm{j}100}\dot{V}_1+\left(1+\dfrac{1}{\mathrm{j}1-\mathrm{j}100}\right)\dot{V}_2=0\end{cases}$$

$$\dot{V}_o=\dot{V}_2=\frac{\dot{I}_S}{-9799-\mathrm{j}198}=\frac{\frac{1}{\sqrt{2}}\angle 0^\circ}{-9799-\mathrm{j}198}\approx\frac{1}{\sqrt{2}}\times 10^{-4}\mathrm{e}^{\mathrm{j}\pi}$$

$$v_{o1}(t)\approx 10^{-4}\cos(t+\pi)$$

同理可求对 $\cos 10t$ 的响应为

$$v_{o2}(t)=0.5\cos 10t$$

对 $\cos 100t$ 的响应为

$$v_{o3}(t)\approx 10^{-4}\cos(100t-\pi)$$

全响应为

$$v_o(t)\approx 10^{-4}\cos(t+\pi)+0.5\cos 10t+10^{-4}\cos(100t-\pi)$$

结果表明：本题所示电路对 $\omega=1$ 和 $\omega=100\mathrm{rad/s}$ 的信号幅度有较大衰减，对 $\omega=10\mathrm{rad/s}$ 的信号，却能较顺利地传输。

一般地，动态电路对不同频率信号的响应不同，可以使得某个(某些)频率通过，而使另一个(另一些)频率受到阻止，这种特性称为选频特性。利用这个特点，在电子技术中可以实现许多功能电路，如滤波、选频、移相等，电话机中区分按键音和语音的电路，收音机中的选台电路等都是这种功能电路的具体实现。

研究响应随频率变化的规律，即研究电路的频率特性，不仅是电路分析中的一个重要内容，而且在电子技术、通信等方面也有很重要的意义，频率特性是描述电子系统、信号传输系统性能的一个重要指标。在电路理论中，一般通过系统传输函数来描述电路的频率特性，下面我们通过讨论系统的传输函数来分析系统的频率特性。

5.7.2 系统传输函数

在正弦稳态电路中，定义

$$H(\mathrm{j}\omega)=\frac{\text{响应相量}}{\text{激励相量}}\tag{5-30}$$

为系统的传输函数，也称网络函数。

虽然定义式中 $H(\mathrm{j}\omega)$ 是响应相量与激励相量之比，实际上 $H(\mathrm{j}\omega)$ 只决定于电路结构和元件参数以及频率 ω，与激励的大小无关。通常情况下 $H(\mathrm{j}\omega)$ 是一个复数，即

$$H(\mathrm{j}\omega)=|H(\mathrm{j}\omega)|\mathrm{e}^{\mathrm{j}\varphi(\omega)}=|H(\mathrm{j}\omega)|\angle\varphi(\omega) \tag{5-31}$$

其中，$|H(\mathrm{j}\omega)|$ 为 $H(\mathrm{j}\omega)$ 的模，称为系统的幅频响应或幅频特性；$\varphi(\omega)$ 为 $H(\mathrm{j}\omega)$ 的相位角，称为系统的相频响应或相频特性。

5.7.3 RC 串联电路的频率特性

为了具体说明用系统传输函数描写电路频率响应特性的方法，我们分析几种较简单的电路。

例 5-10　图 5-27 所示电路，$\dot{U}_1$ 为激励，$\dot{U}_2$ 为响应，试分析其频响特性。

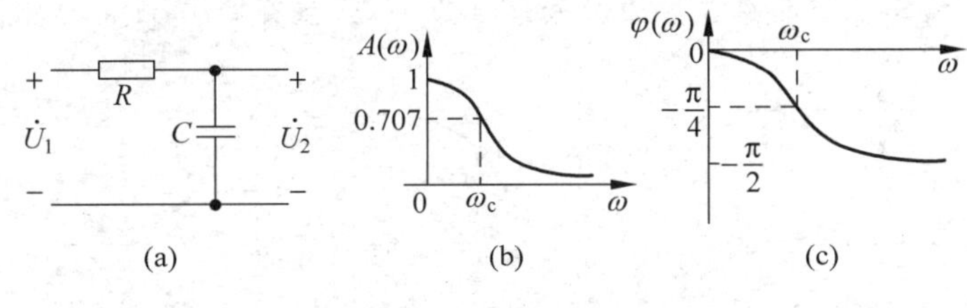

图 5-27　例 5-10 图

解　由分压公式

$$H(\mathrm{j}\omega)=\frac{\dot{U}_2}{\dot{U}_1}=\frac{\dfrac{1}{\mathrm{j}\omega C}}{R+\dfrac{1}{\mathrm{j}\omega C}}=\frac{1}{1+\mathrm{j}\omega RC}=\frac{1}{\sqrt{1+(\omega RC)^2}}\angle-\arctan\omega RC$$

其中

$$|H(\mathrm{j}\omega)|=\frac{1}{\sqrt{1+(\omega RC)^2}} \tag{5-32}$$

为幅频特性。

$$\varphi(\omega)=-\arctan\omega RC \tag{5-33}$$

为相频特性。

由式(5-32)、式(5-33)知：

当 $\omega=0$ 时

$$|H(\mathrm{j}\omega)|=1,\quad \varphi(\omega)=0$$

当 $\omega\to\infty$ 时

$$|H(\mathrm{j}\omega)|\to 0,\quad \varphi(\omega)\to-\frac{\pi}{2}$$

当 $\omega=\omega_c=\dfrac{1}{RC}$ 时

$$|H(\mathrm{j}\omega)|=\frac{1}{\sqrt{2}},\quad \varphi(\omega)=-\frac{\pi}{4} \tag{5-34}$$

可画出幅频特性曲线如图 5-27(b)所示、相频特性曲线如图 5-27(c)所示。

从电路的幅频特性曲线可以看出，图示电路中直流和低频信号容易通过，而高频信号得到抑制。这样的电路称为低通电路。因为 $H(\mathrm{j}\omega)$分母多项式中，只含$(\mathrm{j}\omega)$的一阶幂次，习惯上称为一阶低通函数。从电路的相频特性曲线可以看出，随着频率增加，相位角 $\varphi(\omega)$将由 0°变化到-90°，输出$\dot{U}_2$ 的相位将越来越滞后于输入$\dot{U}_1$，因此也把这种电路称为滞后电路。

式(5-34)中 ω_c 称为电路的截止频率，它是幅频特性下降为最大值的 $1/\sqrt{2}$ 倍时所对应的频率值。这个频率也称为半功率点频率或 3dB 频率。因为人耳对声音的大小以分贝为数量级敏感，在电子线路中，习惯于把电路的幅频特性用分贝(dB)来表示，其定义为$|H(\mathrm{j}\omega)|_{\mathrm{dB}}=20\lg|H(\mathrm{j}\omega)|$，当$|H(\mathrm{j}\omega)|=1/\sqrt{2}$时，对应的分贝数正好为$-3$dB，所以 ω_c 也称 3dB 频率。无线电技术中也约定，当输出下降到它的最大值的 3 分贝以下时，就认为该频率成分被系统衰减掉了。如果从功率的角度看，输出功率与输出电压的平方成正比，在截止频率处，输出功率正好是最大功率(此处即输入功率)的一半，所以 ω_c 也称半功率点频率。

例 5-11 图 5-28 所示电路，$\dot{U}_1$ 为激励，$\dot{U}_2$ 为响应，试分析其频响特性。

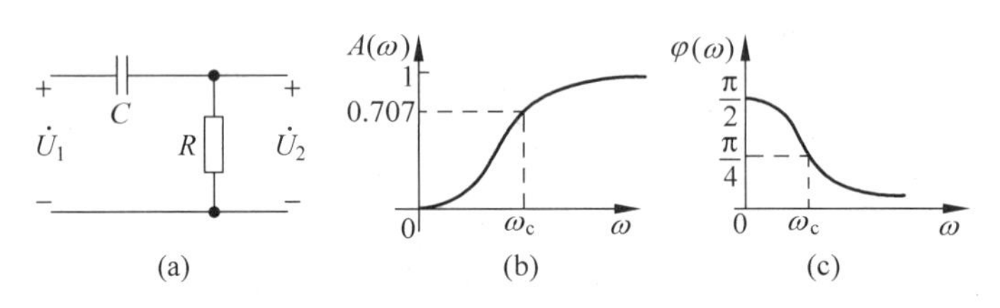

图 5-28 例 5-11 图

解 由分压公式

$$H(\mathrm{j}\omega)=\frac{\dot{U}_2}{\dot{U}_1}=\frac{R}{R+\dfrac{1}{\mathrm{j}\omega C}}=\frac{1}{1-\mathrm{j}\dfrac{1}{\omega RC}}=\frac{1}{\sqrt{1+\left(\dfrac{1}{\omega RC}\right)^2}}\angle \arctan\frac{1}{\omega RC}$$

其中

$$|H(\mathrm{j}\omega)|=\frac{1}{\sqrt{1+\left(\dfrac{1}{\omega RC}\right)^2}} \tag{5-35}$$

为幅频特性。

$$\varphi(\omega)=\arctan\frac{1}{\omega RC} \tag{5-36}$$

为相频特性。

由式(5-35)、式(5-36)可画出幅频特性曲线如图 5-28(b)所示、相频特性曲线如图 5-28(c)所示。

从电路的频响特性曲线可以看出，$\omega_c=1/RC$ 为其截止频率，图 5-28 所示电路中直流和低频信号得到抑制，而高频信号容易通过。这样的电路称为一阶高通电路。另外，随着频率增加，相位角 $\varphi(\omega)$将由 90°变为 0°，输出$\dot{U}_2$ 的相位超前于输入$\dot{U}_1$，因此也把这种电路称为超前电路。

5.7.4 谐振

1. 串联谐振

考虑正弦激励下的二阶 RLC 串联电路，如图 5-29 所示，设激励为输入端口电压$\dot{U}$，响应为电阻电压$\dot{U}_R$，则电压比

$$A_u=\frac{\dot{U}_R}{\dot{U}}=\frac{R}{R+\frac{1}{\mathrm{j}\omega C}+\mathrm{j}\omega L}=\frac{R}{R+\mathrm{j}\left(\omega L-\frac{1}{\omega C}\right)} \tag{5-37}$$

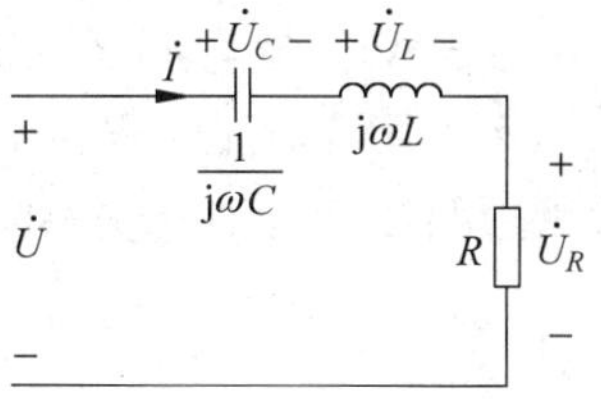

图 5-29

幅频特性为

$$|A_u|=\frac{\omega CR}{\sqrt{(\omega CR)^2+(1-\omega^2 LC)^2}} \tag{5-38}$$

相频特性为

$$\varphi=90°-\arctan\frac{\omega CR}{1-\omega^2 LC} \tag{5-39}$$

由式(5-38)可知，当 $1-\omega^2 LC=0$ 时，亦即当

$$\omega=\omega_0=\frac{1}{\sqrt{LC}} \tag{5-40}$$

时，$|A_u|$达到最大值 1，当 ω 高于或低于ω_0 时，$|A_u|$均将下降，且随着 ω 趋于∞或趋于零时，$|A_u|$均趋于零。从幅频特性看，这一电路表现出带通(band pass)的性质，如图 5-30(a)所示。ω_2、ω_1 为$|A_u|$下降到最大值的 $1/\sqrt{2}$时所对应的频率值，分别称为上、下限截止频率。两者之差定义为通频带(band width)，即

$$\mathrm{BW}=\omega_2-\omega_1 \tag{5-41}$$

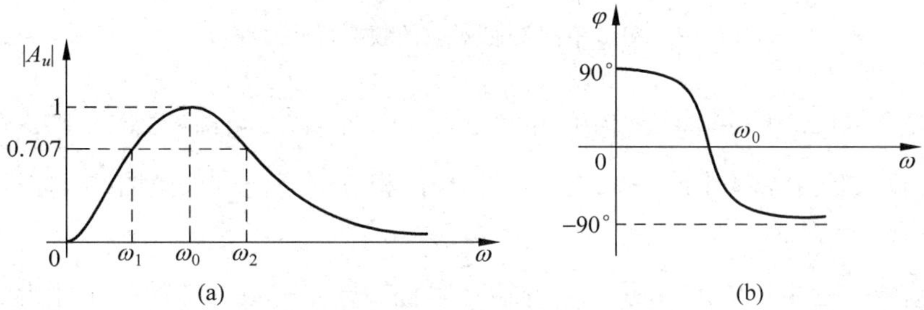

(a)　(b)

图 5-30　图 5-29 的幅频和相频特性

根据定义

$$\frac{R}{\sqrt{R^2+\left(\omega L-\frac{1}{\omega C}\right)^2}}=\frac{1}{\sqrt{2}}$$

$$\omega L-\frac{1}{\omega C}=\pm R,\quad \omega^2\mp\frac{R}{L}\omega-\frac{1}{LC}=0$$

$$\omega = \pm \frac{R}{2L} \pm \sqrt{\left(\frac{R}{2L}\right)^2 + \frac{1}{LC}}$$

由于频率 ω 为正值，故

$$\omega_2 = \frac{R}{2L} + \sqrt{\left(\frac{R}{2L}\right)^2 + \frac{1}{LC}}, \quad \omega_1 = -\frac{R}{2L} + \sqrt{\left(\frac{R}{2L}\right)^2 + \frac{1}{LC}}$$

$$\mathrm{BW} = \omega_2 - \omega_1 = \frac{R}{L} \tag{5-42}$$

通频带 BW 仅与电阻 R 和电感 L 有关。

除了用通频带 BW 来描述这种带通电路的特性外，通信中还常引入品质因数这一参数来衡量幅频特性的陡峭(sharpness)程度，回路的品质因数 Q 定义为

$$Q = \frac{\omega_0}{\omega_2 - \omega_1} \tag{5-43}$$

对于 RLC 串联

$$Q = \frac{\omega_0 L}{R} \tag{5-44}$$

图 5-31 给出了不同 Q 值所对应的频率特性曲线。由图 5-31(a)可以看出，Q 值越大，曲线越陡峭，电路从一组不同频率信号中选出频率为 ω_0 的信号的能力就越强，电路的选频特性就越好。

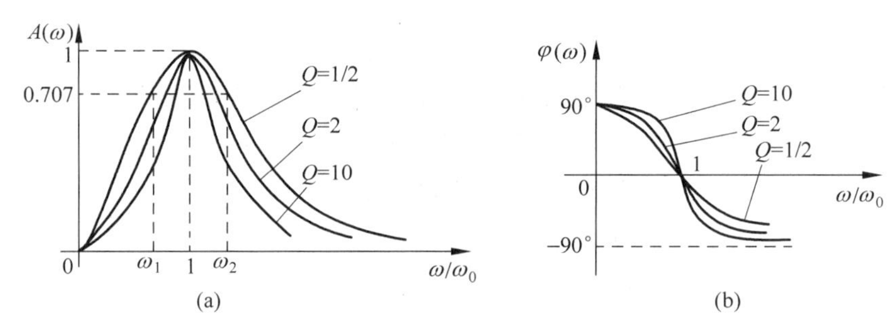

图 5-31　不同 Q 值对应的频率特性曲线

从相频特性看，ω 从 $0 \to \omega_0$ 变化时，相位 $90° \to 0°$，说明 $\dot{U}_R$ 超前 $\dot{U}$，而 $\dot{I}$ 与 $\dot{U}_R$ 同相，所以 $\dot{I}$ 超前 $\dot{U}$，端口输入阻抗为容性；ω 从 $\omega_0 \to \infty$ 变化时，相位 $0° \to -90°$，说明 $\dot{U}_R$(亦即 $\dot{I}$)滞后 $\dot{U}$，端口输入阻抗为感性。

当 $\omega = \omega_0 = \frac{1}{\sqrt{LC}}$ 时，RLC 串联电路的输入阻抗 $Z = R + \mathrm{j}\omega L + \frac{1}{\mathrm{j}\omega C}$ 的虚部为零，即 $\omega L - \frac{1}{\omega C} = 0$，电路的这一特殊现象称为谐振(resonance)现象，简称谐振。由于这种谐振发生在 RLC 串联电路中，故又称为串联谐振。此时的频率 $\omega = \omega_0 = \frac{1}{\sqrt{LC}}$ 称为谐振频率。

此时的容抗与感抗相等，定义为串联谐振电路的特性阻抗

$$\rho = \omega_0 L = \frac{1}{\omega_0 C} = \sqrt{\frac{L}{C}}, \quad \text{单位为欧姆} \tag{5-45}$$

串联谐振有如下特点：

(1) 输入阻抗为纯电阻

$$Z = R$$

(2) 端口电流与端口电压同相，且当端口电压有效值一定时，端口电流$\dot{I} = \dfrac{\dot{U}}{R}$达到最大值。

(3) 电感电压与电容电压大小相等，方向相反，端口上电抗电压抵消为零，电源电压全部加在电阻上。根据这种情况，串联谐振又称为电压谐振。

谐振时

$$\dot{U}_R = R\dot{I} = \dot{U} \tag{5-46}$$

$$\dot{U}_C = \frac{1}{\mathrm{j}\omega_0 C}\dot{I} = \frac{\dot{U}}{\mathrm{j}\omega_0 CR} = -\mathrm{j}Q\dot{U} \tag{5-47}$$

$$\dot{U}_L = \mathrm{j}\omega_0 L\dot{I} = \mathrm{j}\omega_0 L\frac{\dot{U}}{R} = -\dot{U}_C = \mathrm{j}Q\dot{U} \tag{5-48}$$

电感电压或电容电压与端口电压有效值之比满足

$$Q = \frac{U_L}{U} = \frac{U_C}{U} = \frac{\omega_0 L}{R} = \frac{1}{\omega_0 CR} = \frac{\rho}{R} \tag{5-49}$$

谐振是电路中可能发生的一种特殊现象，研究电路产生谐振的条件以及在谐振状态下电路的特点，具有重要的实际意义。对于 RLC 串联电路，若 $Q \gg 1$，则电感、电容上的电压 $U_L = U_C = QU$，将远远大于电路激励电压，这种现象有利也有弊。在无线电通信系统中(如收音机接收信号)，就是利用谐振获取较强的信号；在电力系统中，就要设法避免谐振，以防谐振高压损坏电气设备。

2. 并联谐振

发生在 RLC 并联电路中的谐振称为并联谐振。用类似串联电路的分析方法对如图 5-32 所示电路分析，并注意对偶性，则有

$$\dot{I} = \dot{I}_R + \dot{I}_L + \dot{I}_C = \left[\frac{1}{R} + \mathrm{j}\left(\omega C - \frac{1}{\omega L}\right)\right]\dot{U} = (G + \mathrm{j}B)\dot{U} = Y\dot{U}$$

式中，Y 为电路的导纳

$$Y = G + \mathrm{j}B = \frac{1}{R} + \mathrm{j}\left(\omega C - \frac{1}{\omega L}\right)$$

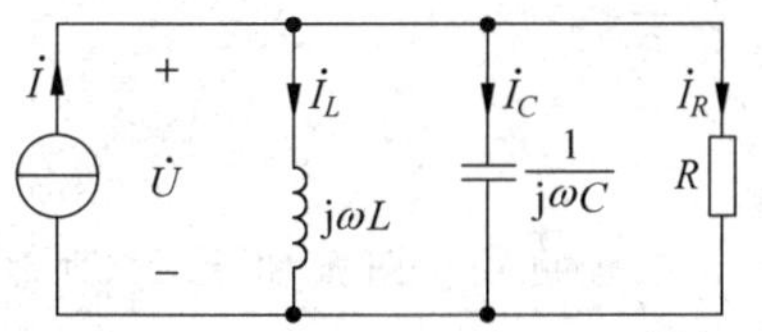

并联电路发生谐振的条件是导纳虚部为零，即

$$\omega C - \frac{1}{\omega L} = 0$$

图　5-32

此时 $\omega = \omega_0 = \dfrac{1}{\sqrt{LC}}$称为谐振频率。

并联谐振具有如下特点：

(1) 输入导纳(阻抗)为纯电导(电阻)，$Y = G = \dfrac{1}{R}$或 $Z = R$。

(2) 端口电压与端口电流同相，且当端口电流有效值一定时，端口电压$\dot{U} = \dot{I}R$ 达到最

小值。

(3) 电感电流与电容电流大小相等,方向相反,端口上电抗电流抵消为零,电源电流全部流过电阻。根据这种情况,并联谐振又称为电流谐振。

谐振时

$$\dot{I}_R = \frac{\dot{U}}{R} = \dot{I} \tag{5-50}$$

$$\dot{I}_C = \mathrm{j}\omega_0 C\dot{U} = \mathrm{j}\omega_0 CR\dot{I} = \mathrm{j}Q\dot{I} \tag{5-51}$$

$$\dot{I}_L = \frac{1}{\mathrm{j}\omega_0 L}\dot{U} = \frac{R\dot{I}}{\mathrm{j}\omega_0 L} = -\dot{I}_C = -\mathrm{j}Q\dot{I} \tag{5-52}$$

其中并联电路的品质因数为

$$Q = \frac{\omega_0}{\omega_2 - \omega_1} = \omega_0 CR = \frac{R}{\omega_0 L} = \frac{I_C}{I} = \frac{I_L}{I} \tag{5-53}$$

例 5-12 实际中常用电感线圈与电容器组成并联谐振电路,由于线圈通常都有功耗,所以可构建其电路模型如图 5-33 所示。求:(1)电路的谐振频率;(2)谐振时各支路电流。

解 (1) 电路的总导纳为

$$Y = \frac{1}{R + \mathrm{j}\omega L} + \mathrm{j}\omega C = \frac{R - \mathrm{j}\omega L}{R^2 + (\omega L)^2} + \mathrm{j}\omega C$$

$$= \frac{R}{R^2 + (\omega L)^2} + \mathrm{j}\left(\omega C - \frac{\omega L}{R^2 + (\omega L)^2}\right)$$

谐振时,导纳虚部为零,则

$$\omega C - \frac{\omega L}{R^2 + (\omega L)^2} = 0$$

谐振角频率为

$$\omega_0 = \sqrt{\frac{1}{LC} - \frac{R^2}{L^2}} = \frac{1}{\sqrt{LC}}\sqrt{1 - \frac{R^2 C}{L}}$$

(2) 谐振时各支路电流分别为

$$\dot{I} = Y\dot{U} = \frac{R}{R^2 + (\omega_0 L)^2}\dot{U} = \frac{R}{R^2 + L^2\left(\frac{1}{LC} - \frac{R^2}{L^2}\right)}\dot{U} = \frac{RC}{L}\dot{U}$$

$$\dot{I}_C = \mathrm{j}\omega_0 C\dot{U}, \quad \dot{I}_L = \frac{\dot{U}}{R + \mathrm{j}\omega_0 L}$$

电路的相量图如图 5-34 所示。

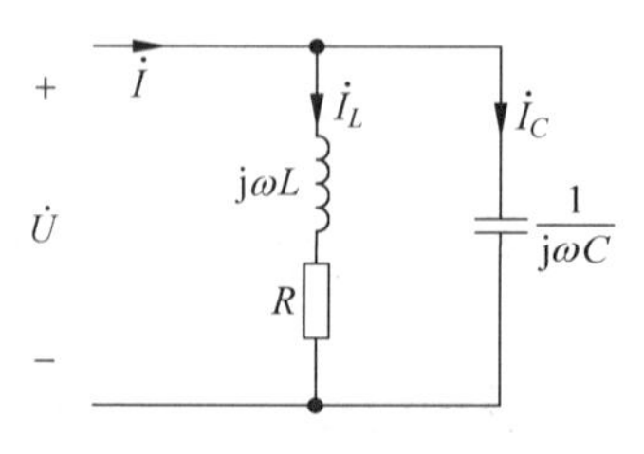

图 5-33 例 5-12 图(1)

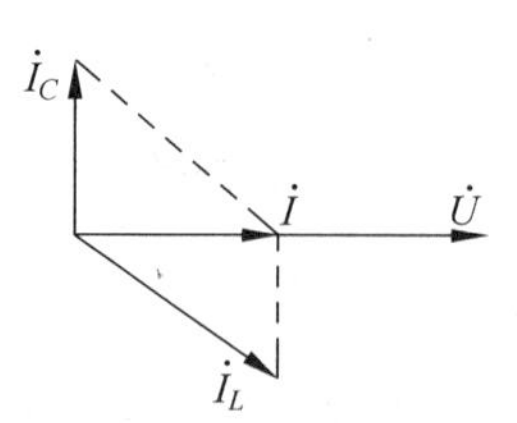

图 5-34 例 5-12 图(2)

5.8　正弦稳态功率

在线性电阻电路的直流分析中，施加在二端网络上的电压 U、电流 I 为直流恒定量，二端网络的功率 P 定义为：当电压 U、电流 I 为关联参考方向时，$P=UI$；当电压 U、电流 I 为非关联参考方向时，$P=-UI$。当施加在二端网络上的电压 $u(t)$、电流 $i(t)$ 为随时间变化的电量时，二端网络在时刻 t 的功率 $p(t)$ 定义为：当电压 $u(t)$、电流 $i(t)$ 为关联参考方向时，$p(t)=u(t)i(t)$；当电压 $u(t)$、电流 $i(t)$ 为非关联参考方向时，$p(t)=-u(t)i(t)$；功率 $p(t)$ 又称为瞬时功率，当 $p(t)>0$ 时，表明电路在 t 时刻吸收或消耗能量；$p(t)<0$ 时，表明电路在 t 时刻产生能量或提供能量。

在正弦稳态电路中，如图 5-35(a) 所示，二端网络 N 为线性电路，端口电压 $u(t)$ 和端口电流 $i(t)$ 是同频率的正弦量，故可设

$$u(t)=\sqrt{2}U\cos(\omega t+\varphi_u),\quad i(t)=\sqrt{2}I\cos(\omega t+\varphi_i)$$

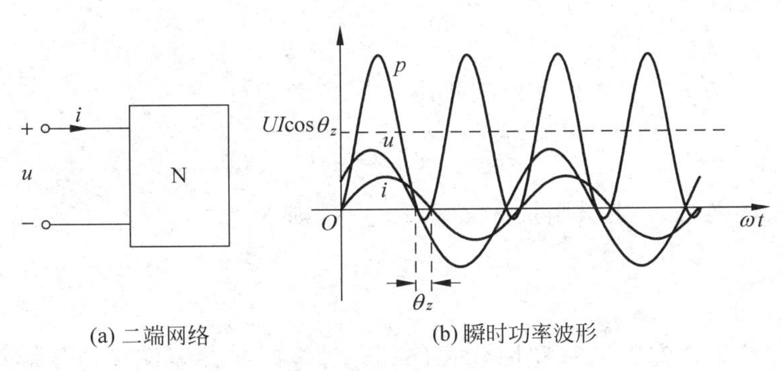

(a) 二端网络　　(b) 瞬时功率波形

图 5-35　交流功率

在关联参考方向下，网络 N 在任一时刻所吸收的瞬时功率 $p(t)$ 为

$$\begin{aligned}p(t)&=u(t)i(t)=\sqrt{2}U\cos(\omega t+\varphi_u)\sqrt{2}I\cos(\omega t+\varphi_i)\\&=UI\cos(\varphi_u-\varphi_i)+UI\cos(2\omega t+\varphi_u+\varphi_i)\end{aligned}\tag{5-54}$$

瞬时功率 $p(t)$ 中的 $UI\cos(\varphi_u-\varphi_i)$ 项，是一个恒定的量，对于无源二端网络，由于 $\cos(\varphi_u-\varphi_i)\geqslant 0$，故 $UI\cos(\varphi_u-\varphi_i)\geqslant 0$，表示二端网络 N 消耗电能并转换成其他形式的能，是功率中的不可逆部分；瞬时功率 $p(t)$ 中的 $UI\cos(2\omega t+\varphi_u+\varphi_i)$ 项，其值正负交替，说明能量在外电路与二端网络 N 之间以两倍电源角频率的速度来回交换，是瞬时功率 $p(t)$ 中的可逆部分。瞬时功率 $p(t)$ 波形图如图 5-35(b) 所示，图中同时画出了端口电压和电流的波形。可以看出，即使网络 N 是一个无源网络，瞬时功率在一个周期之内也可有正有负。当瞬时功率为正（$p(t)>0$）时，表示外部电路对二端网络 N 做正功，能量从外部电路送往二端网络 N；当瞬时功率为负（$p(t)<0$）时，表示外部电路对二端网络 N 做负功，能量从二端网络 N 送往外部电路。对于无源网络 N，负功率意味着存储于网络 N 中电容或电感上的能量向外部电路释放。

正如引入相量以简化正弦稳态分析一样，通常引入复功率来简化正弦稳态功率计算。对于图 5-35(a) 所示二端网络 N，其相量模型如图 5-36 所示。

令$\dot{U}=U\angle\varphi_u$，$\dot{I}=I\angle\varphi_i$，在图5-36所示关联参考方向下，二端网络N的复功率定义为

$$\widetilde{S}\overset{\text{def}}{=}\dot{U}\dot{I}^{*}=UI\angle(\varphi_u-\varphi_i) \tag{5-55}$$

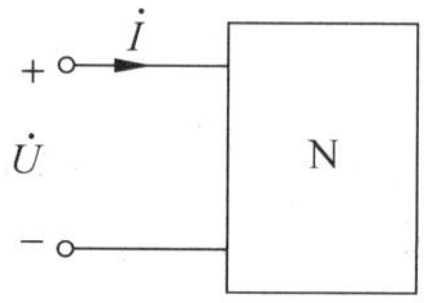

其中，$\dot{I}^{*}$为$\dot{I}$的共轭，$I^{*}=I\angle-\varphi_i$。

令

$$\theta=\varphi_u-\varphi_i \tag{5-56}$$

图5-36　相量模型

则式(5-55)可写为

$$\widetilde{S}\overset{\text{def}}{=}\dot{U}\dot{I}^{*}=UI\angle\theta=UI\cos\theta+\text{j}UI\sin\theta \tag{5-57}$$

定义

$$P=UI\cos\theta \tag{5-58}$$

$$Q=UI\sin\theta \tag{5-59}$$

$$S=UI \tag{5-60}$$

则

$$\widetilde{S}=P+\text{j}Q=S\angle\theta \tag{5-61}$$

$$\theta=\arctan\frac{Q}{P} \tag{5-62}$$

$$S=|\widetilde{S}|=UI=\sqrt{P^2+Q^2} \tag{5-63}$$

对于无源二端网络N，若其阻抗为$Z=|Z|\angle\theta_z$，则

$$\dot{U}=Z\dot{I}=|Z|I\angle(\varphi_i+\theta_z)$$

因此，阻抗角$\theta_z=\theta=\varphi_u-\varphi_i$。

复功率的单位为伏安(VA)，利用公式(5-55)计算时要注意端口电压和电流的方向是否为关联参考方向。复功率$\widetilde{S}$本身不代表正弦量，乘积$\dot{U}\dot{I}^{*}$也没有物理意义，只是在相量计算中比较简便，实际工作中通常讲的功率既不是瞬时功率也不是复功率，而是式(5-58)中定义的P项，P称为二端网络N的有功功率，是二端网络N吸收的平均功率(简称功率)，它等于瞬时功率在一个周期内的平均值，单位为瓦特(W)。

$$P=\frac{1}{T}\int_T p(t)\,\mathrm{d}t=UI\cos\theta_z \tag{5-64}$$

式(5-59)中定义的Q项，称为无功功率，是网络N与外电路进行能量交换的最大速率或最大规模。它的量纲与P相同，但为区别起见，其单位用乏(Var)表示。在电路中，若$\theta>0$，电压超前于电流，电路为感性电路，$Q>0$，电路看作"吸收"无功功率；若$\theta<0$，电压滞后于电流，电路为容性电路，$Q<0$，电路看作"产生"无功功率。

式(5-60)中定义的S项，称为视在功率，其定义为端口电压与端口电流有效值的乘积，单位也为伏安(VA)，它反映了电气设备的容量或提供功率的最大值。

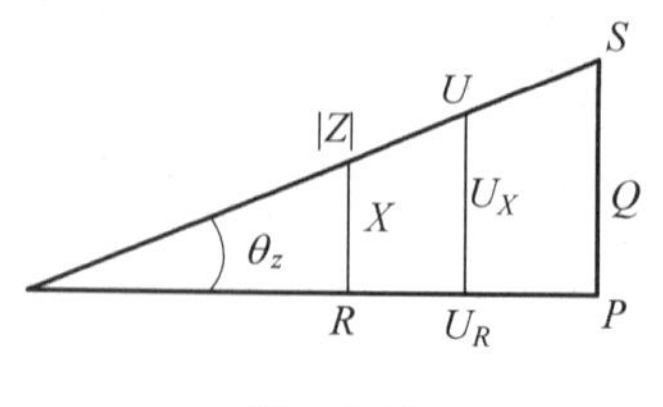

图　5-37

由式(5-61)可知，有功功率P、无功功率Q和视在功率S构成了一个直角三角形，该三角形称为功率三角形。功率三角形与电压三角形以及阻抗三角形相似，如图5-37所示。

从图5-37可以看出，端口电压、电流有效值一定时，也

就是视在功率 S 一定时，有功功率 P、无功功率 Q 随着阻抗角 θ_z 不同而变化，但是其最大值不会超过视在功率。

由式(5-58)可以看出，P 不仅与端口电压和端口电流的有效值有关，还与端口电压电流的相位差有关。为此定义

$$\lambda = \cos(\varphi_u - \varphi_i) \tag{5-65}$$

为二端网络 N 的功率因数，也称功率因子(power factor)，也可用 pf 表示，即 $\mathrm{pf}=\lambda=\cos(\varphi_u-\varphi_i)$，它反映了设备容量的利用效率。一般地，在求出 λ 后，要标出超前或滞后的字样(表示电流超前或滞后电压)，以表示负载为容性或感性。

定义：电压、电流的相位差

$$\theta = \varphi_u - \varphi_i \tag{5-66}$$

为功率因数角。

特别的，当网络 N 为无源二端网络时，功率因数角等于阻抗角，即 $\theta=\theta_z$。

若二端网络内部为纯电阻电路，即 $X=0$，则端口的电压电流同相，阻抗角或功率因数角 $\theta_z=0$，功率因数 $\cos\varphi=1$，网络吸收的有功功率和无功功率为

$$P = UI = I^2R = \frac{U^2}{R}, \quad Q = 0$$

因此电阻只消耗能量，不与电源交换能量。

对于纯容性二端网络，$R=0$，端口的电压相位滞后电流相位 90°，$\theta_z=-90°$，功率因数 $\cos\varphi=0$，网络吸收的平均功率 $P=0$，因此纯电容不消耗能量，只与电源交换能量，属于储能元件，又称无损器件。对于无功功率 $Q=UI\sin\theta_z=-UI$，负号表明容性负载电压滞后于电流。

对于纯感性二端网络，$R=0$，端口的电压相位超前电流相位 90°，$\theta_z=90°$，功率因数 $\cos\varphi=0$，网络吸收的平均功率 $P=0$，因此纯电感不消耗能量，只与电源交换能量，也属于储能元件。对于无功功率 $Q=UI\sin\theta_z=UI$，正号表明感性负载电压超前于电流。

一般地，二端网络的输入阻抗为 $Z=R+\mathrm{j}X(Y=G+\mathrm{j}B)$，阻抗角为 θ_z，$\tan\theta_z=X/R$，则

$$P = UI\cos\theta_z = I^2\mathrm{Re}[Z] = I^2R \quad 或者 \quad P = UI\cos\theta_z = U^2\mathrm{Re}[Y] = U^2G$$

$$Q = UI\sin\theta_z = I^2\mathrm{Im}[Z] = I^2X \quad 或者 \quad Q = UI\sin\theta_z = U^2\mathrm{Im}[Y] = U^2B$$

从纯容性负载和纯感性负载可以看出，电感吸收的无功功率为正，电容吸收的无功功率为负；换言之，可以说电感吸收无功功率，电容发出无功功率。进一步推广，对于一般的无源二端网络 $Z=R+\mathrm{j}X$，$-90°\leqslant\theta_z\leqslant90°$，$X>0$ 的感性负载吸收无功功率，$X<0$ 的容性负载发出无功功率。工程上常用感性负载和容性负载的这种无功互补作用来提高功率因数。

提高功率因数具有非常重要的实际意义。当功率因数较低时，由式(5-58)，当电源额定容量一定时，即 $S=UI$ 一定时，这些用电设备对电源容量的利用率都很低，造成电源设备的浪费；其次，当电网电压和负载使用的有功功率 P 一定时，由 $I=\dfrac{P}{U\cos\theta}$，功率因数低造成电源与负载之间传输电流大，消耗在输电线路电阻上的功率也就越大，因此，在实际中多采用功率因数校正电路来提高设备的功率因数，由于在实际生产和日常生活中所应用的许多电器设备为感性负载，如电动机、高频感应加热炉、日光灯等，提高这些设备功率因数比较简单的方法是通过在负载端并联补偿电容。用这种方法提高电路的功率因数时，要考虑投资

带来的性价比,往往不必将功率因数提高到1,通常提高到$\lambda=0.9$左右即可。

可以证明:正弦稳态电路中,有功功率、无功功率和复功率都分别守恒(即二端网络中各元件吸收的功率的代数和等于二端网络对应的总功率)

$$P=P_1+P_2+\cdots+P_n=\sum_{k=1}^{n}P_k \tag{5-67}$$

$$Q=Q_1+Q_2+\cdots+Q_n=\sum_{k=1}^{n}Q_k \tag{5-68}$$

$$\widetilde{S}=\widetilde{S}_1+\widetilde{S}_2+\cdots+\widetilde{S}_n=\sum_{k=1}^{n}\widetilde{S}_k \tag{5-69}$$

但视在功率不守恒,没有上述结论。

例 5-13 图5-38所示电路可用三表法来测量实际电感线圈的电感与电阻参数值。已知外加正弦电压的频率为50Hz,电压表的读数为100V,电流表的读数为1A,瓦特表的读数为80W,试求R和L的值。

解 电感线圈可表示为电感和电阻的串联电路,由已知的测量数据可得电阻为

$$R=\frac{P}{I^2}=\frac{80}{1^2}=80\Omega$$

阻抗的模

$$|Z|=\frac{U}{I}=\frac{100}{1}=100\Omega$$

由阻抗三角形,可得感抗为

$$X_L=\sqrt{|Z|^2-R^2}=\sqrt{100^2-80^2}=60\Omega$$

最后得电感为

$$L=\frac{X_L}{\omega}=\frac{60}{314}=0.19\text{H}$$

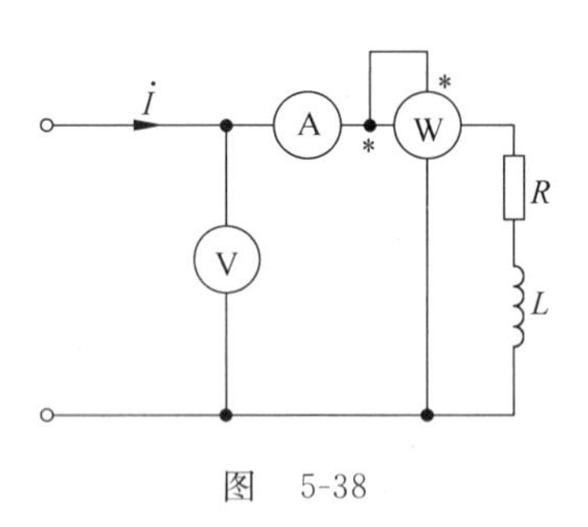

图 5-38

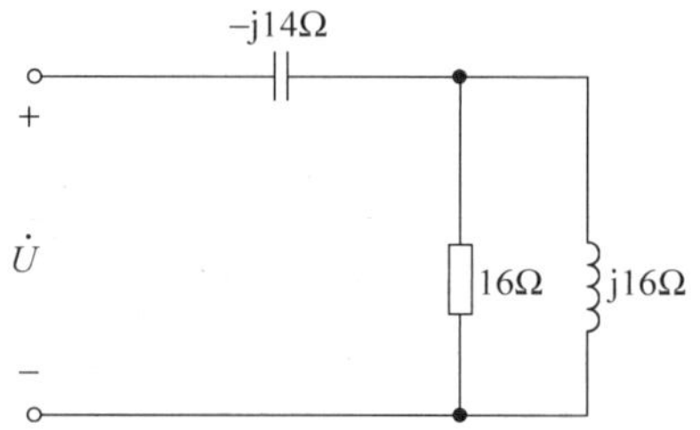

图5-39 电路相量模型

例 5-14 电路相量模型如图5-39所示,已知端口电压的有效值$U=100$V。试求该二端网络的P、Q、S、$\widetilde{S}$和λ。

解 设端口电压相量为

$$\dot{U}=100\angle 0^\circ\text{V}$$

二端网络的等效阻抗为

$$Z=-\text{j}14+\frac{16\times(\text{j}16)}{16+\text{j}16}=-\text{j}14+8+\text{j}8$$

$$= 8 - j6 = 10\angle -36.9^\circ \Omega$$

因此

$$\dot{I} = \frac{\dot{U}}{Z} = \frac{100\angle 0^\circ}{10\angle -36.9^\circ} = 10\angle 36.9^\circ \text{A}$$

$$\widetilde{S} = \dot{U}\dot{I}^* = 100\angle 0^\circ \times 10\angle -36.9^\circ$$

$$= 1\,000\angle -36.9^\circ = (800 - j600)\text{VA}$$

故

$$S = |\widetilde{S}| = 1\,000\text{VA}$$

$$P = \text{Re}[\widetilde{S}] = 800\text{W}$$

$$Q = \text{Im}[\widetilde{S}] = -600\text{Var}$$

由于

$$\theta_z = -36.9^\circ$$

得

$$\lambda = \cos\theta_z = \cos(-36.9^\circ) = 0.8(\text{超前})$$

例 5-15　电路如图 5-40 所示，试求两负载吸收的总复功率，并求输入总电流和总功率因数。

解　首先求每一负载的复功率

$$S_1 = \frac{P_1}{\lambda_1} = \frac{10 \times 10^3}{0.8} = 12\,500\text{VA}$$

$$Q_1 = S_1 \sin\theta_1 = S_1 \sin(-\arccos 0.8) = -7\,500\text{Var}$$

得

$$\widetilde{S}_1 = (10\,000 - j7\,500)\text{VA}$$

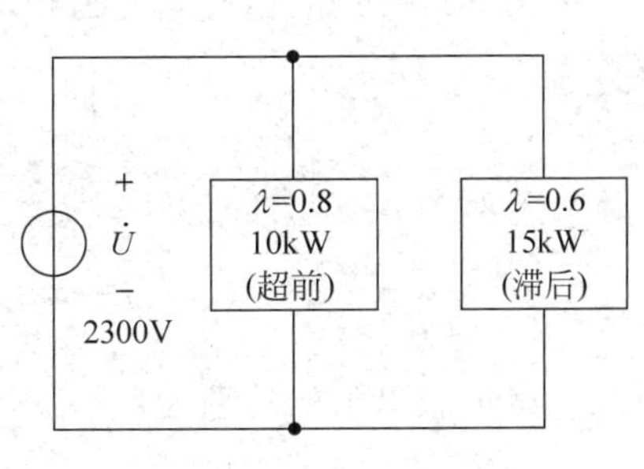

图 5-40　例 5-15 图

同理

$$S_2 = \frac{P_2}{\lambda_2} = \frac{15 \times 10^3}{0.6} = 25\,000\text{VA}$$

$$Q_2 = S_2 \sin\theta_2 = S_2 \sin(\arccos 0.6) = 20\,000\text{Var}$$

故得

$$\widetilde{S}_2 = 15\,000 + j20\,000\text{VA}$$

所以两负载吸收总复功率为

$$\widetilde{S} = \widetilde{S}_1 + \widetilde{S}_2 = 25\,000 + j12\,500 = 27\,951\angle 26.6^\circ \text{VA}$$

总视在功率

$$S = 27\,951\text{VA}$$

可以看出视在功率不守恒

$$S \neq S_1 + S_2$$

输入总电流

$$I = \frac{S}{U} = \frac{27\,951}{2\,300} = 12.2\text{A}$$

总功率因数为

$$\lambda = \frac{P}{S} = \frac{25000}{27951} = 0.894 \quad (滞后)$$

或

$$\lambda = \cos 26.6° = 0.894 \quad (滞后)$$

5.9 正弦稳态最大功率传输定理

在电阻电路中,我们已经研究了负载电阻如何从电源获得最大功率的问题。在正弦稳态电路中,由于电阻换成了阻抗,负载电阻从电源获得最大功率的条件有所不同。

如图 5-41 所示电路,交流电源电压为$\dot{U}_S$,其内阻抗为 $Z_S = R_S + jX_S$,$\dot{U}_S$ 和 Z_S 组成的串联电路可看作是前一级的戴维南等效电路。负载阻抗为 $Z_L = R_L + jX_L$,负载电阻 R_L 获得最大功率的条件取决于电路内何者为定值、何者为变量。设给定电源及其阻抗,下面我们将分析两种情况:负载的电阻及电抗均可独立地变化;负载阻抗角固定而模可改变。它们分别对应不同的实际条件。先分析第一种情况。

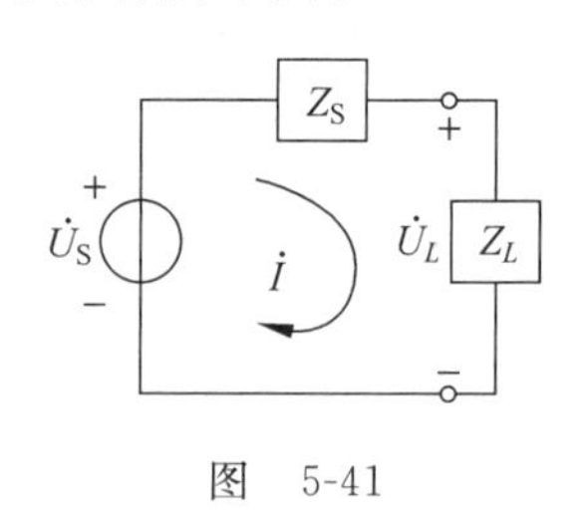

图 5-41

由图 5-41 可知,电路电流为

$$\dot{I} = \frac{\dot{U}_S}{(R_S + R_L) + j(X_S + X_L)} \tag{5-70}$$

电流有效值为

$$I = \frac{U_S}{\sqrt{(R_S + R_L)^2 + (X_S + X_L)^2}} \tag{5-71}$$

由此可得负载电阻的功率为

$$P_L = I^2 R_L = \frac{U_S^2}{(R_S + R_L)^2 + (X_S + X_L)^2} R_L \tag{5-72}$$

当电阻和电抗可独立变化时,为使 P_L 达到最大,首先应将只在分母出现的 $X_S + X_L$ 取零,即 $X_S + X_L = 0$,这时对任意的 R_L 分母之值为最小。满足这一条件时,功率为

$$P_L = \frac{U_S^2 R_L}{(R_S + R_L)^2} \tag{5-73}$$

这已经和电阻电路的条件一致了,继续求出使 P_L 为最大值时的 R_L 值,只需要对 R_L 求导数并使之为零,即

$$\frac{dP_L}{dR_L} = U_S^2 \frac{(R_S + R_L)^2 - 2(R_S + R_L)R_L}{(R_S + R_L)^4} = 0$$

由此可得

$$R_L = R_S \tag{5-74}$$

因此,在第一种情况下,负载获得最大功率的条件是:$X_L = -X_S$ 以及 $R_L = R_S$,也就是说负载阻抗与电源内阻抗互为共轭复数。

$$Z_L = Z_S^* \tag{5-75}$$

满足这一条件时，称负载阻抗与电源内阻抗为最大功率匹配或共轭匹配。此时，最大功率为

$$P_{L\max}=\frac{U_S^2}{4R_S} \tag{5-76}$$

在第二种情况时，负载阻抗角不变，模可变，设负载阻抗为

$$Z_L=|Z|\underline{/\varphi}=|Z|\cos\varphi+\mathrm{j}\,|Z|\sin\varphi \tag{5-77}$$

则

$$\dot I=\frac{\dot U_S}{(R_S+|Z|\cos\varphi)+\mathrm{j}(X_S+|Z|\sin\varphi)}$$

负载电阻的功率为

$$P_L=\frac{U_S^2\,|Z|\cos\varphi}{(R_S+|Z|\cos\varphi)^2+(X_S+|Z|\sin\varphi)^2}$$

上式中的变量为$|Z|$，求该式对$|Z|$的导数得

$$\begin{aligned}\frac{\mathrm{d}P_L}{\mathrm{d}\,|Z|}=&U_S^2\,\frac{[(R_S+|Z|\cos\varphi)^2+(X_S+|Z|\sin\varphi)^2]\cos\varphi}{[(R_S+|Z|\cos\varphi)^2+(X_S+|Z|\sin\varphi)^2]^2}\\&-U_S^2\,\frac{2\,|Z|\cos\varphi[(R_S+|Z|\cos\varphi)\cos\varphi+(X_S+|Z|\sin\varphi)\sin\varphi]}{[(R_S+|Z|\cos\varphi)^2+(X_S+|Z|\sin\varphi)^2]^2}\end{aligned}$$

令

$$\frac{\mathrm{d}P_L}{\mathrm{d}\,|Z|}=0$$

可得

$$\begin{aligned}&[(R_S+|Z|\cos\varphi)^2+(X_S+|Z|\sin\varphi)^2]\cos\varphi\\&\quad-2\,|Z|\cos\varphi[(R_S+|Z|\cos\varphi)\cos\varphi+(X_S+|Z|\sin\varphi)\sin\varphi]=0\end{aligned}$$

可得

$$|Z|^2=R_S^2+X_S^2$$

即

$$|Z|=\sqrt{R_S^2+X_S^2} \tag{5-78}$$

因此，在第二种情况下，负载获得最大功率的条件是：负载阻抗的模应与电源内阻抗的模相等。当负载是纯电阻时，最大功率的条件是 $R_L=\sqrt{R_S^2+X_S^2}$ 而不是 $R_L=R_S$。显然，在这一种情况下所得的最大功率并非为可能获得的最大值。

例 5-16　图 5-42 所示电路中$\dot U_S=100\underline{/30^\circ}$ V，$Z_1=(10+\mathrm{j}20)\Omega$，$Z_2=(8+\mathrm{j}12)\Omega$。求负载 Z 为多大时可以获得最大有功功率？并求此功率。

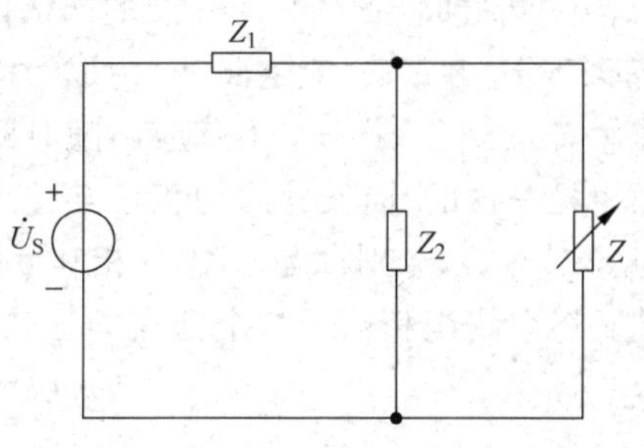

图 5-42　例 5-16 图

解　先求出除负载以后的含源二端电路的戴维南等效电路，再用最大功率传输条件求负载可能获得的最大功率。

开路电压

$$\dot U_{oc}=\frac{Z_2}{Z_1+Z_2}\dot U_S=\frac{8+\mathrm{j}12}{18+\mathrm{j}32}\times100\underline{/30^\circ}$$
$$=39.28\underline{/25.67^\circ}\,\mathrm{V}$$

等效内阻

$$Z_0=\frac{Z_1Z_2}{Z_1+Z_2}=(4.51+\mathrm{j}7.54)\Omega$$

因此，当负载 $Z=Z_0^*=4.51-\mathrm{j}7.54\Omega$ 时，获得的最大功率为

$$P_{\max}=\frac{U_{\mathrm{oc}}^2}{4\mathrm{Re}[Z_0]}=\frac{39.28^2}{4\times4.51}=85.53\mathrm{W}$$

此时负载为第一种情况，可以实现最佳匹配。

5.10 三相交流电

三相交流电是目前我国电力系统所采用的主要输电方式，日常生活用电是取自三相交流电中的一相。与单相交流电相比，三相交流电在发电、输电和用电方面都有许多优点：①在发电机尺寸相同时，三相发电机输出功率比单相发电机高；②在输电条件相同时，三相比单相更节约有色金属；③在电动机尺寸相同时，三相电动机比单相电动机，结构更简单，性能更好。

三相交流电源是由频率相同但相位不同的三个正弦电压(流)源组成的电源。三相交流电路是指由三相交流电源供电的电路。如果三个电源幅值相等、频率相同、相位依次相差120°，则称这样的三相交流电源为对称三相交流电源。如果对称三相交流电源每个电源所对应的负载也相等，则称这样的电路为对称三相交流电路。本节主要介绍对称三相电路的特点与分析。

图 5-43 三相发电机及其结构图

三相交流电是由三相交流发电机产生的，图 5-43 是某三相发电机的实物图。发电机主要由定子和转子两部分组成，定子是发电机的静止部分，由三个形状完全相同的线圈绕组 ax、by、cz 组成，嵌在贴近外壳的凹槽内，三个线圈在空间上彼此相隔 120°；转子是发电机的转动部分，由磁铁(或电磁铁)构成，在外力(水轮机、汽轮机等)作用下，转子以角速度 ω 匀速旋转，三个定子绕组中感应出随时间按正弦规律变化的电压。通常，这三个电压的振幅和频率是一样的，而彼此间的相位互差 120°，图 5-44(a)是三相发电机的原理图。三个定子绕组 ax、by、cz，分别称为 a 相、b 相和 c 相绕组，其中 a、b、c 分别称为始端，x、y、z 分别称为末端。三个绕组相当于三个独立的正弦电压源，它们的电压波形分别如图 5-44(b)所示。

$$u_{\mathrm{a}}(t)=U_{\mathrm{pm}}\cos\omega t$$

$$u_{\mathrm{b}}(t)=U_{\mathrm{pm}}\cos(\omega t-120°) \qquad (5\text{-}79)$$

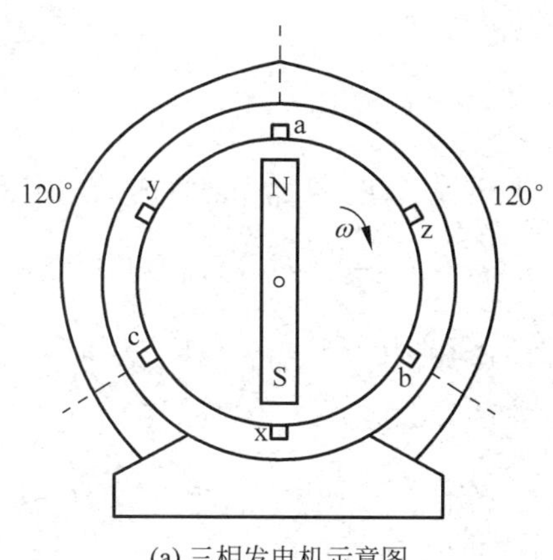

(a) 三相发电机示意图

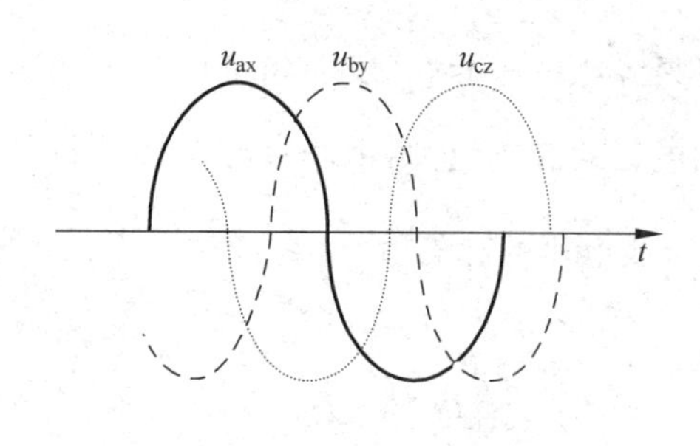

(b) 三相发电机电压波形图

图 5-44 三相发电机示意图及电压波形

$$u_c(t) = U_{pm}\cos(\omega t + 120°)$$

式中，我们把 u_{ax}、u_{by}、u_{cz} 分别简写为 u_a、u_b、u_c，下标中的"p"系 phase(相)的第一个字母。对应于这三个正弦电压的相量分别为

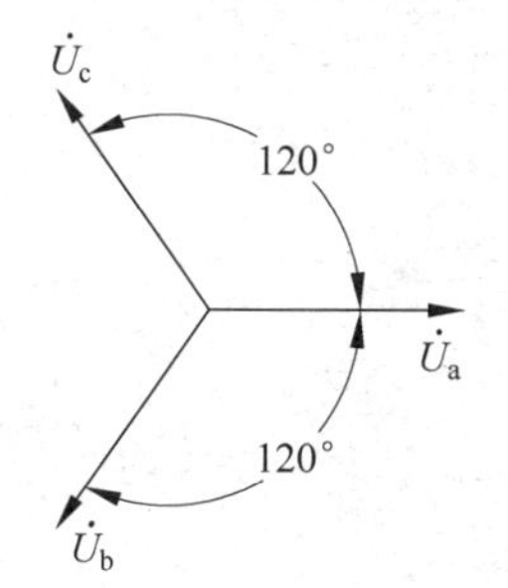

图 5-45 相量图

$$\dot{U}_a = U_p\angle 0° \quad \dot{U}_b = U_p\angle -120° \quad \dot{U}_c = U_p\angle 120°$$

其中，U_p 是有效值，$U_p = \frac{U_{pm}}{\sqrt{2}}$。相量图如图 5-45 所示。

对称三相电源的一个重要特点是：在任意时刻，电压瞬时值之和等于零，即

$$u_a + u_b + u_c = 0 \qquad (5\text{-}80)$$

用相量表示，即

$$\dot{U}_a + \dot{U}_b + \dot{U}_c = 0 \qquad (5\text{-}81)$$

三个电压到达最大值的先后次序叫做相序(phase sequence)。图 5-44(a)所示发电机以角速度 ω 顺时针方向旋转时，其相序为 a—b—c，称为正相序，简称正序，也称顺序；逆时针方向旋转时，其相序为 a—c—b 称为负相序，简称负序，也称逆序。图 5-44(b)所示波形图以及相应的式(5-79)、图 5-45 的相量图均代表 a—b—c 正相序。

三相发电机向外供电时，三个绕组一般都要按某种方式连接成一个整体后再对外供电，三相发电机有两种基本的连接方式，即星形(Y形)连接和三角形(△形)连接。对应的，三相负载也有星形(Y形)连接和三角形(△形)连接两种基本的连接方式。下面分别加以讨论。

如果我们把三相发电机三个定子绕组的末端连在一公共点 N 上，就构成了一个对称Y形连接的三相发电机，如图 5-46 所示。

公共点 N 称为中点(neutral point)，a、b、c 三端与输电线相接，输送能量到负载，这三根输电线称为火线。图中每个电源(即每一定子绕组)的电压称为相电压(phase voltage)，火线之间电压成为线电压(line voltage)，如 u_{ab}、u_{bc} 和 u_{ca}，显然

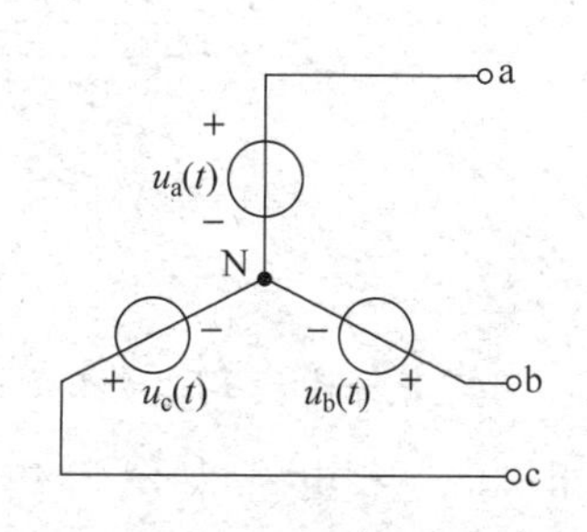

图 5-46 Y形连接的三相发电机

$$u_{ab} = u_a - u_b$$
$$u_{bc} = u_b - u_c$$
$$u_{ca} = u_c - u_a$$

由此可得各相电压、线电压的相量图如下图 5-47 所示。如以 U_l 表示线电压的有效值，U_p 表示相电压的有效值，则由相量图可得 $\frac{1}{2}U_l = U_p\cos30°$，$U_l = \sqrt{3}U_p$，如相电压的有效值为 220V，则线电压的有效值为$\sqrt{3}\times220=380$V。另外，由相量图可知，若以$\dot{U}_a$ 为参考相量，则

$$\dot{U}_{ab} = \sqrt{3}U_p\angle 30° \qquad u_{ab}(t) = \sqrt{3}U_{pm}\cos(\omega t + 30°)$$
$$\dot{U}_{bc} = \sqrt{3}U_p\angle -90° \qquad u_{bc}(t) = \sqrt{3}U_{pm}\cos(\omega t - 90°)$$
$$\dot{U}_{ca} = \sqrt{3}U_p\angle 150° \qquad u_{ca}(t) = \sqrt{3}U_{pm}\cos(\omega t + 150°)$$

如把线电压相量平移，相量图也可画为如图 5-47(b) 所示。

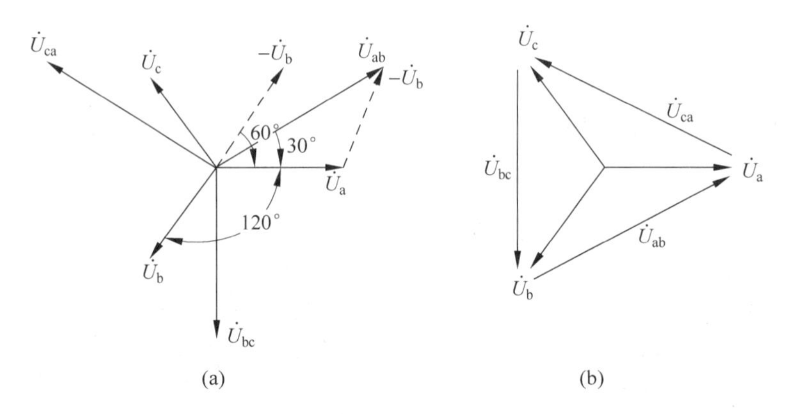

图 5-47　线电压和相电压相量图

如果把三个定子绕组的始、末端顺次相接，再从各连接点 a、b、c 引出火线来，就构成了一个△形连接的三相发电机，如图 5-48(a)。在这种接法中是没有中点的，线电压即相电压，相量图如图 5-48(b) 所示。必须注意，如果任何一相绕组接法相反，三个相电压之和将不复为零，因而在△形连接的闭合回路中将产生极大的短路电流，造成严重恶果。

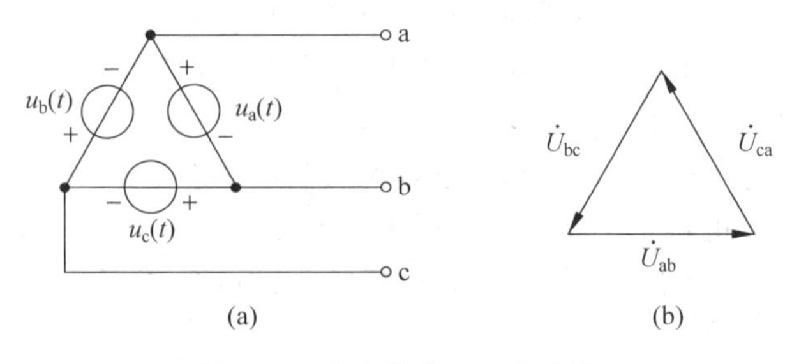

图 5-48　发电机绕组三角连接

下面来分析三相电路的功率。我们先分析对称Y形连接负载与对称Y形连接三相发电机组成的三相电路，如图 5-49 所示。设对称三相负载的单相负载的阻抗为 $Z=|Z|\angle\varphi_z$，电源中点 N 与负载中点 N′的连接线称为中线，也称零线，设中线的阻抗为 Z_N。

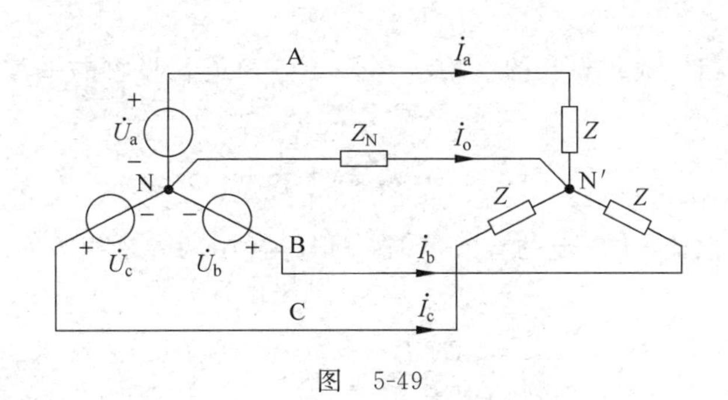

图 5-49

由节点分析法可知

$$\dot{U}_{N'N}=\frac{(\dot{U}_a+\dot{U}_b+\dot{U}_c)/Z}{3/Z+1/Z_N}$$

由于$\dot{U}_a+\dot{U}_b+\dot{U}_c=0$,故得

$$\dot{U}_{N'N}=0 \tag{5-82}$$

亦即 N 点和 N′点是同电位点。由此可得 a 相的电流为

$$\dot{I}_a=\frac{\dot{U}_a}{Z}=\frac{U_p}{|Z|}\angle-\varphi_z \tag{5-83}$$

其他两相电流则为

$$\dot{I}_b=\frac{U_p}{|Z|}\angle-\varphi_z-120^\circ \tag{5-84}$$

$$\dot{I}_c=\frac{U_p}{|Z|}\angle-\varphi_z+120^\circ \tag{5-85}$$

相量图如图 5-50 所示。

每相中的电流称为相电流,而火线电流则称为线电流,在Y形连接中,线电流也即相电流。由相量图可知,三个相电流 $\dot{I}_a$、$\dot{I}_b$、$\dot{I}_c$ 之和为零。因此,如在中点 N 或 N′处运用基尔霍夫电流定律,我们就可得出中线电流为零的结论。在对称三相电路中,由于$\dot{U}_{N'N}$总是等于零的,因此,在分析这类电路时,不论原来有没有中线,也不论中线的阻抗是多少,都可以设想在 NN′间用一根理想导线连接起来,运用式(5-83)求出一相的电流,再按式(5-84)、式(5-85)两式推出其他两相的电流。理论上,在对称三相电路中,取消中线对电路是不会发生影响的。有中线的三相制称为三相四线制,取消中线时即成为三相三线制。实际中,经常会存在三相负载不对称的情况,如照明电路的负载就属于不对称负载,此时,电路中的相电流也会不对称,中线电流不等于零,不可省去。若省去中线,三相负载的相电压不对称会造成某相电压过高,超过负载的额定电压,其他相的电压过低,低于负载的额定电压,使负载工作不正常或损坏。中线的作用就是在于使不对称负载的相电压对称。为防止运行时中线断开,不允许在中线上安装保险丝或过流保护装置,有时还使用机械强度较高的导线作中线。三相四线制供电方式,是我国电力系统目前使用的主要供电方式。

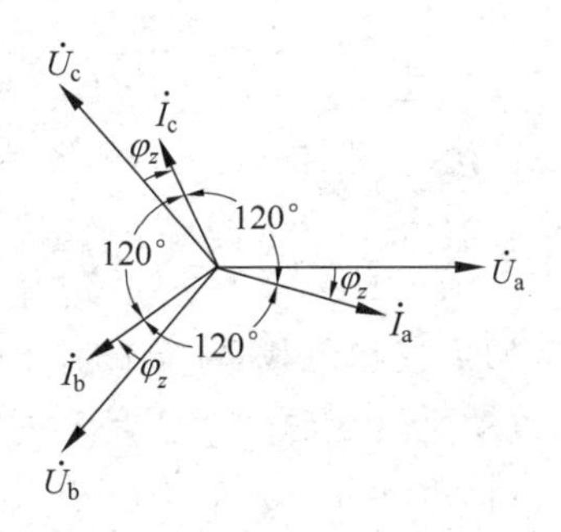

图 5-50 电压和电流的向量图

三相电路中,三相负载所吸收的平均功率等于各相负载吸收的平均功率之和。对称三相电路每相负载的功率为

$$P_{\mathrm{p}} = U_{\mathrm{p}} I_{\mathrm{p}} \cos\varphi_z = \left(\frac{U_l}{\sqrt{3}}\right) I_l \cos\varphi_z$$

其中 I_{p}、I_l 分别为相电流、线电流的有效值,在Y形连接中两者是相等的。

三相总功率为

$$P = 3P_{\mathrm{p}} = 3U_{\mathrm{p}} I_{\mathrm{p}} \cos\varphi_z = \sqrt{3} U_l I_l \cos\varphi_z$$

三相对称电路总的无功功率和视在功率为

$$Q = 3Q_{\mathrm{p}} = 3U_{\mathrm{p}} I_{\mathrm{p}} \sin\varphi_z = \sqrt{3} U_l I_l \sin\varphi_z$$

$$S = 3U_{\mathrm{p}} I_{\mathrm{p}} = \sqrt{3} U_l I_l$$

在实际应用中,通常难于同时测得一个三相负载(或三相电源)的相电压和相电流之值,故功率计算多用线电压与线电流来表示,不过需要指出的是,φ_z 仍是某一相电压超前于同一相电流的相角,而不是某一线电压超前于某一线电流的相角。

最后,我们来说明对称三相电路总的瞬时功率是恒定的,且等于其平均功率 P。a 相的瞬时功率为

$$\begin{aligned} p_{\mathrm{a}} &= u_{\mathrm{a}} i_{\mathrm{a}} = U_{\mathrm{pm}} \cos(\omega t) I_{\mathrm{pm}} \cos(\omega t - \varphi_z) \\ &= U_{\mathrm{p}} I_{\mathrm{p}} [\cos\varphi_z + \cos(2\omega t - \varphi_z)] \end{aligned}$$

b 相的瞬时功率为

$$\begin{aligned} p_{\mathrm{b}} &= u_{\mathrm{b}} i_{\mathrm{b}} = U_{\mathrm{pm}} \cos(\omega t - 120^\circ) I_{\mathrm{pm}} \cos(\omega t - 120^\circ - \varphi_z) \\ &= U_{\mathrm{p}} I_{\mathrm{p}} [\cos\varphi_z + \cos(2\omega t - 240^\circ - \varphi_z)] \end{aligned}$$

c 相的瞬时功率为

$$\begin{aligned} p_{\mathrm{c}} &= u_{\mathrm{c}} i_{\mathrm{c}} = U_{\mathrm{pm}} \cos(\omega t + 120^\circ) I_{\mathrm{pm}} \cos(\omega t + 120^\circ - \varphi_z) \\ &= U_{\mathrm{p}} I_{\mathrm{p}} [\cos\varphi_z + \cos(2\omega t + 240^\circ - \varphi_z)] \end{aligned}$$

p_{a}、p_{b}、p_{c} 中都含有一个交变分量,它们的振幅相等,相位上互差 120°,这三个交变分量相加得零。故得

$$p_{\mathrm{a}} + p_{\mathrm{b}} + p_{\mathrm{c}} = 3U_{\mathrm{p}} I_{\mathrm{p}} \cos\varphi_z = 3P_{\mathrm{p}} = P = \text{定值}$$

如果三相负载是电动机,由于三相总瞬时功率是定值,因而电动机的转矩是恒定的。因为,电动机转矩的瞬时值是和总瞬时功率成正比的。这样,虽然每相的电流是随时间变化的,但转矩却并不是时大时小,这也是三相电动机的一个优越之处。

通常三相电器设备铭牌上给出的额定值,若无特别说明,指的是电源的线电压,额定电流指的是线电流,额定功率指的是三相负载的总功率。

例 5-17 如图 5-51 所示的对称三相电路中,已知 $\dot{U}_{\mathrm{a}} = 220\angle 0^\circ$ V,负载阻抗 $Z_{\mathrm{A}} = 1 + \mathrm{j}2\Omega$,线路阻抗 $Z_{1\mathrm{A}} = 8 + \mathrm{j}7\Omega$。试求各相负载的线电压、线电流、相电压、相电流及三相负载吸收的总功率。

解 由于该三相电路为三相四线制电路,可得线电流

$$\begin{aligned} \dot{I}_{\mathrm{A}} &= \frac{\dot{U}_{\mathrm{A}}}{Z_{1\mathrm{A}} + Z_{\mathrm{A}}} = \frac{220\angle 0^\circ}{1 + \mathrm{j}2 + 8 + \mathrm{j}7} \\ &= \frac{220\angle 0^\circ}{9 + \mathrm{j}9} = 17.3\angle -45^\circ \mathrm{A} \end{aligned}$$

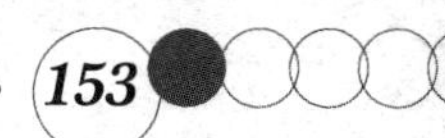

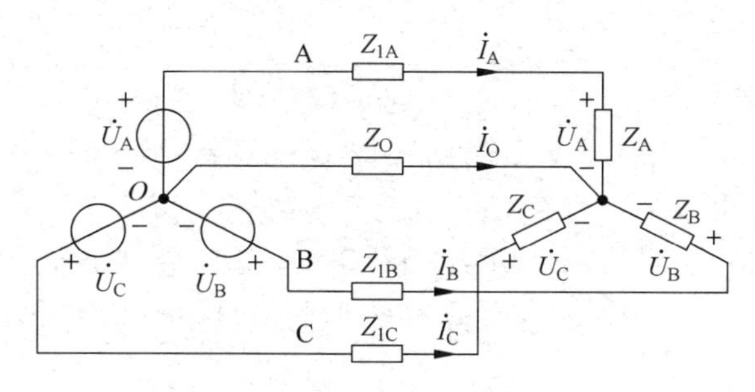

图 5-51 例 5-17 图

根据对称三相电路的对称性，可得

$$\dot{I}_B = 17.3\angle{-165^\circ}\text{A}$$

$$\dot{I}_C = 17.3\angle{75^\circ}\text{A}$$

因为负载为星形连接，所以相电流等于线电流。A 相负载电压

$$\dot{U}_{A'} = Z\dot{I}_A = (8 + \text{j}7) \times 17.3\angle{-45^\circ}$$

$$= 10.6\angle{41^\circ} \times 17.3\angle{-45^\circ} = 183.4\angle{-4^\circ}\text{V}$$

根据对称性可得

$$\dot{U}_{B'} = 183.4\angle{-124^\circ}\text{V}$$

$$\dot{U}_{C'} = 183.4\angle{116^\circ}\text{V}$$

由星形连接线电压与相电压的关系，可得

$$\dot{U}_{A'B'} = \sqrt{3}\,\dot{U}_{A'}\angle{30^\circ} = 318\angle{26^\circ}\text{V}$$

$$\dot{U}_{B'C'} = \sqrt{3}\,\dot{U}_{B'}\angle{30^\circ} = 318\angle{-94^\circ}\text{V}$$

$$\dot{U}_{C'A'} = \sqrt{3}\,\dot{U}_{C'}\angle{30^\circ} = 318\angle{146^\circ}\text{V}$$

各相负载阻抗

$$Z = 8 + \text{j}7 = 10.6\angle{146^\circ}(\Omega)$$

故三相负载吸收的总功率

$$P = 3U_p I_p \cos\theta_z$$
$$= 3 \times 183.4 \times 17.3 \times \cos 41^\circ$$
$$= 7\,183.6(\text{W})$$

习题5

5-1 (1) 绘出函数 $f(t) = 15\cos(5000t - 30^\circ)$的波形图；

(2) 问该函数的最大值、有效值、角频率、频率、周期各为多少？

(3) 该函数与下列各函数的相位关系如何？(谁超前？相位差多少？)

$\cos 5000t$； $\sin 5000t$； $\sin(5000t + 60^\circ)$； $\sin(5000t - 60^\circ)$

5-2 已知一正弦电流的波形如图题 5-2 所示，(1) 试求此电流的幅值、有效值、角频率、频率、周期、初相。

(2) 写出其函数表达式。

5-3 已知 $i_1(t)=10\cos4t\text{A}$；$i_2(t)=20(\cos4t+\sqrt{3}\sin4t)\text{A}$；问 $i_1(t)$ 与 $i_2(t)$ 的相位关系(谁超前？相位差多少?)。

5-4 RC 串联电路如图题 5-4 所示，$R=2\text{k}\Omega$，$C=1\mu\text{F}$，外施电压 $u_S=30\cos(500t)\text{V}$，在 $t=0$时接入电路，已知 $u_C(0_-)=10\text{V}$，计算 $t\geqslant0$ 时的 $i(t)$，并绘出波形图。

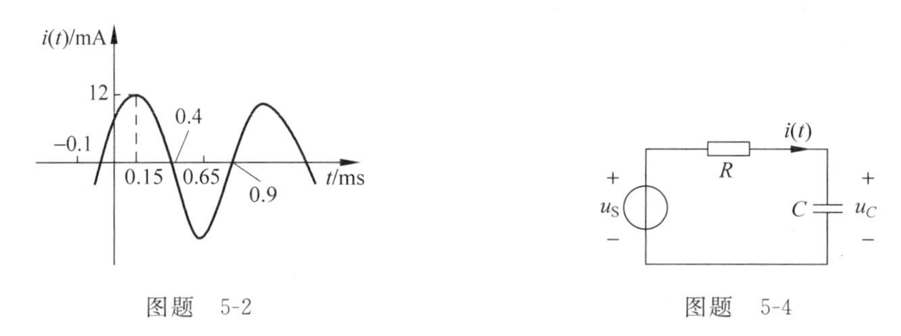

图题 5-2　　图题 5-4

5-5 (1) 求下列有效值相量所对应的正弦量(其频率为 ω)。

① $6-\text{j}8$ ② $-8+\text{j}6$ ③ $-\text{j}10$ ④ $\dfrac{1+\text{j}2}{2-\text{j}}$

(2) 求对应于下列正弦量的有效值相量，并画出其相量图。

① $4\sin2t+3\cos2t$ ② $-6\sin(2t-75°)$

5-6 (1) 若$\dfrac{a+\text{j}b}{2+\text{j}3}=\dfrac{5-\text{j}2}{3-\text{j}4}$，试求 a，b。

(2) 若 $100\angle0°+A\angle60°=173\angle\theta$，试求 A，θ。

5-7 试求图题 5-7 正弦交流电路中电表的读数(注意各电流表内阻为零，电压表内阻为无穷大)。

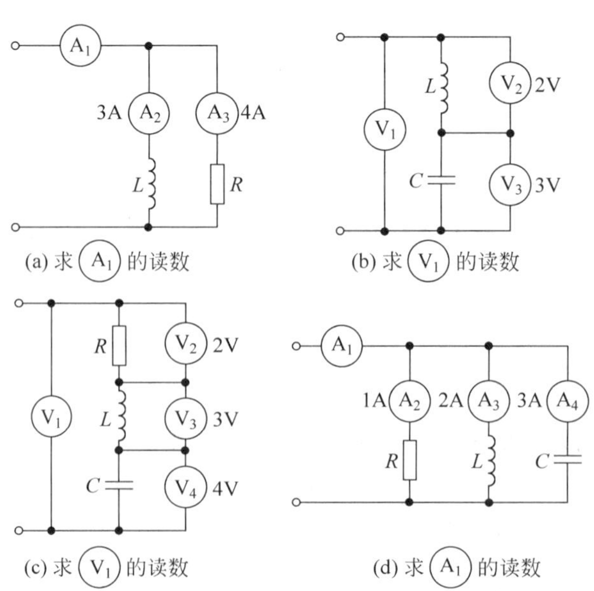

图题 5-7

5-8 图题 5-8 所示为某个网络的一部分，试求电感电压相量$\dot{U}_L$。

5-9 求图题 5-9 所示电路中的$\dot{U}$和$\dot{I}$，并画出相量图。

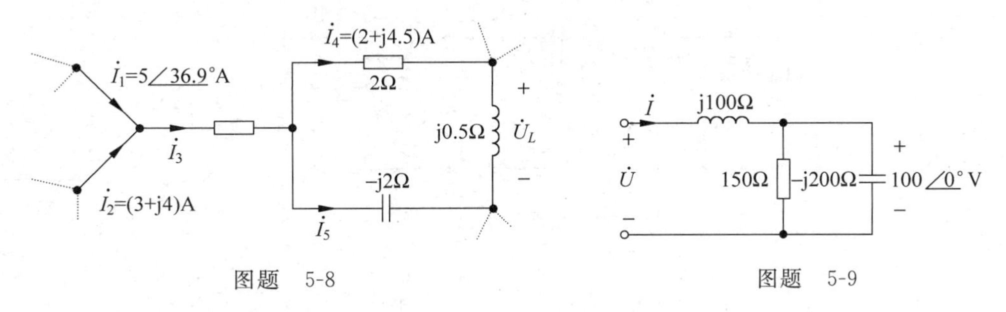

图题 5-8　　图题 5-9

5-10 图题 5-10 所示电路，已知 $R_1=10\Omega$，$X_C=-17.32\Omega$，$I_1=5\text{A}$，$U=120\text{V}$，$U_L=50\text{V}$，$\dot{U}$和$\dot{I}$同相，求 R，R_2 和 X_L。

5-11 求图题 5-11 所示电路中的电压相量$\dot{U}_{ab}$。

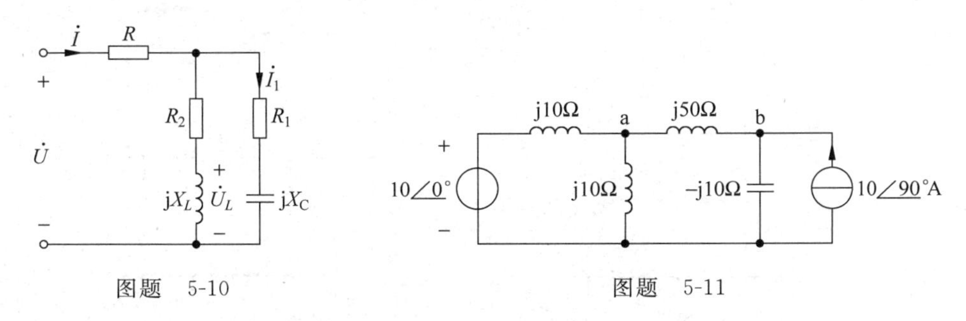

图题 5-10　　图题 5-11

5-12 列写图题 5-12 所示电路的节点方程和网孔方程。

5-13 试用叠加定理求图题 5-13 所示电路各支路电流相量（画出各独立源单独作用的相量模型）。

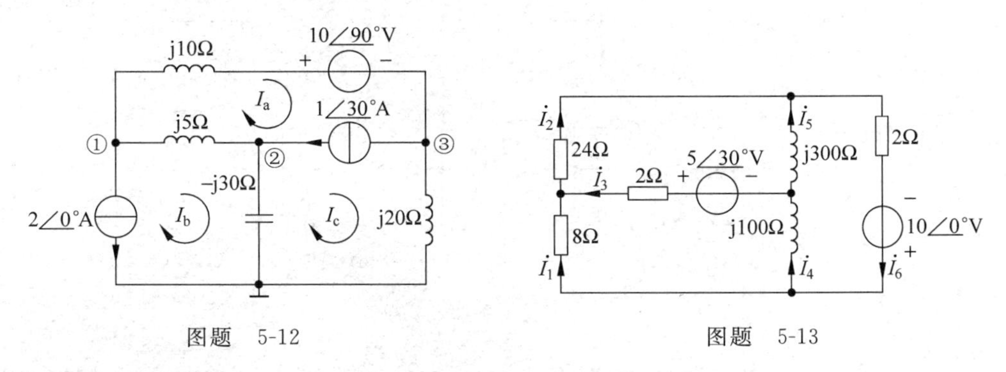

图题 5-12　　图题 5-13

5-14 列写图题 5-14 所示电路的节点方程。

5-15 列写图题 5-15 所示电路的网孔方程。

5-16 试求图题 5-16 所示电路的端口等效阻抗 Z。

5-17 试求图题 5-17 所示电路 A、B 端的戴维南等效电路。

5-18 试求图题 5-18 所示各电路的谐振角频率的表达式。

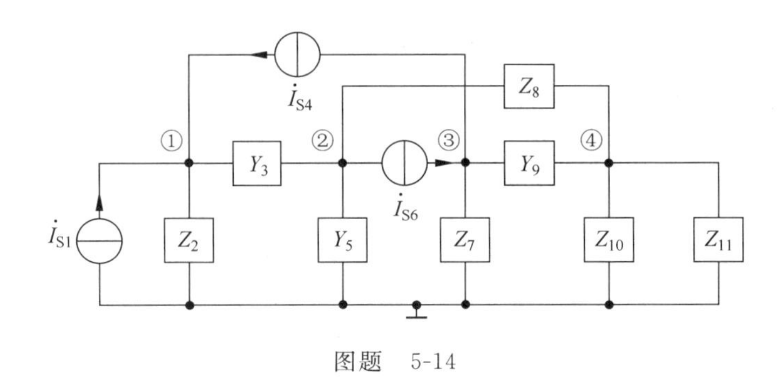

图题 5-14

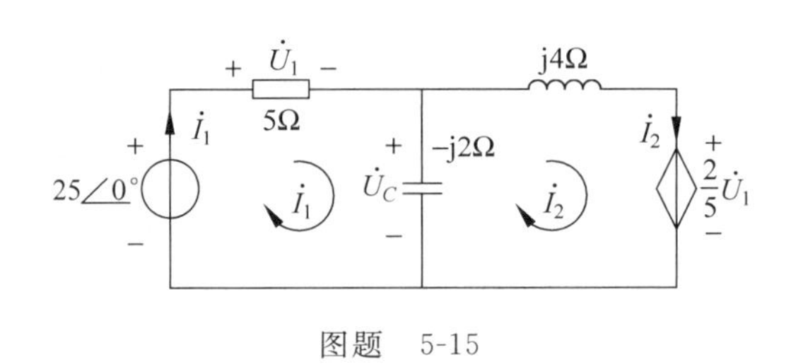

图题 5-15

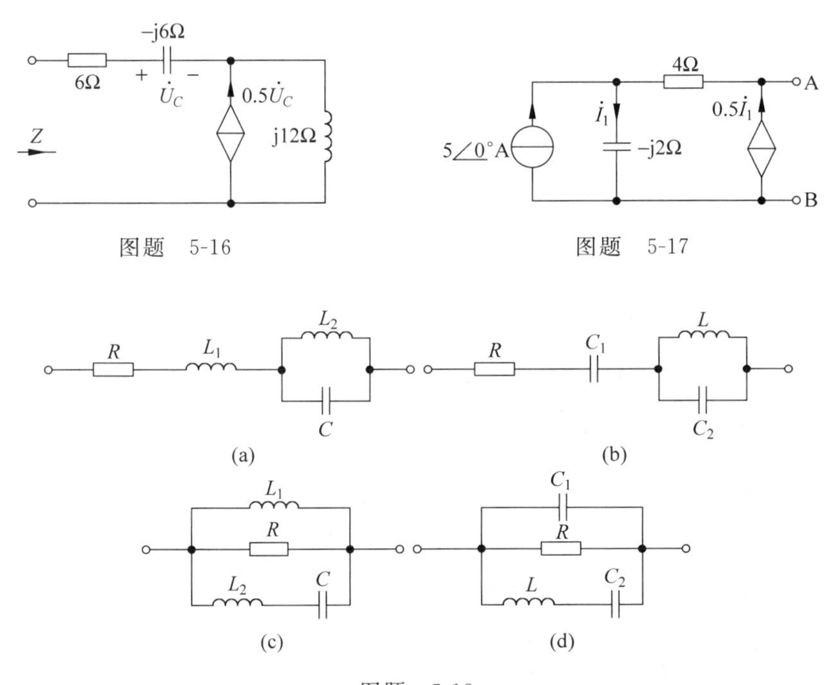

图题 5-16　　图题 5-17

图题 5-18

5-19 如图题 5-19 所示电路，电源电压 $U=10\text{V}$，角频率 $\omega=3\,000\text{rad/s}$，调节电容 C 使电路达到谐振，谐振电流 $I_o=100\text{mA}$，谐振电容电压 $U_{C0}=200\text{V}$，试求 R、L、C 以及回路品质因数 Q。

5-20 当频率 $f=500\text{Hz}$ 时，RLC 串联电路发生谐振，已知谐振时入端阻抗 $Z=10\Omega$，电路的品质因数 $Q=20$，求各元件参数 R、L、C。

5-21　RLC 串联电路的端电压 $u_S=10\sqrt{2}\cos1000t\text{V}$，当电容 $C=10\mu\text{F}$ 时，电路中电流最大，$I_{max}=2\text{A}$，(1)求电阻 R 和电感 L；(2)求各元件电压的瞬时表达式；(3)画出各电压相量图。

5-22　图题 5-22 所示 RLC 并联电路中，$i_S=\sqrt{2}\cos(5000t+30°)\text{A}$，当电容 $C=20\mu\text{F}$ 时，电路中吸收的功率最大，$P_{max}=50\text{W}$，求 R、L 及流过各元件电流的瞬时值表达式，并画出各电流相量图。

5-23　图题 5-23 所示并联谐振电路中，已知 $R=10\Omega$，$L=250\mu\text{H}$，调节 C 使电路在 $f=10^4\text{Hz}$ 时谐振，求谐振时的电容 C 及入端阻抗 Z_{in}。

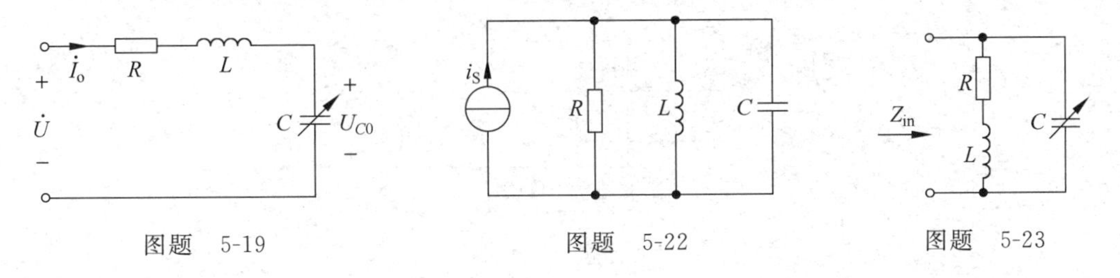

图题　5-19　　　　图题　5-22　　　　图题　5-23

5-24　图题 5-24 是由运算放大器和 R、C 元件构成的 RC 低通网络。设输入电压是角频率为 ω 的正弦电压，试求输出电压相量与输入电压相量之比，并讨论当 ω 变化时 $\frac{U_2}{U_1}$ 的变化情况。

5-25　图题 5-25，电路吸收有功功率 180W，$U=36\text{V}$，$I=5\text{A}$，$R=20\Omega$，求 X_C、X_L。

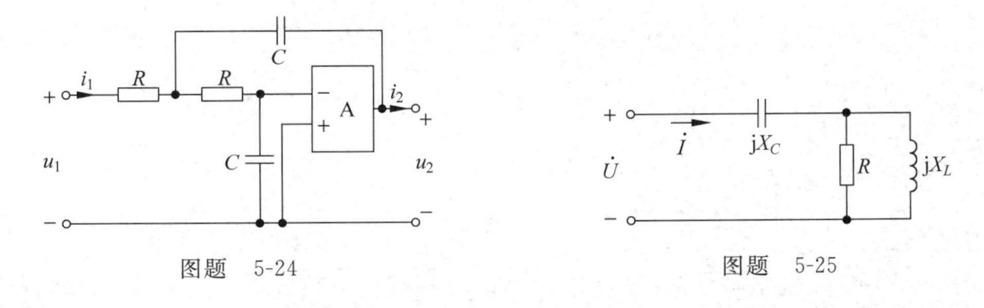

图题　5-24　　　　图题　5-25

5-26　图题 5-26，电路吸收有功功率 1500W，$I=I_1=I_2$，$U=150\text{V}$，求 R、X_C、X_L。

5-27　图题 5-27，电路 a-b 端所接阻抗 Z 为多大时，该阻抗能获得最大的有功功率，求该功率。

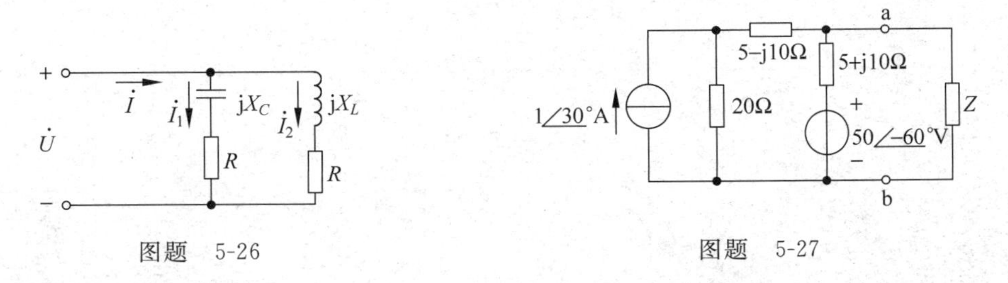

图题　5-26　　　　图题　5-27

5-28　电压为 220V 的工频电源供给一组动力负载，负载电流 $I=300\text{A}$，吸收有功功率 $P=40\text{kW}$。现在要在此电源上再接一组功率为 20kW 的照明设备（白炽灯），并希望照明设备接入后电路总电流为 315A，为此需要并联电容。计算所需的电容值，并计算此时电路的总功率因数。

5-29　有一感性负载 $Z=(100+j200)\Omega$，接于工频电压为 380V 的电源上，试求：(1)负载吸收的有功功率和电路总电流；(2)若使电路的功率因数提高到 0.9，负载上应并联的电容器的容值。

5-30　图题 5-30，电路中 A、B、C 与线电压为 380V 的对称三相电源相连，对称三相负载 1 吸收有功功率 10kW，功率因数为 0.8(滞后)，$Z_1=10+j5\Omega$，求电流 $\dot{I}$。

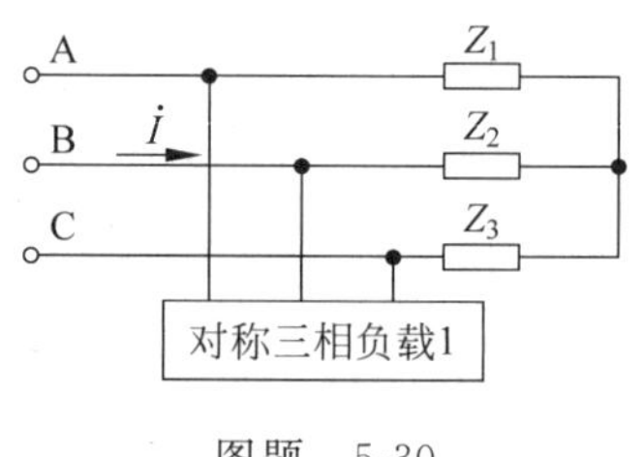

图题　5-30

第6章 耦合电感和理想变压器

本章介绍耦合电感和理想变压器两种电路组件，它们都属于多端组件，在工程中有着广泛的应用，是构成实际变压器电路模型必不可少的组件。在实际电路中，如收音机、电视机中的中周线圈、振荡线圈，整流电源里使用的变压器等都是耦合电感组件。本章主要讨论这两种组件的伏安关系，并以正弦稳态分析为主，给出含有这两种组件电路的一般分析方法。

6.1 耦合电感的伏安关系

当电流通过一个线圈时，根据右手螺旋定则可以确定该电流所产生的磁通链方向。对于一个孤立的线圈，线圈通过电流时，线圈的磁通链 ψ_1 是线圈中所通电流 i_1 的函数。如果在一个线圈邻近还有另一个线圈，如图6-1所示，则通过线圈1的电流所产生的磁通链不仅通过它本身，而且还通过另一个线圈，那么称该线圈与另一个线圈之间具有磁耦合或者说存在互感。

当只有线圈1通有电流 i_1 时，电流 i_1 在自身线圈产生磁通链 ψ_{11}，此磁通链称为自感磁通链；同时，ψ_{11} 中的一部分或全部会通过线圈2产生磁通链 ψ_{21}，称为互感磁通链。同理，当只有线圈2中通电流 i_2 时，电流 i_2 在自身线圈产生磁通链 ψ_{22}，同时产生互感磁通链 ψ_{12}。当周围空间是各向同性的线性磁介质时，磁通链与产生它的电流成正比，即有

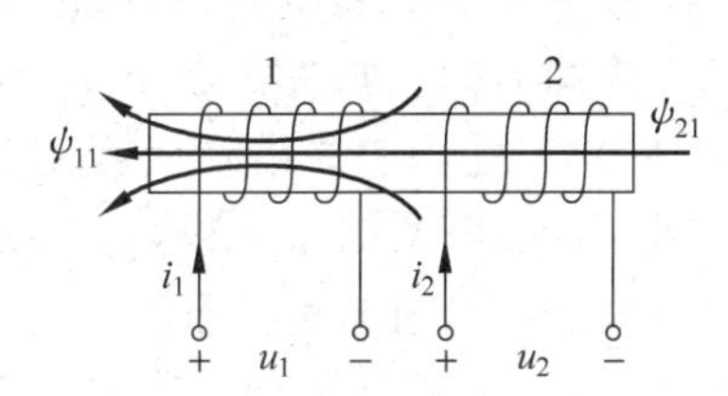

图6-1 具有互感的两个线圈

自感磁通链： $\psi_{11}=L_1 i_1 \quad \psi_{22}=L_2 i_2$

互感磁通链： $\psi_{12}=M_{12} i_2 \quad \psi_{21}=M_{21} i_1$

上式中，M_{12} 和 M_{21} 称为互感系数，单位为亨利(H)。可以证明，$M_{12}=M_{21}$，所以当只有两个线圈耦合时，可以略去 M 的下标，即 $M_{12}=M_{21}=M$。

对于线圈1，当流过线圈的电流随时间变化时，在线圈1两端就会产生感应电压，即自感电压 u_{L1}，同时，在线圈2的两端会产生互感电压 u_{21}。如果取线圈1的自感电压 u_{L1} 与电流 i_1 为关联参考方向，即电压的参考方向和磁通的参考方向也符合右手螺旋法则，根据电磁感应定律可得

$$u_{L1}=\frac{\mathrm{d}\psi_{11}}{\mathrm{d}t}=L_1\frac{\mathrm{d}i_1}{\mathrm{d}t}$$

当互感电压 u_{21} 压降方向与互感磁通链 ψ_{21} 也符合右手螺旋定则时，互感电压 u_{21} 为

$$u_{21}=\frac{\mathrm{d}\psi_{21}}{\mathrm{d}t}=M\frac{\mathrm{d}i_1}{\mathrm{d}t}$$

否则,互感电压 u_{21} 为

$$u_{21}=-M\frac{\mathrm{d}i_1}{\mathrm{d}t}$$

当两个线圈都有电流,而且各线圈的电压、电流均采用关联参考方向时,每一线圈的磁通链为自磁通链与互磁通链的代数和

$$\psi_1=\psi_{11}\pm\psi_{12}=L_1i_1\pm Mi_2 \tag{6-1a}$$

$$\psi_2=\psi_{22}\pm\psi_{21}=\pm Mi_1+L_2i_2 \tag{6-1b}$$

每一线圈的感应电压也为自感电压与互感电压的代数和

$$u_1(t)=\frac{\mathrm{d}\psi_1}{\mathrm{d}t}=L_1\frac{\mathrm{d}i_1}{\mathrm{d}t}\pm M\frac{\mathrm{d}i_2}{\mathrm{d}t} \tag{6-2a}$$

$$u_2(t)=\frac{\mathrm{d}\psi_2}{\mathrm{d}t}=\pm M\frac{\mathrm{d}i_1}{\mathrm{d}t}+L_2\frac{\mathrm{d}i_2}{\mathrm{d}t} \tag{6-2b}$$

式(6-2)就是理想耦合线圈的伏安关系。这是两个联立的线性微分方程组,表明感应电压 u_1 不仅与电流 i_1 有关,也与流过线圈 2 的电流 i_2 有关,同样,u_2 也是如此。由此可见,耦合电感应该由三个参数 L_1、L_2 和 M 来表征。

同时,上式还表明,耦合线圈中的互感电压与通过它的电流呈线性关系。互感系数 M 前的"±"说明在耦合中,互感有两种可能,正值表示自感磁通链与互感磁通链方向一致,互感起增强作用,负值表示自感磁通链与互感磁通链方向相反,互感起削弱作用。

这种由于线圈绕向不同而出现的不同情况,可以用一种公认的标记来表示,这种标记称为同名端。如图 6-2 所示,对两个存在耦合的线圈各取一个端钮,用相同的标记符号,如"·"或"*"来表示两线圈的绕向及其相对位置的关系,这一对端钮称为"同名端"。如图 6-2(a)中的端钮 a 和 c,图 6-2(b)中的 a 和 d 都是同名端。另一对不标"·"或"*"的端钮也是一对同名端。而图 6-2(a)中的端钮 a 和 d 或 b 和 c 称为异名端。

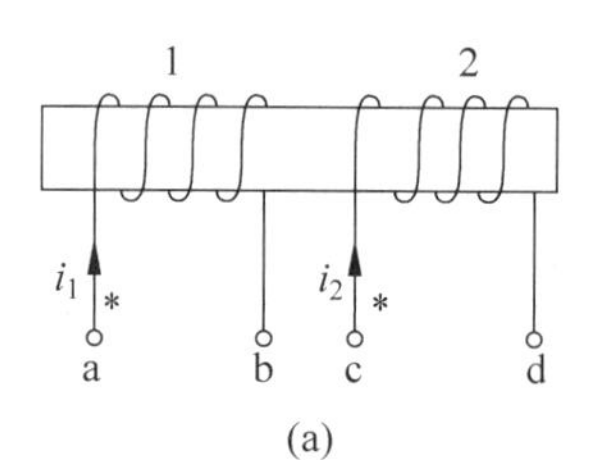

(a)

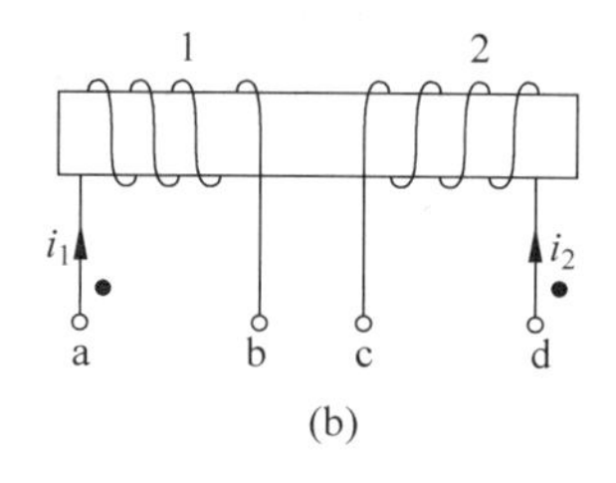

(b)

图 6-2 互感线圈的同名端

当两线圈的电流均由同名端流入时,两电流所产生的磁通应相互增强,互感电压前面取"+"。图 6-2(a)所示的两个线圈,当电流分别从 a 端和 c 端流入时,这两个电流产生的磁通方向一致,所以 a 端与 c 端为同名端,当然 b 端与 d 端也为同名端,但只能标出一对端钮。对于图 6-2(b)所示的两个线圈,当线圈 1 的电流从 a 端流入时,如果线圈 2 的电流所产生磁通方向与线圈 1 相同,线圈 2 的电流必须从 d 端流入,故 a 端与 d 端为同名端,标注如图 6-2 所示。

对于给定的未标出同名端的一对线圈,线圈同名端可以根据它们的绕向和相对位置判别,也可以通过实验方法确定。

需要说明的是,同名端关系只取决于两耦合线圈的结构(绕向和相对位置),与电压、电流的设定没关系。今后在电路中具有互感的两个线圈的画法如图 6-3(a)、(b)所示。

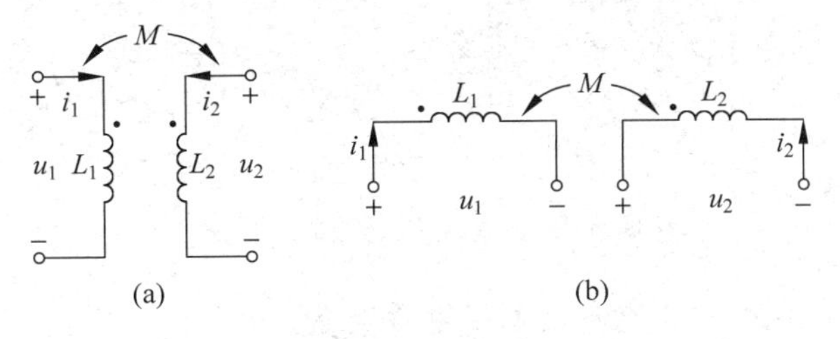

图 6-3　用同名端标记互感线圈

通过上面关于同名端与电流流入方向对互感磁通链的影响的分析,我们可以得出结论,如图 6-3(a)所示,当电流 i_1 从线圈 1 的同名端流入时,此电流在线圈 2 产生的互感电压 $M\frac{\mathrm{d}i_1}{\mathrm{d}t}$参考方向的"+"极也应该在线圈 2 的同名端一端,在 $u_2(t)$的伏安关系中 $M\frac{\mathrm{d}i_1}{\mathrm{d}t}$前取正号,反之,取负号;同理,电流 i_2 从线圈 2 的同名端流入,则此电流在线圈 1 产生的互感电压 $M\frac{\mathrm{d}i_2}{\mathrm{d}t}$的"+"极也在线圈 1 的同名端一端。所以,如果知道了耦合电感的同名端,不知道线圈绕向也能正确写出耦合电感的伏安关系式。

例如对图 6-3(a)中的耦合电感,电流 i_1 与电压 u_1 是关联参考方向,电流 i_2 从同名端流入,所以在线圈 1 中产生的互感电压参考方向与电压 u_1 的参考方向相同,故得

$$u_1(t) = L_1\frac{\mathrm{d}i_1}{\mathrm{d}t} + M\frac{\mathrm{d}i_2}{\mathrm{d}t}$$

同理可得

$$u_2(t) = M\frac{\mathrm{d}i_1}{\mathrm{d}t} + L_2\frac{\mathrm{d}i_2}{\mathrm{d}t}$$

对图 6-3(b)中的耦合电感,电流 i_1 与电压 u_1 是关联参考方向,电流 i_2 从异名端流入,所以互感电压的参考方向与电压 u_1 的参考方向相反,故得

$$u_1(t) = L_1\frac{\mathrm{d}i_1}{\mathrm{d}t} - M\frac{\mathrm{d}i_2}{\mathrm{d}t}$$

电流 i_2 与电压 u_2 是非关联参考方向,电流 i_1 从同名端流入,所以互感电压的参考方向与电压 u_2 的参考方向相同,故得

$$u_2(t) = M\frac{\mathrm{d}i_1}{\mathrm{d}t} - L_2\frac{\mathrm{d}i_2}{\mathrm{d}t}$$

耦合电感中的互感电压反映了两线圈间的耦合关系,在电路模型中为了较明显地将这种关系表示出来,各线圈中的互感电压可以用电流控制电压源(CCVS)来表示。用受控源表示互感电压,则图 6-4(a)可以表示成图 6-4(b)。在正弦稳态分析时,图(b)中的伏安关系向量形式为

$$\begin{cases}\dot{U}_1 = \mathrm{j}\omega L_1\dot{I}_1 - \mathrm{j}\omega M\dot{I}_2 \\ \dot{U}_2 = \mathrm{j}\omega M\dot{I}_1 - \mathrm{j}\omega L_2\dot{I}_2\end{cases} \tag{6-3}$$

式中,ωL_1、ωL_2 称为自感抗,ωM 称为互感抗。

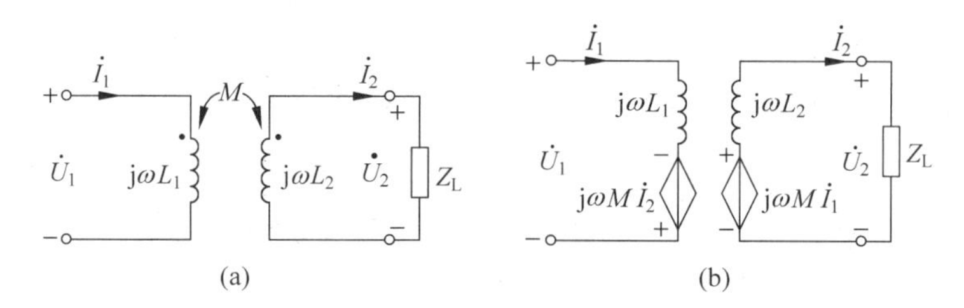

图 6-4 互感电压等效成受控源

例 6-1 求图 6-5 所示耦合电感的电压电流关系。

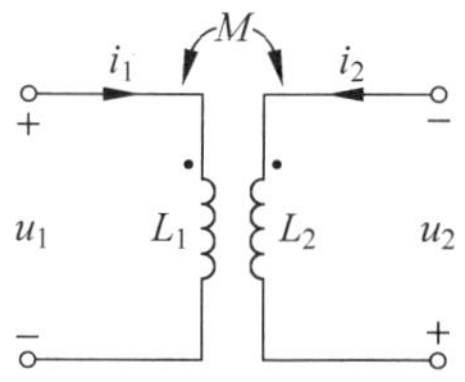

解 耦合电感的电压由自感电压和互感电压两部分组成。自感电压正、负号确定方法与无耦合电感组件相同。图中，u_1 和 i_1 是关联参考方向，所以自感电压为 $L_1\dfrac{di_1}{dt}$；u_2 和 i_2 是非关联参考方向，所以自感电压为 $-L_2\dfrac{di_2}{dt}$。互感电压正负号的确定与同名端有关。本例中 u_1 的高电位端和 i_2 的流入端是同名端，也就是说，u_1 和 i_2 的参考方向相对同名端算是关联参考方向，其互感电压取正号 $+M\dfrac{di_2}{dt}$；u_2 和 i_1 的参考方向相对同名端是非关联参考方向，其互感电压取负号 $-M\dfrac{di_1}{dt}$。最后得到图 6-5 所示耦合电感的伏安关系为

图 6-5 例 6-1 图

$$
\begin{cases}
u_1 = L_1\dfrac{di_1}{dt} + M\dfrac{di_2}{dt} \\
u_2 = -M\dfrac{di_1}{dt} - L_2\dfrac{di_2}{dt}
\end{cases}
$$

6.2 耦合电感间的串并联

由上节对含耦合电感电路分析可知，当电路中含有互感组件时，互感线圈两端的电压不仅与本线圈的电流有关（自感电压），而且还与其他线圈电流有关（互感电压）。本节将讨论针对此类电路的一种基本分析方法。

如果具有耦合关系的两个线圈有电连接，如串联、并联或有一端相连等，那么可以去掉耦合关系得出等效电感。

耦合电感的两线圈串联时有两种接法：一种是两线圈的异名端相接，称为顺串，电流 i 均从同名端流入，磁场方向相同而相互增强，如图 6-6(a)所示；另一种是两线圈的同名端相接，称为反串，电流 i 从 L_1 有标记端流入，从 L_2 有标记端流出，磁场方向相反而相互削弱，如图 6-6(b)所示。设各线圈上的电压和电流取如图所示的参考方向，则由耦合电感的伏安关系，由图 6-6(a)得

$$
\begin{aligned}
u(t) &= u_1 + u_2 = L_1\frac{di}{dt} + M\frac{di}{dt} + L_2\frac{di}{dt} + M\frac{di}{dt} \\
&= (L_1 + L_2 + 2M)\frac{di}{dt} = L'\frac{di}{dt} \qquad (6\text{-}4)
\end{aligned}
$$

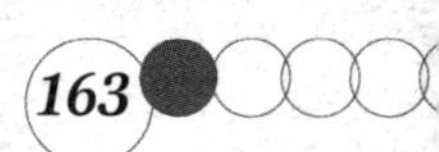

此式表明耦合电感顺接串联的单口网络，就端口特性而言，等效为一个电感值为 $L'=L_1+L_2+2M$ 的二端电感。

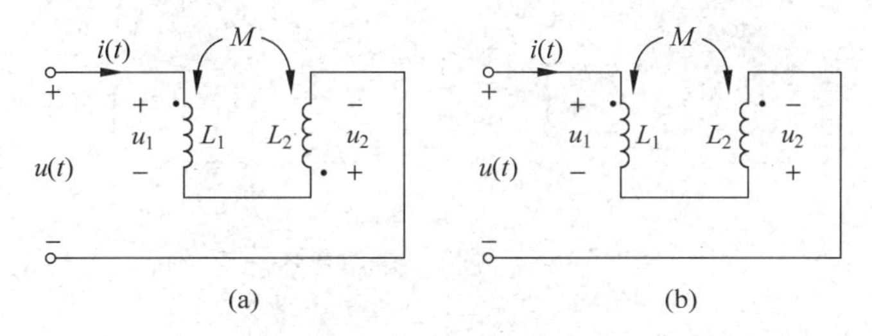

图 6-6 耦合电感的串联

由图 6-6(b)得

$$u(t)=u_1+u_2=L_1\frac{\mathrm{d}i}{\mathrm{d}t}-M\frac{\mathrm{d}i}{\mathrm{d}t}+L_2\frac{\mathrm{d}i}{\mathrm{d}t}-M\frac{\mathrm{d}i}{\mathrm{d}t}$$

$$=(L_1+L_2-2M)\frac{\mathrm{d}i}{\mathrm{d}t}=L''\frac{\mathrm{d}i}{\mathrm{d}t} \tag{6-5}$$

此式表明耦合电感反接串联的单口网络，就端口特性而言，等效为一个电感值为 $L''=L_1+L_2-2M$ 的二端电感。

综合以上讨论，得到耦合电感串联时，可等效为一个电感组件，其等效电感为

$$L_{\mathrm{eq}}=L_1+L_2\pm 2M$$

顺接串联时取正号，反接串联时取负号。

由于电感为无源组件，等效后的电感在任一时刻的储能

$$W=\frac{1}{2}L_{\mathrm{eq}}i^2\geqslant 0$$

因此有

$$L_1+L_2\pm 2M\geqslant 0$$

所以

$$M\leqslant\frac{1}{2}(L_1+L_2)$$

上式表明，耦合电感的互感 M 不能大于两自感的算术平均值。

在正弦稳态时，两串联电感组件的伏安关系由式(6-4)和式(6-5)可得

$$\begin{aligned}\dot{U}&=\dot{U}_1+\dot{U}_2\\&=\mathrm{j}\omega(L_1+L_2\pm 2M)\dot{I}\\&=\mathrm{j}(X_{L1}+X_{L2}\pm 2X_M)\dot{I}\end{aligned} \tag{6-6}$$

由此可见，在正弦稳态分析时，对于两个串联电感，不能模仿直流分析中直接把两电感的阻抗相加，必须考虑互感效应，相应的加上或减去互感阻抗 X_M。

下面分析耦合电感并联电路。具有耦合电感的两线圈并联时也有两种接法：一种是如图 6-7(a)所示，两线圈的同名端在同侧并联，称为顺并；另一种如图 6-7(b)所示，两线圈的同名端在异侧，即异名端相连，称为反并。设各线圈上的电压和电流及其参考方向如图 6-7所示，则由耦合电感的正弦稳态伏安关系可得

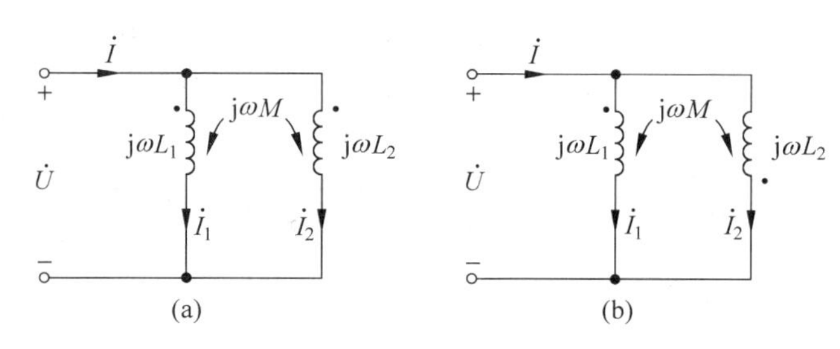

图 6-7 耦合电感的并联

$$\begin{cases}\dot{U}=\mathrm{j}\omega L_1\dot{I}_1+\mathrm{j}\omega M\dot{I}_2\\ \dot{U}=+\mathrm{j}\omega M\dot{I}_1+\mathrm{j}\omega L_2\dot{I}_2\end{cases}\tag{6-7}$$

由上式计算可解得

$$\mathrm{j}\omega\dot{I}_1=\frac{L_2-M}{L_1L_2-M^2}\dot{U}$$

$$\mathrm{j}\omega\dot{I}_2=\frac{L_1-M}{L_1L_2-M^2}\dot{U}$$

因此有

$$\mathrm{j}\omega\dot{I}=\mathrm{j}\omega(\dot{I}_1+\dot{I}_2)=\frac{L_1+L_2-2M}{L_1L_2-M^2}\dot{U}$$

即

$$\dot{U}=\mathrm{j}\omega\left(\frac{L_1L_2-M^2}{L_1+L_2-2M}\right)\dot{I}=\mathrm{j}\omega L_{\mathrm{eq}}\dot{I}\tag{6-8}$$

所以,两耦合电感同侧并联时等效电感为

$$L'=\frac{L_1L_2-M^2}{L_1+L_2-2M}\tag{6-9}$$

同理,对图 6-7(b)中所示两耦合电感反并的情况,可以得到等效电感为

$$L''=\frac{L_1L_2-M^2}{L_1+L_2+2M}\tag{6-10}$$

式(6-9)、式(6-10)表明,耦合电感并联时,可等效为一个电感组件。

由于耦合电感组件并联时,它任一时刻的储能

$$W=\frac{1}{2}L_{\mathrm{eq}}i^2\geqslant 0$$

即

$$L_{\mathrm{eq}}=\frac{L_1L_2-M^2}{L_1+L_2\pm 2M}\geqslant 0$$

因为

$$L_1+L_2\pm 2M\geqslant 0$$

所以

$$L_1L_2-M^2\geqslant 0$$

即

$$M \leqslant \sqrt{L_1 L_2}$$

上式表明，耦合电感的互感 M 不能大于两自感的几何平均值。因为 L_1 和 L_2 的几何平均值总是小于等于它们的算术平均值，因此互感 M 可能达到的最大值为 $\sqrt{L_1 L_2}$。通常将 M 与它可能达到的最大值 $\sqrt{L_1 L_2}$ 之比，称为耦合电感的耦合系数，记作 k，即

$$k = \frac{M}{\sqrt{L_1 L_2}} \tag{6-11}$$

显然，由 M 的取值范围可知，k 最大值为 1。当 k 取 1 时，称为全耦合，此时一个线圈中的电流产生的磁通链全部通过另一个线圈，互感达到最大。k 值较大时，称为紧耦合，较小时，称为松耦合；k 最小值为 0，此时称为无耦合，两线圈无互感。

例 6-2　如图 6-8(a)所示电路已经稳定。已知 $R=20\Omega$，$L_1=L_2=4\text{H}$，$k=0.25$，$U_S=8\text{V}$，电感初始无储能。$t=0$ 时刻开关闭合，试求 $t>0$ 时的 $i(t)$ 和 $u(t)$。

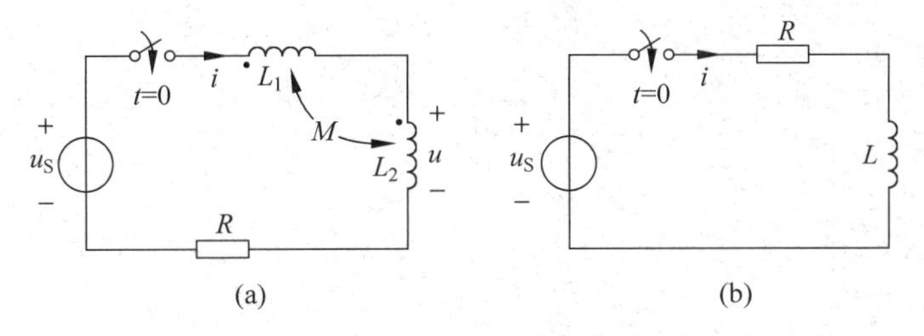

图 6-8　例 6-2 图

解　由图 6-8(a)可以先利用耦合电感的串联等效去耦合，然后求出所需要求的变量。由给出的条件，可以先求出互感

$$M = k\sqrt{L_1 L_2} = 0.25 \times 4 = 1\text{H}$$

再求出耦合电感串联的等效电感为

$$L = L_1 + L_2 + 2M = 4 + 4 + 2 = 10\text{H}$$

等效后的电路图如图 6-8(b)所示，可以用三要素法求得电流 $i(t)$ 为

$$i(t) = \frac{U_S}{R}(1 - e^{-\frac{R}{L}t}) = 0.4(1 - e^{-2t})\text{A}, \quad t \geqslant 0$$

$u(t)$ 可由图 6-7(a)所示电路求得

$$\begin{aligned} u(t) &= L_2 \frac{di}{dt} + M\frac{di}{dt} = (4+1) \times 0.4 \times 2e^{-2t}\text{V} \\ &= 4e^{-2t}\text{V} \quad t > 0 \end{aligned}$$

6.3　耦合电感的去耦等效

如果耦合电感的两条支路有一端相连，如图 6-9(a)所示，则可以用三个无互感的电感连成 T 型网络来等效，如图 6-9(b)所示。下面推导它们的等效关系。

对于图 6-9(a)所示耦合电感，其端口的伏安关系为

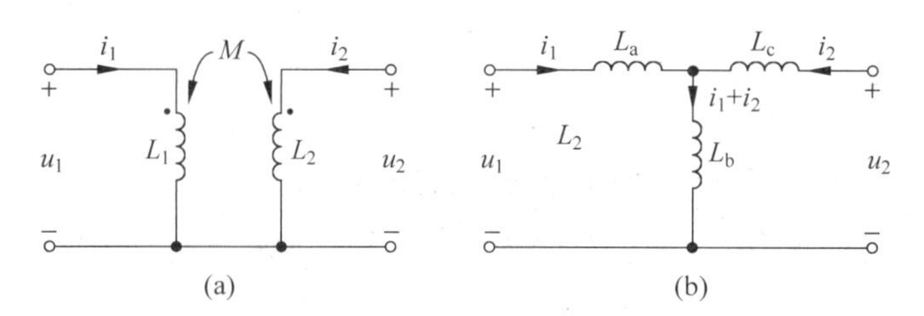

图 6-9　耦合电感的 T 型等效

$$\begin{cases} u_1 = L_1 \dfrac{\mathrm{d}i_1}{\mathrm{d}t} + M\dfrac{\mathrm{d}i_2}{\mathrm{d}t} \\ u_2 = M\dfrac{\mathrm{d}i_1}{\mathrm{d}t} + L_2\dfrac{\mathrm{d}i_2}{\mathrm{d}t} \end{cases} \tag{6-12}$$

对于图 6-9(b)所示电路，列 KVL 方程得

$$\begin{cases} u_1 = L_a\dfrac{\mathrm{d}i_1}{\mathrm{d}t} + L_b\dfrac{\mathrm{d}(i_1+i_2)}{\mathrm{d}t} = (L_a+L_b)\dfrac{\mathrm{d}i_1}{\mathrm{d}t} + L_b\dfrac{\mathrm{d}i_2}{\mathrm{d}t} \\ u_2 = L_b\dfrac{\mathrm{d}i_1}{\mathrm{d}t} + (L_b+L_c)\dfrac{\mathrm{d}i_2}{\mathrm{d}t} \end{cases} \tag{6-13}$$

根据等效电路的概念，令(6-12)与式(6-13)两式中$\dfrac{\mathrm{d}i_1}{\mathrm{d}t}$、$\dfrac{\mathrm{d}i_2}{\mathrm{d}t}$前面的系数分别相等，可得

$$\begin{cases} L_1 = L_a + L_b \\ M = L_b \\ L_2 = L_b + L_c \end{cases} \Rightarrow \begin{cases} L_a = L_1 - M \\ L_b = M \\ L_c = L_2 - M \end{cases} \tag{6-14}$$

式(6-14)的结果是由公共端为同名端相连时求得，如果改变图 6-9(a)中同名端位置，则式(6-14)中 M 前的符号也相应要变反。

上述这种等效消除了原电路中的互感耦合，称为去耦等效。等效后的电路即可作为一般无互感电路来计算，简化了电路分析。

例 6-3　如图 6-10(a)所示，$u=5\,000\sqrt{2}\cos 10^4 t\,\mathrm{V}$，求各支路电流。

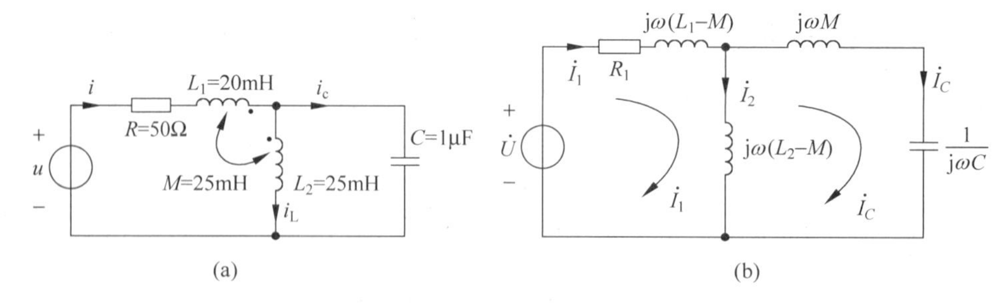

图 6-10　例 6-3 图

解　先将互耦电感去耦等效，得等效电路如图 6-10(b)所示。

由图 6-10(b)列网孔方程得

$$\begin{cases} [R_1 + \mathrm{j}\omega(L_1-M) + \mathrm{j}\omega(L_2-M)]\dot{I}_1 - \mathrm{j}\omega(L_2-M)\dot{I}_C = \dot{U} \\ -\mathrm{j}\omega(L_2-M)\dot{I}_1 + \left[\mathrm{j}\omega(L_2-M) + \mathrm{j}\left(\omega M - \dfrac{1}{\omega C}\right)\right]\dot{I}_C = 0 \end{cases}$$

代入已知条件,解方程组可得

$$\dot{I}_C = 0$$

$$\dot{I}_1 = 11.04\angle -83.6^\circ \text{A}$$

例 6-4 用去耦等效求图 6-11(a)所示单口网络的等效电感。

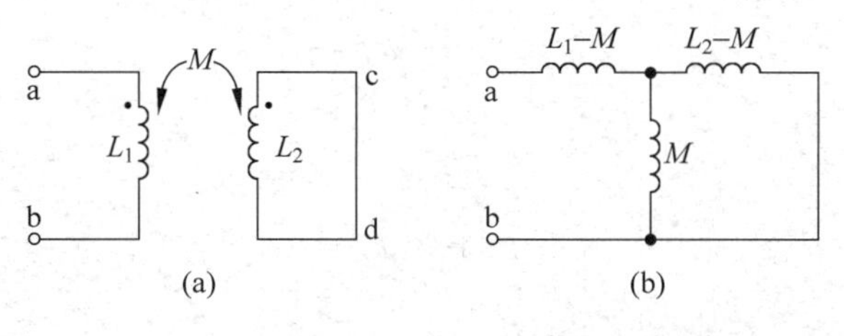

图 6-11 例 6-4 图

解 如图所示,如果将耦合电感 b、d 两端相连,其连接线中电流为零,不会影响单口网络的端口 VCR,此时,利用耦合电感的去耦等效,图 6-11(a)可用图 6-11(b)所示电路来等效。由电感的串并联公式即可求得等效电感

$$L_{ab} = L_1 - M + \frac{M(L_2 - M)}{M + L_2 - M} = L_1 - \frac{M^2}{L_2}$$

6.4 空芯变压器电路的分析

变压器是一种常用的电气设备,主要用于能量以及信号的传输。变压器通常由两个具有耦合关系的线圈构成,一个线圈接电源,称为初级线圈或初级;另一个线圈接负载,称为次级线圈或次级,能量可以通过磁场的耦合,由电源传递给负载。

变压器的两线圈绕在共享的芯子上,当芯子选用铁磁材料时,耦合系数 k 较大,属于紧耦合;若芯子选用非铁磁材料,则耦合系数 k 较小,属于松耦合。通常把不含铁芯的耦合线圈称为空芯变压器。

变压器是利用电磁感应原理制作而成的,所以可以用耦合电感来构成它的电路模型。空芯变压器次级接负载的时域模型如图 6-12(a)所示。

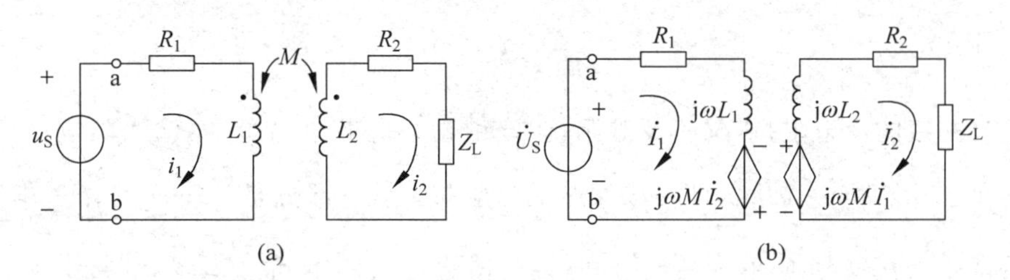

图 6-12 空芯变压器电路

空芯变压器的电路如图 6-12(a)所示,R_1、L_1 是初级线圈的等效电阻和自感,R_2、L_2 是次级线圈的等效电阻和自感,M 为两线圈的互感,Z_L 为负载的阻抗值。在图 6-12(a)所示参考方向下,用受控源表示互感电压的等效电路向量模型如图 6-12(b)所示,列方程如下

$$\begin{cases}(R_1+\mathrm{j}\omega L_1)\dot{I}_1-\mathrm{j}\omega M\dot{I}_2=\dot{U}_\mathrm{S}\\ -\mathrm{j}\omega M\dot{I}_1+(R_2+\mathrm{j}\omega L_2+Z_\mathrm{L})\dot{I}_2=0\end{cases}\tag{6-15}$$

令

$$Z_{11}=R_1+\mathrm{j}\omega L_1$$
$$Z_{22}=R_2+\mathrm{j}\omega L_2+Z_\mathrm{L}$$
$$Z_M=-\mathrm{j}\omega M$$

则方程组(6-15)可写为

$$\begin{cases}Z_{11}\dot{I}_1+Z_M\dot{I}_2=\dot{U}_\mathrm{S}\\ Z_M\dot{I}_1+Z_{22}\dot{I}_2=0\end{cases}\tag{6-16}$$

解方程组(6-16)得

$$\begin{cases}\dot{I}_1=\dfrac{Z_{22}\dot{U}_\mathrm{S}}{Z_{11}Z_{22}-Z_M^2}=\dfrac{\dot{U}_\mathrm{S}}{Z_{11}+\dfrac{(\omega M)^2}{Z_{22}}}\\ \dot{I}_2=\dfrac{\mathrm{j}\omega M\dfrac{\dot{U}_\mathrm{S}}{Z_{11}}}{Z_{22}+\dfrac{(\omega M)^2}{Z_{11}}}\end{cases}\tag{6-17}$$

由式(6-17)中的$\dot{I}_1$表达式可得出空心变压器的初级等效电路,如图6-13(a)所示。

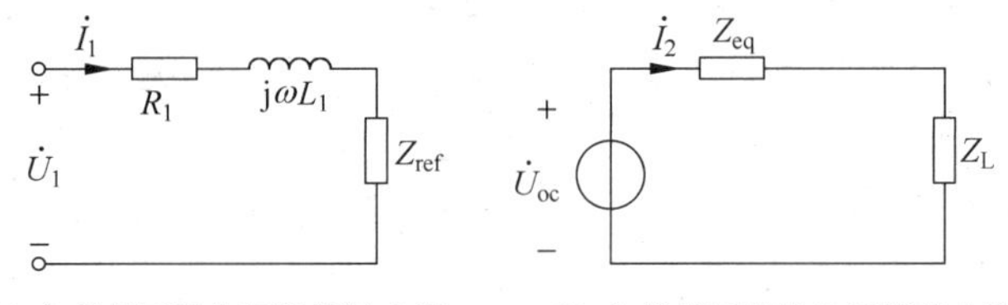

(a) 空芯变压器的初级等效电路　　(b) 空芯变压器的次级等效电路

图6-13　空芯变压器的等效电路

其中

$$Z_\mathrm{ref}=\frac{(\omega M)^2}{Z_{22}}$$

称为次级对初级的反射阻抗(又称反映阻抗)。由初级等效电路可知,输入阻抗由两部分组成:一部分是$Z_{11}=R_1+\mathrm{j}\omega L_1$,即初级回路的自阻抗;另一部分是$\dfrac{(\omega M)^2}{Z_{22}}=\dfrac{(\omega M)^2}{R_2+\mathrm{j}\omega L_2+R_\mathrm{L}}$,即反射阻抗。当$\dot{I}_2=0$时,也就是次级开路时,由式(6-12)可知,$Z_\mathrm{i}=Z_{11}$;当次级回路电流$\dot{I}_2\neq0$时,次级对初级的作用相当于在初级串联了一个复阻抗$Z_\mathrm{ref}$,也即当$\dot{I}_2\neq0$时,在输入阻抗中会引入反射阻抗。所以,次级回路对初级回路的影响可以用反射阻抗来计算。当我们只需要求解初级电流时,可以利用初级等效电路迅速求得。由式(6-17)可以看出,初级电流$\dot{I}_1$的数值与互感电压的正负极性无关,即与两线圈的同名端位置关系无关。但对于次

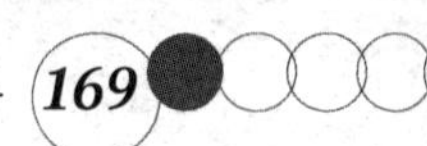

级电流$\dot{I}_2$却不同，随着同名端位置变反，$j\omega M$前的符号也将改变，$\dot{I}_2$的符号也要随之改变。

应用同样的方法可以得到图6-12所示电路的次级等效电路，它是从次级向初级看过去的含源端口的戴维南等效电路，如图6-13(b)所示。式(6-17)中$\dot{I}_2$表达式的分子$j\omega M\dfrac{\dot{U}_S}{Z_{11}}$，是次级负载开路时的开路电压$\dot{U}_{oc}$；而分母由两部分组成，负载$Z_L$和戴维南等效阻抗$Z_{eq}=R_2+j\omega L_2+\dfrac{(\omega M)^2}{Z_{11}}$，其中$\dfrac{(\omega M)^2}{Z_{11}}$称为次级的引入阻抗，它是初级回路阻抗通过互感反映到次级的等效阻抗。

例6-5 如图6-14，在下列情况下：(1)次级开路(即$Z_L=\infty$)；(2)次级短路(即$Z_L=0$)；(3)次级接电容C。分别求初级线圈的输入阻抗Z_i。

解 初、次级等效电路如图6-15所示，图中

$$Z_{11}=R_1+jX_1$$
$$Z_{22}=R_2+jX_2+Z_L=(R_1+R_L)+j(X_2+X_L)$$
$$Z'_{11}=\frac{\omega^2M^2}{Z_{22}}$$

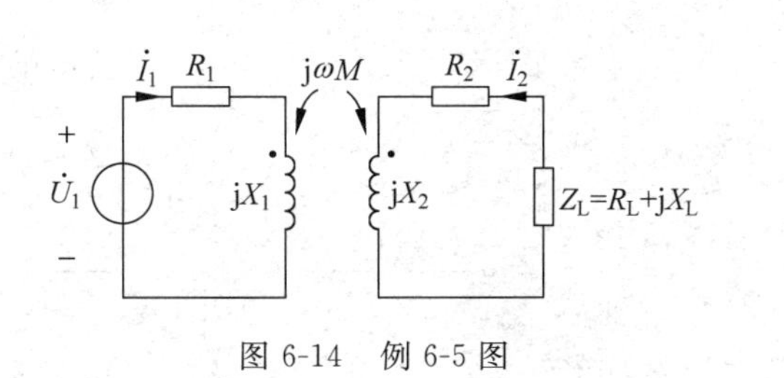

图6-14 例6-5图

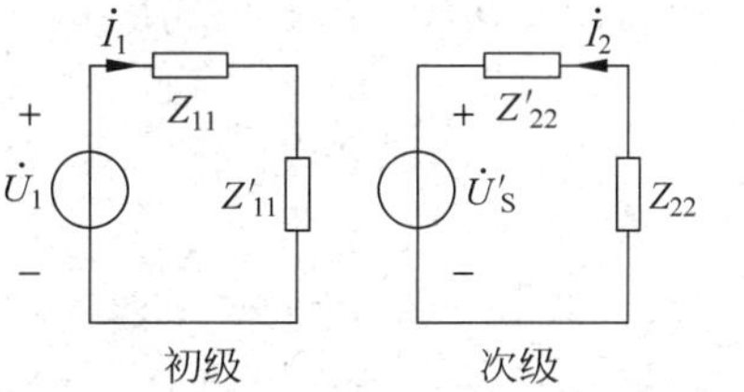

图6-15 例6-5图

(1) 当$Z_L=\infty$，则$Z_{22}=\infty$，则

$$Z'_{11}=\frac{\omega^2M^2}{Z_{22}}=0$$
$$Z_i=Z_{11}=R_1+jX_1$$

即次级开路，输入阻抗等于初级自阻抗。

(2) 当$Z_L=0$，则$Z_{22}=R_2+jX_2$。

$$Z'_{11}=\frac{\omega^2M^2}{Z_{22}}=\frac{\omega^2M^2}{R_2^2+X_2^2}R_2-j\frac{\omega^2M^2}{R_2^2+X_2^2}X_2$$
$$Z_i=Z_{11}+Z'_{11}=\left[R_1+\frac{\omega^2M^2R_2}{R_2^2+X_2^2}\right]+j\left[X_1-\frac{\omega^2M^2X_2}{R_2^2+X_2^2}\right]$$

(3) 当$Z_L=-j\dfrac{1}{\omega C}$，$Z_{22}=R_2+jX_2-j\dfrac{1}{\omega C}=R_2+j\left(X_2-\dfrac{1}{\omega C}\right)$时

$$Z_i=\Bigg[R_1+\underbrace{\frac{\omega^2M^2R_2}{R_2^2+X_2^2}}_{R'_1}\Bigg]+j\underbrace{\left[X_1-\frac{\left(X_2-\frac{1}{\omega C}\right)\omega^2M^2}{R_2^2+\left(X_2-\frac{1}{\omega C}\right)^2}\right]}_{X'_1}$$

显然，$R'_1\geqslant 0$，它吸收的功率即次级吸收的有功功率；X'_1与$X_{22}=X_2-\dfrac{1}{\omega C}$异号，即$X_{22}$

为感性阻抗时，X_1'为容性阻抗；X_{22}为容性阻抗时，X_1'为感性阻抗。这里若取C使$\frac{1}{\omega C}>X_2$，则$X_1'>0$，那么就将次级的容抗反映到初级成了感抗。

6.5 理想变压器

理想变压器是实际变压器的假想模型，其电路模型如图6-16所示，当变压器满足以下几个条件时即被称为理想变压器。

(1) 耦合系数$k=1$，即全耦合变压器。

(2) 无损耗。

(3) 自感L_1、L_2及互感M均为∞，但$\frac{L_2}{L_1}=n^2=$常数。

理想变压器与耦合电感组件的符号相同，它是由全耦合变压器($k=1$)进一步近似得到，设L_1、L_2及互感M均为无穷大，且保持$\sqrt{\frac{L_2}{L_1}}=n$为一常数，那么变压器就可以视为理想变压器。理想变压器只有一个参数n，称为匝数比。在图6-16所示同名端位置、电压和电流参考方向下，初级、次级的电压、电流关系为

$$u_2(t)=nu_1(t) \tag{6-18}$$

$$i_2(t)=-\frac{1}{n}i_1(t) \tag{6-19}$$

以上两式就是理想变压器的伏安关系。不论在什么时刻，也不论两边端钮上接什么组件，以上两关系式都成立。可以看出两个式子都是代数关系式，因此理想变压器是一种无记忆组件。若变压器初级线圈为N_1，次级线圈为N_2，则两线圈的匝数比$n=\frac{N_2}{N_1}$。

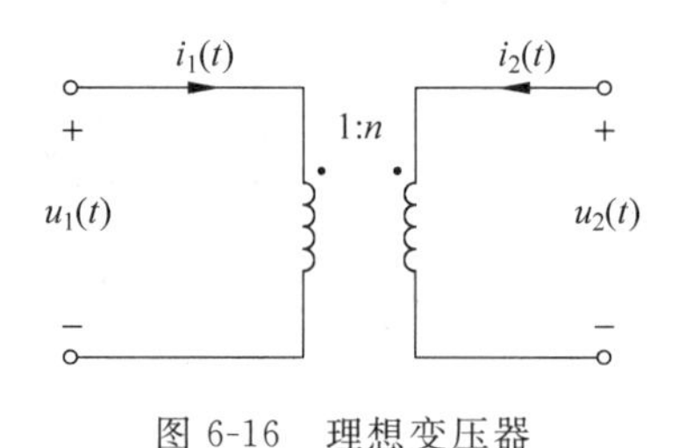

图6-16 理想变压器

式(6-18)、式(6-19)是在图6-16所示电压电流参考方向以及同名端位置情况下得出，如果保持上图中电流和电压参考方向不变，而其中一个同名端位置倒相，则VCR关系为

$$u_2(t)=-nu_1(t) \tag{6-20}$$

$$i_2(t)=\frac{1}{n}i_1(t) \tag{6-21}$$

如果保持同名端位置和电流流向不变，而把初级和次级中一个电压参考方向变反，则式(6-18)变为$u_2(t)=-nu_1(t)$，式(6-19)不变；如果保持同名端位置和电压参考方向不变，而把初级和次级中一个电流方向变反，则式(6-19)变为$i_2(t)=\frac{1}{n}i_1(t)$，式(6-18)不变。

不论在哪种情况下，由伏安关系都可知理想变压器在所有时刻t都有

$$u_1(t)i_1(t)+u_2(t)i_2(t)=0 \tag{6-22}$$

亦即在所有时刻t，初级及次级线圈消耗的功率总和为零。也就是说，理想变压器不消耗能量也不储存能量。从初级线圈输入的功率全部都能从次级线圈输出到负载。理想变压器不储存能量，是一种无记忆性组件。

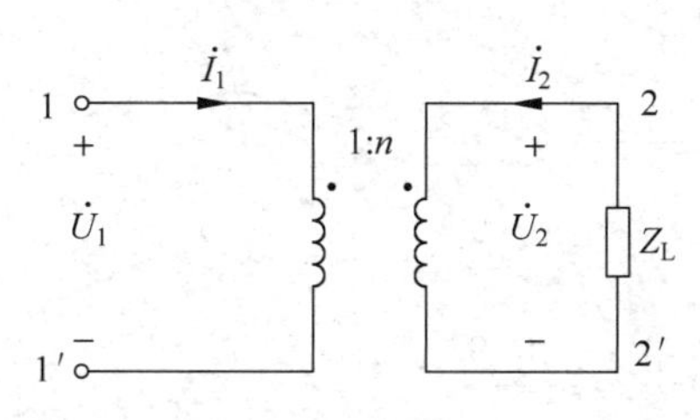

图 6-17　理想变压器的阻抗变换作用

理想变压器除了可以用来变换电压和电流，还可以用来变换阻抗。如图 6-17 所示，当次级接负载 Z_L 时，从初级看进去的输入阻抗将是

$$Z_1=\frac{\dot{U}_1}{\dot{I}_1}=\frac{\frac{1}{n}\dot{U}_2}{-n\dot{I}_2}=\frac{1}{n^2}\left(\frac{\dot{U}_2}{-\dot{I}_2}\right)=\frac{1}{n^2}Z_L \tag{6-23}$$

即次级负载经过理想变压器，折合到初级的负载变为 $\frac{1}{n^2}Z_L$。可见，改变 n，可在初级得到不同的输入端阻抗。在工程中，常用理想变压器变换阻抗的性质来实现匹配，使负载获得最大功率。当 $n>1$ 时，阻抗变换后数值减小；当 $n<1$ 时，阻抗变换后数值增大。

例 6-6　电路如图 6-18(a)所示，已知 $U_S=220\text{V}$，$R_1=100\Omega$，$Z_L=(3+\text{j}3)\Omega$，$n=1/10$。求 $\dot{I}_2$。

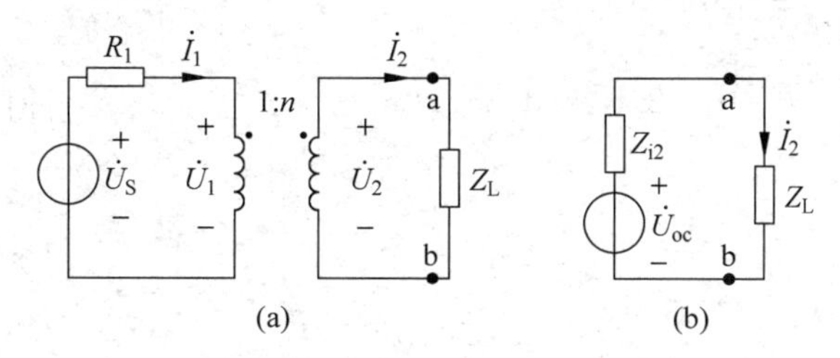

图 6-18　例 6-6 图

解　设 $\dot{U}_S=220\underline{/0^\circ}\ \text{V}$。

方法一：将 Z_L 折合到初级，即

$$Z'_L=\frac{1}{n^2}Z_L=100Z_L=(300+\text{j}300)\Omega$$

$$\dot{I}_1=\frac{\dot{U}_S}{R_1+Z'_L}=\frac{220\underline{/0^\circ}}{100+300+\text{j}300}=0.44\underline{/-36.9^\circ}\text{A}$$

在图示参考方向下

$$\dot{I}_2=\frac{1}{n}\dot{I}_1=4.4\underline{/-36.9^\circ}\text{A}$$

方法二：用戴维南定理。

如图 6-18(b)所示，移去 Z_L，从 ab 端作戴维南等效，先求出开路电压。由于次级线圈开路，得

$$\dot{I}_2=0$$

$$\dot{I}_1=n\dot{I}_2=0$$

所以

$$\dot{U}_1=\dot{U}_S$$

$$\dot{U}_{oc}=n\dot{U}_1=\frac{1}{10}\times 220\underline{/0^\circ}=22\underline{/0^\circ}\text{V}$$

再求出等效阻抗。把初级的电压源置零，从次级看进去得

$$Z_{i2}=n^2R_1=\frac{1}{100}\times 100=1\Omega$$

从而得戴维南等效电路如图 6-18(b)所示，其中

$$\dot{I}_2=\frac{\dot{U}_{oc}}{Z_{i2}+Z_L}=\frac{22\angle 0^\circ}{1+3+j3}=4.4\angle -36.9^\circ \text{A}$$

例 6-7 求下列情况下，图 6-19 电路中的$\dot{U}_1$、$\dot{U}_2$和$\dot{I}_1$、$\dot{I}_2$。

(1) ab 两端短路；

(2) ab 两端开路。

解 (1) ab 端短路时：$\dot{U}_{ab}=0$，则

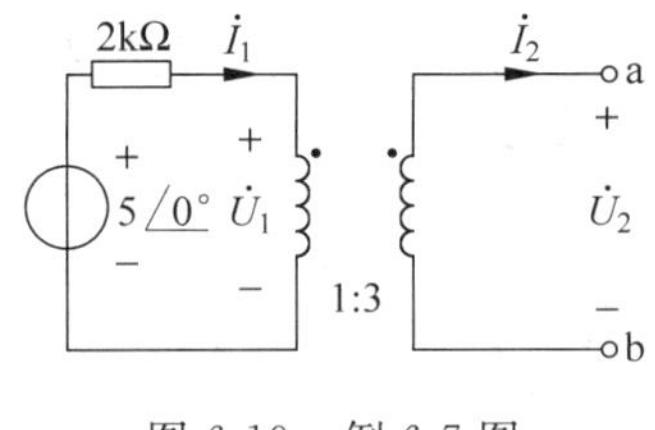

图 6-19 例 6-7 图

$$\dot{U}_1=0$$

$$\dot{I}_1=\frac{5\angle 0^\circ}{2\,000}=2.5\text{mA}$$

$$\dot{I}_2=\frac{1}{n}\dot{I}_1=\frac{1}{3}\times 2.5=0.833\text{mA}$$

(2) ab 端开路时，$\dot{I}_2=0$，则

$$\dot{I}_1=0$$

$$\dot{U}_1=5\angle 0^\circ \text{V}$$

$$\dot{U}_1=\frac{1}{n}\dot{U}_2=\frac{1}{3}\dot{U}_2$$

$$\dot{U}_2=3\dot{U}_1=15\text{V}$$

习题6

6-1 写出图题 6-1 所示各耦合电感的 VCR 方程。

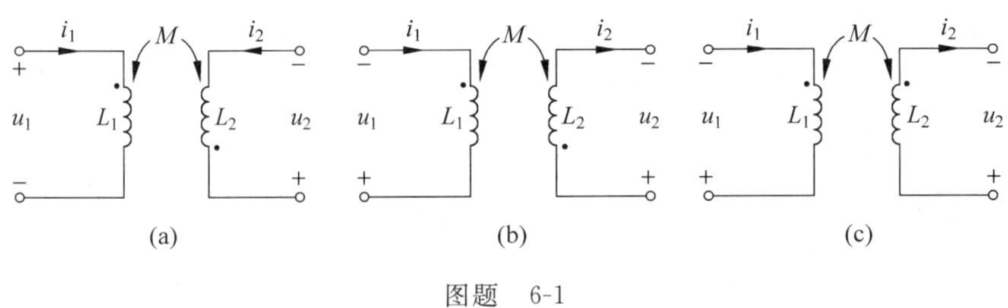

图题 6-1

6-2 求图题 6-2 所示电路中标有问号的电流。所有电源在 $t=0$ 时施加于电路，初始条件为零。

6-3 如图题 6-3 所示电路中，$i_S(t)=\sin t\text{A}$，$u_S(t)=\cos t\text{V}$，试求流过电压源的电流以及电流源两端的电压。

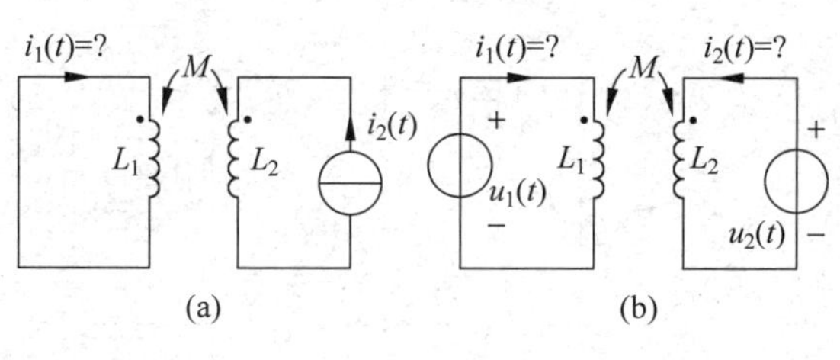

图题　6-2

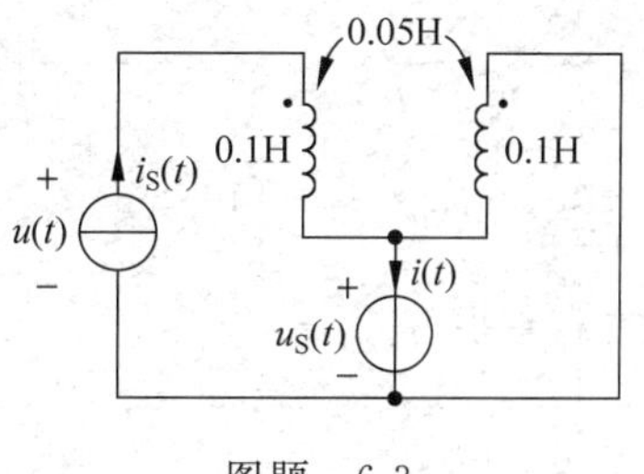

图题　6-3

6-4　已知耦合电感的 $L_1=20\text{mH}$，$L_2=5\text{mH}$，当其耦合系数为：(1)$k=0.1$；(2)$k=0.5$；(3)$k=1$ 时，分别求出耦合电感并联时的等效电感。

6-5　如图题 6-5 所示电路，耦合系数 $k=0.5$，求输出电压 $\dot{U}_2$ 的大小和相位。

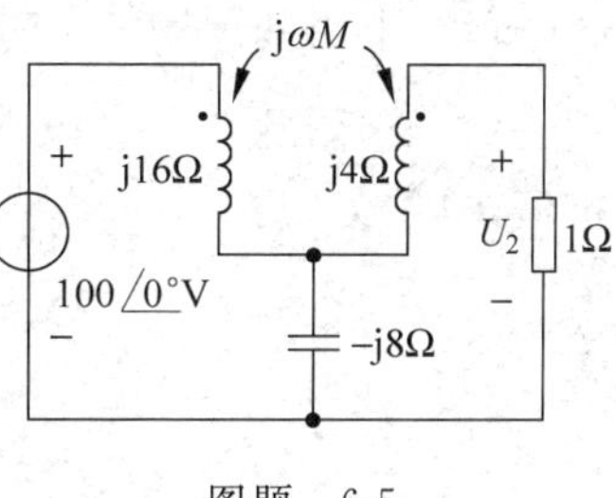

图题　6-5

6-6　如图题 6-6 所示，求开关断开和闭合时单口网络的输入阻抗。

6-7　如图题 6-7 所示电路中，$R_1=1\text{k}\Omega$，$R_2=0.4\text{k}\Omega$，$R_L=0.6\text{k}\Omega$，$L_1=1\text{H}$，$L_2=4\text{H}$，$k=0.1$，$\dot{U}_S=100\angle 0^\circ\ \text{V}$，$\omega=1\,000\text{rad/s}$，求 $\dot{I}_2$。

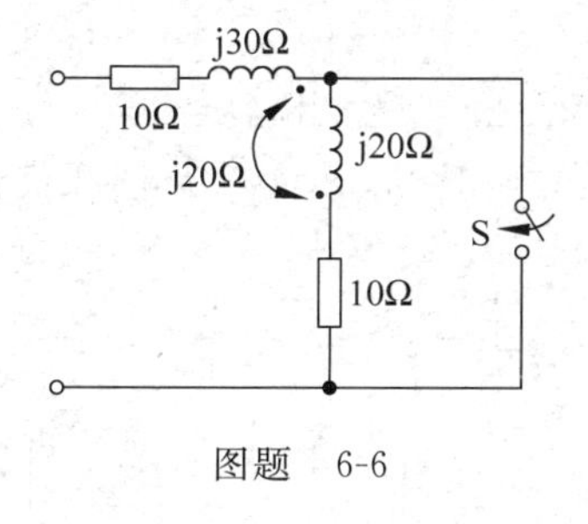

图题　6-6

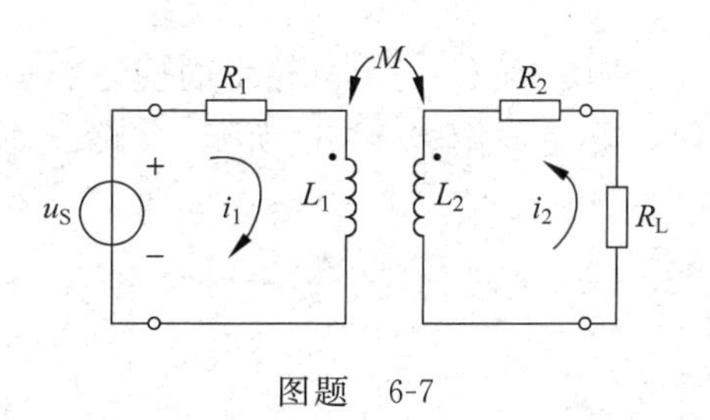

图题　6-7

6-8　求图题 6-8 所示各电路的输入阻抗。已知图(a)，$k=0.5$；图(b)，$k=0.9$；图(c)，$k=0.95$；图(d)，$k=1$，$L_1=1\text{H}$，$L_2=2\text{H}$，$L_1'=3\text{H}$，$L_2'=4\text{H}$。

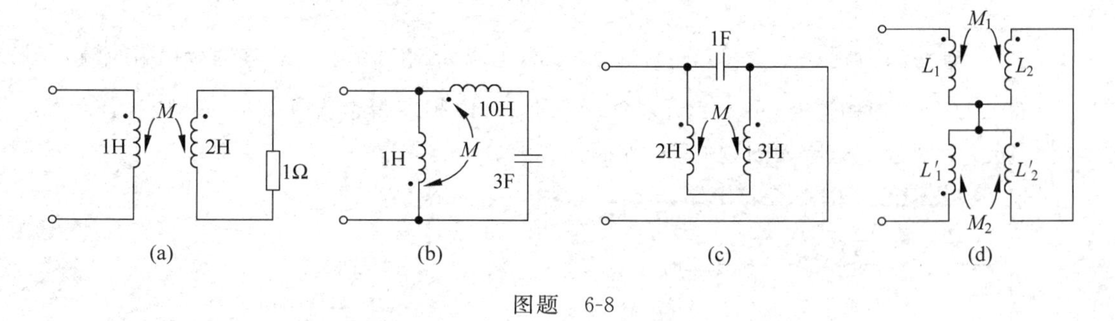

图题　6-8

6-9　求图题 6-9 所示电路中的 $\dot{U}$。

6-10　图 6-10 所示电路中，已知 $\dot{U}_S=10\angle 0^\circ\ \text{V}$，$\omega=10\text{rad/s}$，要使输出 $\dot{U}_2$ 与 $\dot{U}_S$ 同相，则电容 C 应取何值？

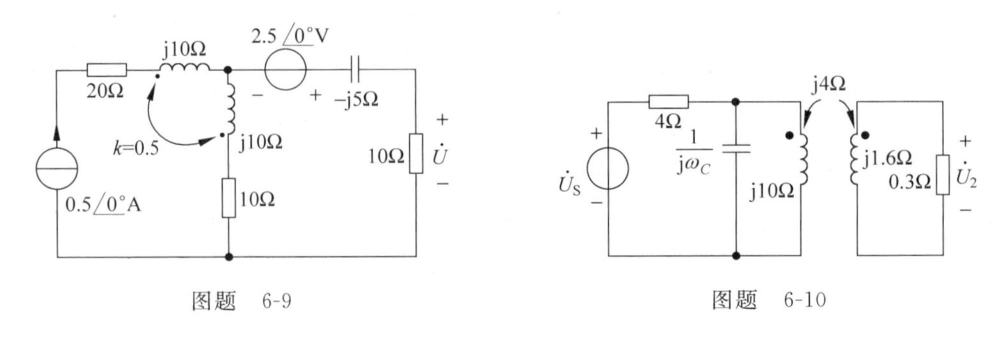

图题 6-9　　　　图题 6-10

6-11　电路如图题 6-11 所示，求负载为何值时获得最大功率。

6-12　求图题 6-12 所示电路的输入电压$\dot{U}_1$，试用节点分析法解。图中各组件所注系阻抗值，单位为 Ω。

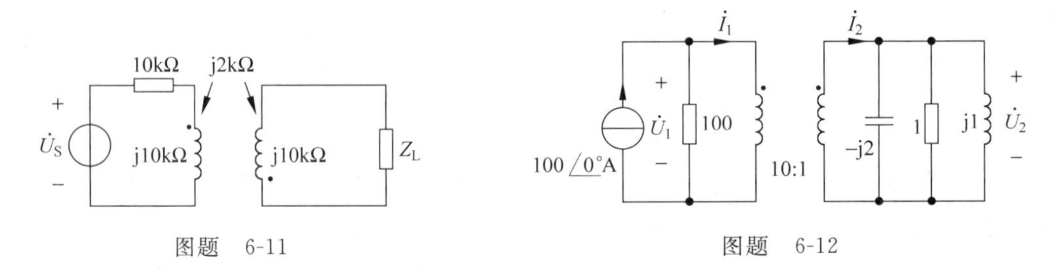

图题 6-11　　　　图题 6-12

6-13　图题 6-13 所示电路中的理想变压器由电流源激励，求输出电压$\dot{U}_2$。

6-14　电路如图题 6-14 所示，试确定理想变压器的匝比 n，使 100Ω 电阻获得最大功率。

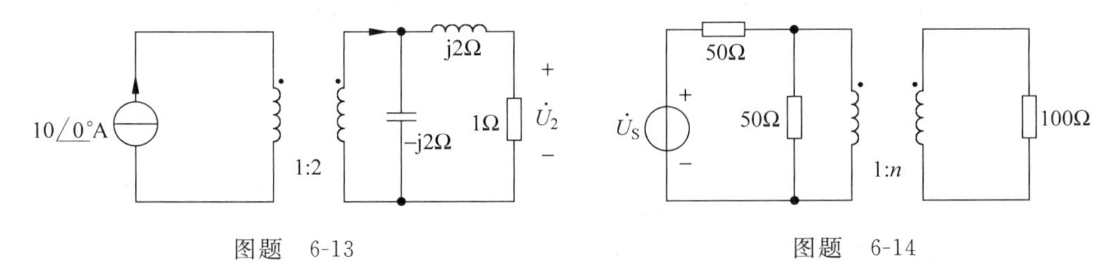

图题 6-13　　　　图题 6-14

6-15　电路如图题 6-15 所示，$u_S(t)=\cos t$V，①求 aa′及 bb′各不相连时，ab 端的输入阻抗 Z；②aa′及 bb′均相连时，$R_1=2\Omega$，求$\dot{I}_1$；③使 1Ω 电阻获得最大功率时，R_1 应为何值？

6-16　全耦合变压器如图题 6-16 所示。

(1) 求 ab 端的戴维南等效电路；

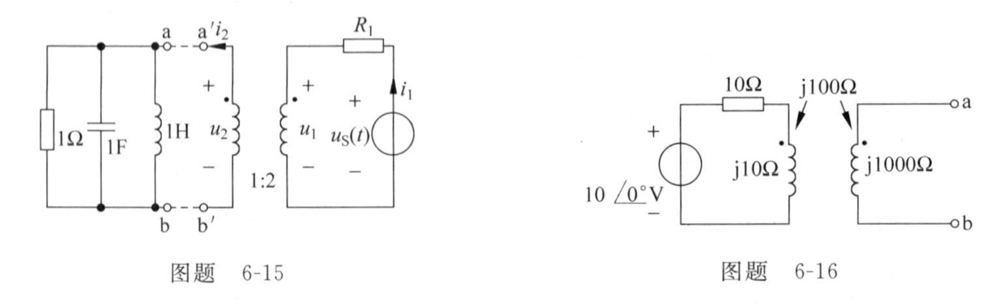

图题 6-15　　　　图题 6-16

（2）若 ab 端短路，求短路电流。

6-17　如图题 6-17 所示电路，已知 ab 端的等效电阻为 $R_{ab}=8\Omega$，求变压器的匝数比 n。

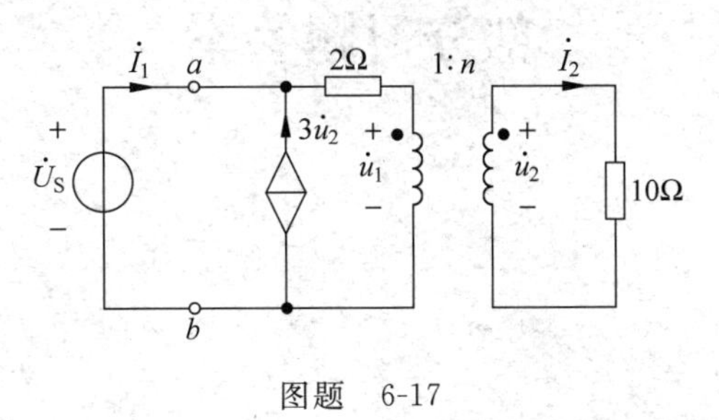

图题　6-17

部分习题答案

习题 1

1-3　20W；−40W；20W

1-4　−4A

1-5　4V；−3A；−20W；8W；12W

1-6　4V；−2V

1-7　55A

1-8　18V

1-9　−5A；1.5A；3.5A

1-10　2V

1-11　20V

1-12　2V

1-13　−5A；26V

1-14　0

1-15　$U_1=5.5I_1+18$

1-16　(a) $u=\left(\frac{u_S}{R_1}-i_S\right)\frac{R_1R_2}{R_1+R_2}+i\frac{R_1R_2}{R_1+R_2}$；　(b) $U=(R_1+R_2)i-R_1i_S-U_S$

1-17　(a) $u=16i+28$；　(b) $u=3.2i+3.6$

1-18　(a) $R=\frac{10}{3}\Omega$；　(b) $R=\frac{5}{14}\Omega$

1-19　(a) $R=5\Omega$；　(b) $R=10\Omega$

1-20　$R_{ab}=\frac{12}{7}\Omega$；　$U_{ab}=\frac{120}{7}\text{V}$；　$U_{ad}=\frac{60}{7}\text{V}$；　$U_{ac}=\frac{60}{7}\text{V}$

1-21　$i=-1.2\text{A}$

1-22　$U_{ab}=3\text{V}$

习题 2

2-3　网孔电流为 $i_1=-\frac{6}{7}\text{A}$、$i_2=\frac{9}{70}\text{A}$、$i_3=\frac{6}{70}\text{A}$

2-4　276.25V

2-5　20mA；　−80mW

2-6　3.75V

2-8　3.83A(方向向左)

2-11　16.7V

2-13　32V

2-14　56W，3W，75W，−2W

2-15　8.4mA

2-16　$u_o=\frac{R_2}{R_1}(u_2-u_1)$

2-17　$-\frac{R_2R_4}{R_1R_2+R_2R_3+R_3R_1}$

习题 3

3-1　$I=5A$；　$U_S=-9V$

3-2　$U=2V$

3-3　$u=2V$

3-4　$I_X=5A$

3-5　$I=2A$；　$U_a=-8V$

3-6　$u=-2V$；　$u=-7V$

3-7　$I_1=1A$；　$I_2=0.5A$

3-8　$\frac{u_0}{u_S}=0.364$

3-9　$i_1=3A$

3-10　$R=2\Omega$；　$U_1=6V$；　$U=1V$

3-11　$U_1=5.5I_1+18$

3-12　$I=0.5A$

3-13　(1) $i=\frac{2}{3}A$；　(2) $i=0.5A$

3-14　$u=3i+10$

3-15　$u=2i+8$

3-16　(a) $U_{oc}=7V, R_0=\frac{15}{8}\Omega$；　(b) $U_{oc}=26V, R_0=3.5\Omega$；　(c) $U_{oc}=6V, R_0=16\Omega$

3-17　(a) $U_{oc}=4V, R_0=1\Omega$；　(b) $U_{oc}=-3V, R_0=1.5\Omega$

3-18　(a) $U_{oc}=0V, R_0=7\Omega$；　(b) $U_{oc}=\frac{500}{3}V, R_0=10\Omega$

3-19　(a) $I_{sc}=-1A, R_0=6\Omega$；　(b) $I_{sc}=1.5A, R_0=6\Omega$；
(c) $I_{sc}=4.364A, R_0=6.471\Omega$

3-20　$U=\frac{96}{11}V$

3-21　$U_{oc}=180V, R_0=10\Omega$

3-22　$U=3V$；　$U=4.5V$

3-23　$I=\frac{7}{4}A$

3-24　$P=20W$

3-25　$R_L=1\Omega$，　$P=49W$

3-26 $R_L=1\Omega$， $P_{max}=9W$

3-27 不能，20V

3-28 $R_L=12\Omega$， $P_{max}=4.69W$

习题 4

4-1 （1）$-0.1\sin 100t$A

（2）$-10e^{-100t}$V

4-2 $-2\sin 2t$A，2J

4-3 1s：$\frac{5}{4}$V、$\frac{25}{16}$J；2s：5V、25J　4s：－5V、25J

4-5 $10e^{-2t}$V，$t\geqslant 0$，12.5J

4-6 $20\cos 5t$V

4-9 2Ω，0.5F

4-10 （1）串联；（2）1kΩ，1H

4-11 1.5Ω，0.5H，1F

4-18 2A，－80V，0，0

4-22 $i_L(t)=4e^{-5t}A, t\geqslant 0$

4-23 $u_C(t)=13.5e^{-6.67\times 10^{-4}t}V, t\geqslant 0$

4-25 $i_L(t)=1+2e^{-2t}A, t\geqslant 0$

4-26 $u_C(t)=10(1-e^{-t})V, t\geqslant 0$

4-28 $i_1(t)=1+0.6e^{-t}A, t\geqslant 0$

4-30 $i_L(t)=(1+2e^{-4t})A, t\geqslant 0$；$U(t)=(-12+8e^{-4t})V, t\geqslant 0$

4-31 $i_C(t)=-0.45e^{-10t}mA, t>0$；$u_L(t)=-45e^{-10^4 t}V$

4-34 $i_{Lzi}(t)=3e^{-4t}A, t\geqslant 0$

4-36 $u_C(t)=\begin{cases}4e^{-t/2}V, & 2>t>0\\ 4-2.53e^{-t}V, & t\geqslant 2\end{cases}$

4-38 $u_R(t)=(2+2e^{-3t})\varepsilon(t)V$

4-41 $u_{Czs}(t)=-\frac{1}{\sqrt{2}}e^{-2t}+\cos(2t-45°)V, t\geqslant 0$

4-43 （1）$u_C(t)=1-2e^{-t}V, t\geqslant 0$；（2）$u_C(t)=-e^{-t}V, t\geqslant 0$

习题 5

5-1 （2）15，$\frac{15\sqrt{2}}{2}$，5 000，$\frac{2\,500}{\pi}$，$\frac{\pi}{2\,500}$；（3）－30°，60°，0°，120°

5-2 （2）$1.2\times 10^{-2}\cos(2\,000\pi t-0.3\pi)$ A

5-3 $\frac{\pi}{3}$，i_1 超前

5-4 $(2.5e^{-500t}+7.5\cos 500t-7.5\sin 500t)\times 10^{-3}$A

5-5 （1）$10\angle -53.1°$，$10\angle 143.1°$，$10\angle -90°$，$1\angle 90°$

(2) $5\angle -53.1^\circ$, $6\angle 15^\circ$

5-6 (1) $\frac{4}{25}$, $\frac{97}{25}$; (2) 100, 30°

5-7 5A, 1V, $\sqrt{5}$V, $\sqrt{2}$A

5-8 $19.026\angle -87^\circ$ V

5-9 $83.4\angle 53.1^\circ$ V, $0.834\angle 36.9^\circ$ A

5-10 2Ω, 10Ω, 5.774Ω

5-11 −105.6 V

5-13 $0.267\angle 8.94^\circ$ A, $0.303\angle -2.29^\circ$ A, $0.066\angle -53.91^\circ$ A, $0.070\angle -65.3^\circ$ A, $0.014\angle -134.4^\circ$ A, $0.294\angle -4.31^\circ$ A

5-16 $42.4\angle 8.13^\circ$ Ω, (42+6j)Ω

5-19 100Ω, $\frac{2}{3}$H, $\frac{1}{6}\mu$F, 20

5-20 10Ω, 63.7mH, 1.59μF

5-21 5Ω, 0.1 H, $u_R = 14.14\cos 1000t$V, $u_L = 282.8\cos(1000t+90^\circ)$ V, $u_C = 282.8\cos(1\,000t-90^\circ)$V

5-22 50Ω, 2mH, $i_R = 1.414\cos(5000t+30^\circ)$A, $i_L = 7.07\cos(5000t-60^\circ)$A, $i_C = 7.07\cos(5000t+120^\circ)$A

5-23 $C=0.722\mu$F, $Z_{in}=34.6\Omega$

5-24 $\frac{-A}{1-\omega^2C^2R^2+j\omega CR(3+A)}$

习题 6

6-2 $-\frac{M}{L_1}i_2(t)$, $\begin{cases} \dot{I}_1 = \frac{M\dot{U}_2 - L_2\dot{U}_1}{j\omega(M^2-L_1L_2)} \\ I_2 = \frac{M\dot{U}_1 - L_1\dot{U}_2}{j\omega(M^2-L_1L_2)} \end{cases}$

6-3 −9.5sin$t$A; 0.575cos$t$V

6-4 (1) $L'=\frac{99}{27}$mH, $L''=\frac{99}{23}$mH; (2) $L'=\frac{75}{35}$mH, $L''=\frac{75}{15}$mH; (3) $L'=0$mH, $L''=0$mH

6-5 $8.22\angle -99.4^\circ$ V

6-6 $Z_i=(20+j90)\Omega=92.2\angle 77.47^\circ\ \Omega$; $Z_i=(18+j14)\Omega=22.8\angle 37.9^\circ\ \Omega$

6-7 $3.44\angle 149.37^\circ$ mA

6-8 (a) $\frac{j2\omega-3\omega^2}{j4\omega+2}$ (d) $\frac{j\omega[(L_1+L_1')(L_2+L_2')-(M_1-M_2)^2]}{L_2+L_2'}$

6-9 $3.83\angle 4.4^\circ$ V

6-10　0.01F

6-11　$Z_L=(0.2-\mathrm{j}9.8)\mathrm{k}\Omega$

6-12　$4\,849.7\angle 14.04^\circ$ V

6-13　$10\angle -90^\circ$ V

6-16　$\dot{U}_{oc}=70.7\angle 45^\circ$ V；　$Z_0=707\angle 45^\circ$ Ω；　$0.1\angle 0^\circ$ A

6-17　$n=40$

教师反馈表

感谢您购买本书！清华大学出版社计算机与信息分社专心致力于为广大院校电子信息类及相关专业师生提供优质的教学用书及辅助教学资源。

我们十分重视对广大教师的服务，如果您确认将本书作为指定教材，请您务必填好以下表格并经系主任签字盖章后寄回我们的联系地址，我们将免费向您提供有关本书的其他教学资源。

<table>
<tr><td>您需要教辅的教材：</td><td colspan="3">电路基础(李京清)</td></tr>
<tr><td>您的姓名：</td><td colspan="3"></td></tr>
<tr><td>院系：</td><td colspan="3"></td></tr>
<tr><td>院/校：</td><td colspan="3"></td></tr>
<tr><td>您所教的课程名称：</td><td colspan="3"></td></tr>
<tr><td>学生人数/所在年级：</td><td colspan="3">__________人/　1　2　3　4　硕士　博士</td></tr>
<tr><td>学时/学期</td><td colspan="3">__________学时/__________学期</td></tr>
<tr><td>您目前采用的教材：</td><td colspan="3">作者：______________
书名：______________
出版社：______________</td></tr>
<tr><td>您准备何时用此书授课：</td><td colspan="3"></td></tr>
<tr><td>通信地址：</td><td colspan="3"></td></tr>
<tr><td>邮政编码：</td><td></td><td>联系电话</td><td></td></tr>
<tr><td>E-mail：</td><td colspan="3"></td></tr>
<tr><td colspan="2">您对本书的意见/建议：</td><td colspan="2">系主任签字

盖章</td></tr>
</table>

我们的联系地址：

清华大学出版社　学研大厦 A602，A604 室

邮编：100084

Tel：010-62770175-4409，3208

Fax：010-62770278

E-mail：liuli@tup.tsinghua.edu.cn；hanbh@tup.tsinghua.edu.cn